21世纪高等院校艺术设计专业精品教材

肖勇 / 艺术顾问　　蒋啸镝　杨君顺 / 丛书主编

After Effects
Yingshi Houqi Hecheng Shili Jiaocheng

After Effects
影视后期合成实例教程

主　编　曹陆军　史会全
副主编　尹　韬　何睿媛　任鸿雁
　　　　马宏波
参　编　许艳凰

哈尔滨工程大学出版社
Harbin Engineering University Press

内容提要

本书按照由浅入深、从基础到实战的思路详细讲解了影视后期合成软件 After Effects CC 的使用方法和影视后期合成与特效的制作技巧。本书采用图解分析的方法，结合影视后期合成与特效制作中的常用案例展开内容，使学生循序渐进地掌握影视后期合成的工作流程、关键帧动画、层与遮罩、文字动画、特效文字、粒子特效、光效、仿真特效、调色技法、高级运动控制与表达式、三维合成与摄像机动画以及高级特效制作等内容，细致全面地掌握影视后期合成与特效制作的技能。本书共 10 章，包括 After Effects CC 影视后期合成基础，After Effects CC 基本工作流程，图层的操作与文本关键帧动画，层模式与蒙版动画，跟踪、稳定与摇摆器，滤镜特效的应用，抠像与调色，高级运动控制与表达式，三维合成与摄像机动画，影视特效制作综合实例。

本书可供高等院校艺术和影视类专业的学生使用，也可供影视制作工作人员、影视后期制作爱好者参考。

图书在版编目（CIP）数据

After Effects影视后期合成实例教程 / 曹陆军，史会全主编. —哈尔滨：哈尔滨工程大学出版社，2019.8（2023.6重印）

ISBN 978-7-5661-2376-3

Ⅰ.①A… Ⅱ.①曹… ②史… Ⅲ.①图象处理软件—教材 Ⅳ.①TP391.413

中国版本图书馆CIP数据核字（2019）第150534号

After Effects影视后期合成实例教程
After Effects YINGSHI HOUQI HECHENG SHILI JIAOCHENG

选题策划 徐 峰 李 慧
责任编辑 于海燕
封面设计 广通文化

出版发行 哈尔滨工程大学出版社
地　　址 哈尔滨市南岗区南通大街145号
邮　　编 150001
发行电话 0451-82519328
传　　真 0451-82519699
经　　销 新华书店
印　　刷 河北鑫彩博图印刷有限公司
开　　本 889mm×1 194mm　1/16
印　　张 11.5
字　　数 372千字
版　　次 2019年8月第1版
印　　次 2023年1月第3次印刷
定　　价 66.00元

http://www.hrbeupress.com
E-mail:heupress@hrbeu.edu.cn

对本书内容有任何疑问及建议，请与本书编委会联系。邮箱designartbook@126.com

21世纪高等院校艺术设计专业精品教材

序

PREFACE

当今，影视制作技术正面临一场从模拟制走向数字化的革命。数字技术已全面渗透到电影、电视、网络、互动艺术以及手机视频等各种媒体中，催生了令人叹为观止的数字特效及影视合成作品，展现了一个缤纷多彩的数码艺术世界。我国政府把发展数字创意产业列入国家“十三五”发展规划，并相继出台了大量扶持、优惠政策，相信影视行业的发展前景会越来越好。

为了适应新的影视传媒与艺术教育形势，广州大学华软软件学院在影视制作方面具有丰富实践与教学经验的曹陆军老师，立足自身教学实践，编写了本教材。本教材以After Effects CC软件为制作平台，通过精彩丰富的实例、翔实的索引讲解以及明晰的制作步骤阐述，使读者通过简单的阅读，对软件的操作、经典特效的应用和动画功能的设置等有一个完整的认识。本教材的相关内容有助于提高学生对影视后期合成与特效制作技艺的理解和掌握，为影视艺术作品的创作打下良好的基础。

从全书的结构来看，本教材案例内容丰富，知识的系统性与连贯性突出，从After Effects CC软件的基础知识入手，由浅入深，紧密结合实例，用实例带动知识点的开拓，注重理论联系实际，使读者能够真正应用知识去解决影视后期合成中的问题，有利于学生理论知识的掌握和实际操作技能的提高。

希望本教材无论在理论思考还是实际操作方面都能对从事和准备从事影视制作的人士有所助益。

美术学教授、清华大学访问学者
中国工业设计协会会员
中国美术家协会广东分会会员
广东省高校美术与设计教育专业委员会理事
中国流行色协会教育委员会委员

前言

党的“二十大”报告提出：“深化教育领域综合改革，加强教材建设和管理，推进教育数字化，建设全民终身学习的学习型社会、学习型大国。”因此，本教材修订过程中坚持以习近平新时代中国特色社会主义思想和党的二十大精神为指导，坚持落实立德树人根本任务不动摇，坚决贯彻《中共中央关于认真学习宣传贯彻党的二十大精神的决定》要求，充分发挥教材的铸魂育人功能，为培养德智体美劳全面发展的社会主义建设者和接班人奠定坚实基础。After Effects是Adobe公司推出的一款拥有广泛用户群的非线性视频特效合成软件。它具有友好的软件操作界面、广泛的文件格式支持以及强大的视频特效处理、多种影片类型的输出支持等功能，广泛应用于各级电视台、影视制作机构，具有良好的开放软件平台，可与第三方外挂插件完全兼容并良好运行，是业内独树一帜的优秀影视合成与特效制作软件。

本书结合编者十余年的教学与影视制作实践经验，按照循序渐进、从基础到实战的思路详细地讲解了After Effects CC软件的强大功能。本书内容以影视合成与特效制作的专业要求为核心，将基础案例讲解与综合实例训练紧密结合，边讲解边操练，既有典型实例，又有大量基础知识介绍和操作技巧说明，适合全国高等院校艺术和影视类专业的学生使用，也可供从事影视制作工作人员、培训班学员及视频后期编辑爱好者参考。

全书共10章，第1～3章详细地讲解了After Effects CC影视后期合成基础、After Effects CC基本工作流程及图层的操作与文本关键帧动画等影视后期合成的基础内容；第4～7章分别对层模式与蒙版动画，跟踪、稳定与摇摆器，滤镜特效的应用，抠像与调色等内容进行了阐述；第8～10章分别对高级运动控制与表达式、三维合成与摄像机动画、影视特效制作等进行了比较详细的讲解，使读者能够真正了解影视后期合成与特效制作的步骤和创作思路，从而真正掌握影视合成与特效制作的技能。

本书附有网盘资源，网盘包括书中所有案例的素材、工程文件和参考效果，读者可以根据网盘中提供的素材和步骤边学边练，以提高学习效率。网盘资源请联系本书编委会索取。希望本书能够帮助读者熟练掌握After Effects CC软件，并可达到一定的职业技能水平。

本书由广州软件学院曹陆军、广东理工学院史会全担任主编，广东白云学院尹韬、广东创新科技职业学院何睿媛、成都艺术职业大学任鸿雁、内蒙古师范大学鸿德学院马宏波担任副主编，漳州城市职业学院许艳凰担任参编。全书由曹陆军统稿，审定。

由于编者水平有限，书中难免存在疏漏和不足之处，恳请读者朋友批评指正。

编　者

目录

CONTENTS

第1章 After Effects CC影视后期合成基础

本章简介

本章主要介绍了影视后期合成的相关理论基础和知识，After Effects CC 的功能特点及主要的工作窗口与功能面板，旨在使学生掌握 After Effects CC 的基础知识，为以后的运用打下基础。

学习目标

1. 了解影视后期合成的基本概念和相关知识。
2. 了解 After Effects CC 的基本功能。
3. 了解 After Effects CC 的工作界面与功能面板。
4. 熟悉 After Effects CC 的常用快捷键。

1.1 影视后期合成概述

影视后期合成是指前期拍摄后，根据剧本，把现实中无法拍摄出来的东西用软件制作出来，然后将虚拟作品与现实拍摄结果相结合（见图 1-1）。After Effects 软件（简称 AE）是进行专业影视包装设计和后期特效合成的利器，能完成各种影视制作任务。它具备图形绘制、动态遮罩和蒙版、抠像、校色、运动追踪、三维图层、文本特效、合成等强大功能，与 Adobe 公司其他软件能够完美地交互兼容。

1.1.1 数字合成技术的概念

自从电影、电视发明以来，合成技术在影视制作工业的流程中就成了必不可少的一个环节。什么是合成？合成是指将多种原始素材混合成单一复合画面的处理过程。

图 1-1　影视后期合成案例

早期的影像合成技术主要是在胶片、磁带的拍摄过程以及胶片洗印的过程中完成的。虽然技术较为落后，但效果非常不错。例如，画面的重叠与融合等合成的方法与技术在早期的影片制作中得到广泛的应用。而数字合成技术，相对于传统合成技术而言，则主要指运用先进的计算机图形学的原理和方法，将多种素材整合进计算机并经过数字化后，利用计算机将其编辑合成为单一图像，然后输出至磁带或胶片上的一系列完整的处理过程。

在计算机进入图像领域之前，有很长的一段时间，合成技术在影片制作中有着极为广泛的应用，其效果也很不错。例如，我们常常从影视作品中看到令人眼花缭乱、难以置信的特效画面，就是很充分的证明（见图 1-2）。随着计算机处理速度的提高以及计算机图形学理论的发展，数字合成技术在影片的制作上也有了很广泛的应用。影片艺术工作者在使用计算机进行合成的操作过程中，强烈地感受到数字合成技术带来的极大便利性和多样性，合成作品的效果也比传统合成技术更为精美，这成为推动数字合成技术发展的巨大动力。在数字合成技术的发展过程中，又有一批计算机图形学技术方面的专家以极大的热情投入这一领域中，在技术发展以及与艺术结合方面做出卓越贡献。在他们的努力下，出现了各种强大的数字合成技术与工具，这些工具均包括软件（如 After Effects、Shake、Combustion、Nuke 等）与硬件。

1.1.2 视频处理的参数

1．视频编码

在影视后期制作中，经常会出现视频或音频文件无法导入后期编辑软件或导入以后出现错误提示等问题。之所以出现这些情况，主要是因为素材的编码有问题。

编码其实就是一种压缩标准，如果要在不同的播放设备上播放各种格式文件，在播放前必须根据需要进行压缩。例如，使用 After Effects 输出的 PAL 制式无损压缩的 AVI 格式文件，在播放时，每秒需要几十兆，这么大的文件要在网络上进行播放和传输，难度很大，所以在上传前必须进行压缩，以改变文件的大小。这里所说的压缩就是一种转化编码的过程。如果选用一个高压缩比的编码，就可以得到一个比较小的数据文件，而且如果这个编码算法比较好，画面质量基本没有损耗。目前视频传输编码标准主要有以下几个：

（1）国际电联（ITU-T）制定的 H.261、H.263、H.264 编码。

（2）动画静止图像专家组（Moving Picture Expert Group）的 M-JPEG 编码。

（3）国际标准化组织（ISO）制定的 MPEG 系列编码。

（4）Real-Networks 的 Real Video 编码。

（5）微软公司的 WMV 编码。

（6）Apple 公司的 Quick Time 编码。

2．常见视频文件后缀及特点

（1）MP4：全称为 MPEG-4 Part 14，以 MPEG-4 为压缩编码的多媒体计算机文件格式，包括数码音频、视频储存文件。由于其能在每分钟约 4 兆的压缩率下保证影音品质达到 DVD 水准，所以比较广泛地应用于网站。

（2）MOV：由 Apple 公司开发的多媒体计算机文件格式，预设播放器是 Quick Time Player，同时支持 Mac 和 Windows 系统，在网络上也很常见。

（3）AVI：全称为 Audio Video Interleave，是由微软公司开发推出的多媒体计算机文件格式，用于和 Apple 的 Quick Time 竞争。由于多以 Motion JPEG 为压缩编码，现在多为 AVI 封装方式，串联排列视频和音频等数据，文件即便被压缩过也十分巨大。

图 1-2　影视作品中的特效合成镜头

（4）MTS：一种高画质影音格式，由于画质高文件大，读取播放时对计算机的性能要求较高，不然容易出现播放不流畅的情况。目前大多视频网站不支持MTS格式，因此许多使用者会选择将其转成AVI、MOV、MP4等常见格式的文件。

（5）FLV：全称为Flash Video。FLV流媒体格式是随着Flash MX的推出发展而来的视频格式。由于它形成的文件极小，加载速度极快，网络观看视频文件成为可能。它的出现有效地解决了视频文件导入Flash后，导出的SWF文件体积庞大，不能在网络上很好地使用等问题。

（6）RMVB：一种视频文件格式。RMVB中的VB是指VBR（Variable Bit Rate，可改变的比特率），较上一代RM格式的文件画面要清晰很多，原因是降低了静态画面下的比特率，可以用RealPlayer、暴风影音、QQ影音等播放软件来播放。

3．视频制式

在电视系统中，不同的视频制式对应不同的帧速率。帧速率是指视频媒体每秒播放的画面帧数，即每秒显示多少个完整的图像画面。要想在电视系统中正确播放和显示，必须根据不同的视频制式来选择相应的帧速率。目前世界通用的用于彩色电视广播的制式主要有以下三种。

（1）NTSC制式：NTSC是英文National Television System Committee（美国国家电视系统委员会）的缩写，是美国在1953年制定的彩色电视广播标准。它对应的帧速率为29.97帧/秒。采用NTSC制式的国家主要有美国、日本、韩国、加拿大和菲律宾。

（2）PAL制式：PAL是英文Phase Alteration Line（逐行倒相）的缩写，是联邦德国在1962年制定的彩色电视广播标准。它对应的帧速率为25帧/秒。采用PAL制式的国家主要有德国、中国、英国、澳大利亚和新加坡。

（3）SECAM制式：SECAM是法文Sequentiel Couleur A Memoire（按照顺序传送色彩和存储）的缩写，是法国在1966年制定的彩色电视广播标准。采用SECAM制式的国家主要有法国、埃及和俄罗斯。

4．影片画质与画面宽高比

（1）影片画质。影片画质主要分为“画面大小”“记录速度”和“影像信号”三部分。在画面大小的部分，常见尺寸有480像素×640像素的SD尺寸、720像素×1 280像素的HD尺寸、1 080像素×1 920像素的Full HD尺寸、1 152像素×2 048像素的2K尺寸、2 160像素×4 096像素的4K尺寸（见图1-3）。记录速度是指每秒记录的影格帧数，通常以fps为单位，fps是英文“frames per second”的缩写。目前大部分拍摄器材的最高速度为60fps，但大多数是在高画质的设置下，多以30fps为一般水准。影像信号是指影像信号的扫描方式，主要分为“隔行扫描”（interlace）、“逐行扫描”（progressive），英文缩写分别为“i”和“p”，就画质比较而言，逐行扫描的表现更好。

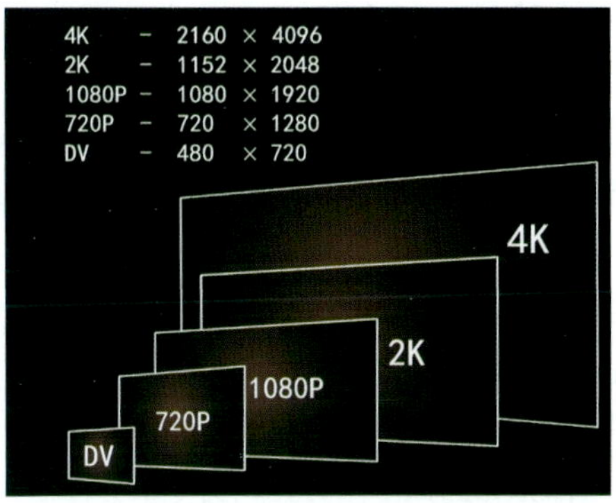

图1-3　常见的影片画面大小

（2）画面宽高比。画面宽高比是指在拍摄或影片制作中画面的长度与宽度之比。以电视为例，画面宽高比主要包括4∶3和16∶9两种。人眼实际观察的视野比较接近16∶9，再加上宽屏技术的成熟，16∶9逐步流行并占据大部分市场。两种画面效果如图1-4所示。

图1-4　画面宽高比（左图4∶3；右图16∶9）

1.1.3 影视后期合成的相关概念

1．图层

在计算机图形图像处理过程中，图层是最基本也是最重要的概念之一。在所有图形图像应用软件中都要用到图层这个概念。我们可以理解成，创作的最终图像是由多张没有厚度的，具有不同内容的透明图片（视频）叠加组成，每一张图片（视频）叫作一个图层，如图 1-5 所示。它们相互之间是独立的，用户可以对其中的任一图层进行单独操作，如增加、删除、裁减、添加图层样式、滤镜和缩放等。图 1-6 就是图 1-5 所示的图层经过编辑后组合而成的最终画面。

2．通道

通道可以被简单地理解为图像的颜色信息。在图像处理中，使用通道来控制图像的色彩变化是调色的重要手段。计算机显示器的显示模式一般为 RGB 色彩模式。把 RGB 图像分为三个单独的颜色通道（R 为红色通道，G 为绿色通道，B 为蓝色通道），每一个颜色通道使用灰度值来表示该通道颜色的强度，通过调节各个通道的颜色强度值来改变图像的颜色。例如，一张如图 1-7 所示的图像，如果降低其绿色通道的颜色强度，图像将出现偏红的现象，如图 1-8 所示，出现这种现象是因为绿色和红色是互补色。

3．遮罩

遮罩可以被理解成图层的一个挡板，遮住图层的一部分，被遮住的这一部分在画面中不可见，另一部分图层呈透明显示，具体的透明度主要由遮罩的灰度颜色决定。当遮罩为黑色时，图像完全透明，白色为不透明，灰色为半透明（见图 1-9）。

图 1-5　多个画面图层叠加

图 1-6　图层组合而成的最终画面

图 1-7　原图

图 1-8　降低绿色通道颜色强度后的效果

图 1-9　遮罩效果

4. 特效

特效（Effect）又被称为滤镜，在 After Effects CC 中，主要分为视频特效和音频特效两种。视频特效是 After Effects CC 中最重要也是最强大的视觉效果制作工具，它主要包括调色、抠像、变形、粒子和光照等类型。After Effects CC 不仅自带大量的视频特效，还可以通过安装外挂滤镜来扩充特效的功能。图 1-10 就是添加抠像特效前后的对比。

5. 关键帧

关键帧（Key frame）技术是使用计算机制作动画的核心技术。动画其实是由一张张差别微小的静态图片根据人眼的视觉残留原理制作而成的，在以前的动画片制作中是由手绘来完成的。以 PAL 制式为例，它的帧速率为 25 帧 / 秒。也就是说每播放一分钟的动画就要（25×60）1500 张图片，如果要制作一部 30 分钟的动画片就需要绘制（1500×30）45 000 张图片。使用这种技术制作动画工作量大、成本高，不利于动画行业的发展。为了解决这一难题，关键帧技术就应运而生了。

关键帧技术是指在时间轴上的特定位置添加记录点，只需要记录表示运动关键特征的画面，中间的画面由计算机程序自动添加，同样一部 30 分钟的动画片，表示关键画面的图画也许只要 450 张图片。动画制作人员只需要绘制或处理这 450 张图片即可。这会大大降低工作量和制作成本。也正是有了这种关键帧技术，动画行业得到迅速发展。

图 1-10 抠像效果对比

1.2 After Effects CC 安装要求和特色功能

1.2.1 After Effects CC 的安装要求

After Effects CC 采用的是 64 位架构，因此只能安装在 64 位系统上，而且只支持安装 64 位的插件。

1. Windows 操作系统

Windows 操作系统包括：

（1）英特尔®酷睿™双核以上或 AMD 羿龙®II 以上处理器。

（2）Microsoft®Windows®7 带有 Service Pack 1（64 位）或 Windows 8（64 位）等。

（3）4GB 的 RAM（建议使用 8GB）。

（4）4GB 的可用硬盘空间用于安装（无法安装在可移动闪存存储设备，在安装过程中需要额外的可用空间）。

（5）需要额外的磁盘空间预览文件、其他工作档案（建议使用 10GB）。

（6）不低于 1280×800 屏幕。

（7）7200 RPM 或更快的硬盘驱动器。

（8）声卡兼容 ASIO 协议或 Microsoft Windows 驱动程序模型。

（9）Quick Time 的功能所需的 Quick Time 7.6.6 播放器。

2. Mac OS（运行于苹果 Macintosh 系列计算机上的操作系统）

Mac OS 操作系统包括：

（1）多核英特尔处理器。

（2）Mac OS X 的 10.7 版或 v10.8 版。

（3）4GB 的 RAM（建议使用 8GB）。

（4）4GB 的可用硬盘空间用于安装（无法安装在使用区分大小写的文件系统的体积，或可移动闪存存储设备在安装过程中需要额外的可用空间）。

（5）需要额外的磁盘空间预览文件和其他工作档案（建议使用 10GB）。

（6）1280×800 屏幕。

（7）7200 转硬盘驱动器。

（8）Quick Time 的功能所需的 Quick Time 7.6.6 播放器。

1.2.2 After Effects CC 插件的安装技巧

After Effects CC 一定要用 64 位的插件，而且插件大多是安装在 After Effects 安装路径 Support Files 文件下的 Plug-ins 中，如果 After Effects 安装在 C 盘，安装路径即为 C：\\Program Files\\Adobe\\Adobe After Effects CC\\Support Files\\Plug-ins；有的插件是默认自动寻找路径；有的是直接使用 AEX 格式文件，因此只需要将以 AEX 为后缀的插件文件直接复制到 Support Files 下的 Plug-ins 文件夹里即可。

如果是既能用于 After Effects CC 又能用于 Premiere Pro CC 的插件，则都放在此处：C：\\Program Files\\Adobe\\Common\\Plug-ins\\7.0\\MediaCore（前提是 After Effects CC、Premiere Pro CC 都安装在 C 盘）。

1.2.3 After Effects CC 的特色功能

After Effects CC 是非常高端的视频特效处理软件，像《钢铁侠》《幽灵骑士》《加勒比海盗》《绿灯侠》等电影大片都使用 After Effects 制作各种特效，所以 After Effects CC 使用技能也成为影视后期编辑人员必备的技能之一。After Effects CC 的特色功能主要有 CINEMA 4D 功能的实时 3D 管线、调整边缘工具、画面稳定器 VFX、使用 3D 摄影机追踪器优化追踪、像素动态模糊、自动搜寻、环回增值法重新取样、对齐图层和遮色片、同步设定等，同时原生支持简体中文版（见图 1-11）。

1．After Effects CC 与 CINEMA 4D 紧密整合

After Effects CC 与 CINEMA 4D 紧密整合，允许用户将 After Effects CC 和 MAXON CINEMA 4D 结合使用。用户可以在 After Effects CC 中创建 CINEMA 4D 文件，操作复杂的 3D 元素、场景和动画。为实现互操作性，After Effects CC 中集成 MAXON CINEMA 4D 的渲染引擎 CINERENDER。After Effects CC 可渲染 CINEMA 4D 文件，用户可以以各个图层为基础，控制部分渲染、摄像机和场景内容。这一简化工作流无须创建中间通程或图像序列文件。将基于 CINEMA 4D 文件的图层添加到合成后，用户可在 CINEMA 4D 中对其进行修改和保存，并将结果实时显示在 After Effects CC 中。这样简化工作流之后，用户无须缓慢地将通程批量渲染至磁盘或创建图像序列文件。通程图像可通过实时渲染连接至 CINEMA 4D 文件，无须使用中间文件。

将 MAXON CINEMA 4D Lite R14 应用程序与 After Effects CC 一起安装之后，用户可以创建、导入和编辑 CINEMA 4D 文件。然而，如果用户有 CINEMA 4D 的其他版本，如 CINEMA 4D Prime，也可以采用该版本。在 After Effects CC 中创建、导入、编辑文件和应用效果的操作步骤如下：

（1）创建 CINEMA 4D 文件，从“文件 > 新建或图层 > 新建菜单”中选择 MAXON CINEMA 4D 文件。

（2）导入 CINEMA 4D 文件，选择“文件 > 导入 > 文件”。

（3）编辑文件，在合成中选择基于 C4D 文件的图层，或在“项目”面板中选择素材项目，然后选择“编辑 > 编辑原稿”。

（4）应用 CINEWARE 效果。通过 CINEMA 4D 与 After Effects CC 之间的紧密集成，可以导入和渲染 CINEMA 4D 文件（R12 或更高版本）。CINEWARE 效果可让用户直接使用 3D 场景及其元素。“选择文件 > 导入”操作将基于文件的素材项目添加到“项目”面板中。使用 CINEMA 4D 文件创建合成时，将会创建图层，并自动向图层应用 CINEWARE 效果。

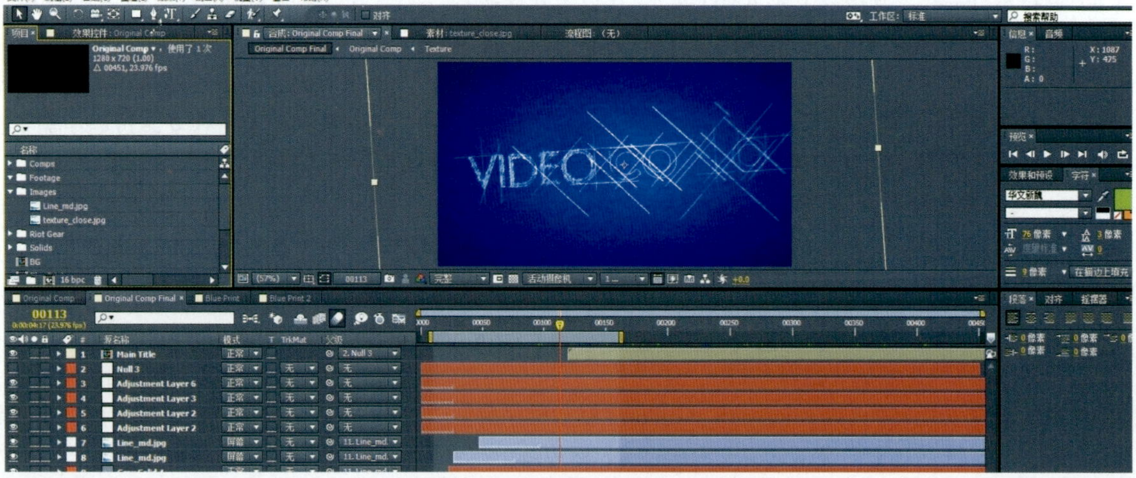

图 1-11 After Effects CC 工作界面

2. 增强型动态抠像工具集

使前景对象（如演员）与背景分开是大多数视觉效果和合成工作流中的重要步骤。After Effects CC 提供多个改进功能和新功能使动态抠像更容易，更有效。这些工具位于“图层”面板中。

3. 图层的双立方采样

After Effects CC 引入素材图层的双立方采样。现在，用户可以对缩放之类的变换选择双立方或双线性采样。在某些情况下，双立方采样可获得更好的结果，但速度比较慢。指定的采样算法可应用于质量设置为“最佳品质”的图层。启用双立方采样，选择“图层 > 品质 > 双立方”。用户也可以切换图层的品质和采样开关，曲线表示双立方采样。

4. 同步设置

使用多台计算机时，这些计算机之间的管理和同步首选项可能很费时、复杂，还容易出错。After Effects CC 现在支持用户配置文件以及通过 Adobe Creative Cloud 使首选项同步。新的同步设置功能可让用户通过 Creative Cloud 同步首选项和设置。例如，如果使用两台计算机，利用“同步设置”功能可轻松保持这两台计算机的设置同步。同步操作通过用户的 Adobe Creative Cloud 账户进行。设置先上载到用户 Creative Cloud 账户，然后下载到其他计算机上并应用。用户也可以从其他 Creative Cloud 账户同步设置。After Effects 在用户的计算机上创建用户配置文件，并使用此配置文件与关联的 Creative Cloud 账户之间同步设置。

（1）启动同步：可从“编辑”菜单（Windows）或“After Effects”菜单（Mac OS）中选择“[用户的 Adobe ID] > 立即同步设置”。

（2）下载设置：将设置从 Creative Cloud 同步到计算机，使用 Creative Cloud 版本的设置覆盖本地版本的设置。

（3）上载设置：将设置从本地计算机同步到 Creative Cloud。

5. 像素运动模糊效果

计算机生成的运动或加速素材通常看起来很虚假，这是因为没有进行运动模糊。After Effects CC 提供新的“像素运动模糊”效果，它会分析视频素材，并根据运动矢量人工合成运动模糊。添加运动模糊可使运动更加真实，因为其中通常包含由摄像机在拍摄时引入的模糊。选择“图层”，然后选择“效果 > 时间 > 像素运动模糊”。

6. 3D 摄像机跟踪器

用户可以在 After Effects CC 的 3D 摄像机追踪器效果中定义地平面或参考面以及原点。使用 After Effects CC 新的跨时间自动删除跟踪点选项，当用户在“合成”面板中删除跟踪点时，相应的跟踪点（即同一特性 / 对象上的跟踪点）将在其他时间在图层上予以删除。After Effects CC 会分析素材，并且尝试删除其他帧上相应的轨迹点。例如，如果跑过场景的人的运动不应考虑用于确定摄像机的摄像运动方式，则可以删除此人身上的跟踪点。

7. 变形稳定器 VFX 效果

After Effects CC 新的变形稳定器 VFX 效果可以取代 After Effects 早期版本中提供的变形稳定器效果。它现在提供更强的控制，并且提供类似于更新的 3D 摄像机跟踪器的控件。相应的效果属性包括额外选项（如保持缩放、目标和跨时间自动删除点）、目标的选项（如可逆稳定、反向稳定和向目标应用运动），这在稳定或效果应用至抖动素材时非常有用。

8. 渐变曲线

早期的渐变效果在 After Effects CC 中已重命名为渐变曲线效果，使寻求渐变方式的用户更容易找到它，即选择“效果 > 生成 > 渐变曲线”。

1.3 After Effects CC 的工作窗口与功能

After Effects CC 的功能强大，其操作界面跟其他影视后期编辑软件的界面差不多。启动 After Effects CC 软件，其界面如图 1-12 所示。

1.3.1 菜单栏

菜单栏是所有软件都有的重要界面要素之一，包含软件全部功能的命令操作。After Effects CC 提供 9 项菜单，分别为文件（File）、编辑（Edit）、合成（Composition）、图层（Layer）、效果（Effect）、动画（Animation）、视图（View）、窗口（Window）、帮助（Help），如图 1-13 所示。

有的菜单弹出时显示为灰色，表示处于非激活状态，这表示需要满足一定条件，该命令才能被执行。部分下拉菜单中的命令名称右侧还有一个小箭头，表示该命令还存在其他子命令，用户只需要将鼠标移到该命令行，将自动弹出子命令。

图 1-12　After Effects CC 界面

图 1-13　After Effects CC 菜单栏

1.3.2　工具栏

工具栏视窗由执行各种功能的工具组成，按照功能不同划分为 4 个区域，分别用于常规操作、三维应用操作等（见图 1-14）。视窗右边的工作区（Workspace）选项可以选择不同的工作区模式，针对不同的工作需要，合理分配视窗位置，从而提高工作效率。工具栏中包括经常使用的工具，有些工具按钮不是单独的按钮，在其右下角有三角标记的都含有多重工具选项。

1.3.3　项目窗口

项目窗口的主要作用是导入（所有用于合成图像的素材都要先导入项目窗口中）、存放和管理素材。在项目窗口中，用户可以清楚地了解素材文件的路径、缩略图、名称、类型、颜色标签和使用情况等信息，也可以创建或合成文件夹，还可以对素材进行简单的编辑和设置，以及为素材或文件夹分类与重命名（选中素材或文件夹后按 Enter 键就可以修改名称）。在项目窗口顶部有一个预览区域窗口，用来显示当前选中的素材，窗口右边显示素材的信息，如名称、尺寸和时间等（见图 1-15）。

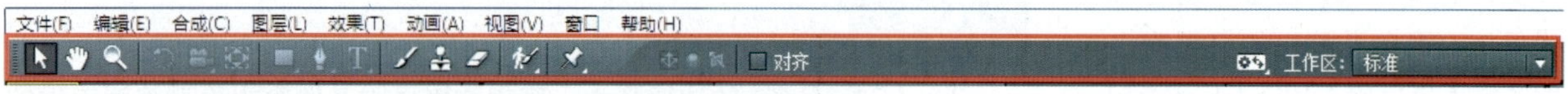

图 1-14　After Effects CC 工具栏

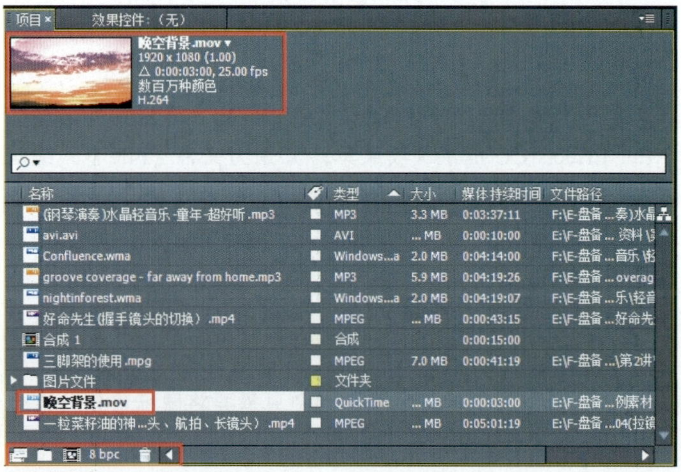

图 1-15　项目窗口

如果用户觉得默认预览窗口太小，想用原始尺寸单独观察或播放某个素材，则在项目视窗中双击该素材，就可以方便地播放素材的内容（见图 1-16）。

导入素材有多种方法，可以选择“文件 > 导入 > 文件”命令，或者双击项目视窗的空白区域，也可以直接从资源管理器里将其拖曳进来。

1.3.4　合成窗口

1．合成窗口的作用

合成窗口主要用于对视频进行可视化编辑和显示合成素材的最终编辑效果（见图 1-17）。在合成窗口中，用户不仅可以从多个视角对添加的特效进行预览，还可以对图层进行操作，包括移动、旋转和缩放等。该窗口可以分为显示区域和操作区域两大部分。其中，整个预览窗口用于显示图像，而在预览窗口的下方有一个水平工具栏，被称为操作区域。

2．合成窗口中的操作区域

操作区域如图 1-18 所示。

（1）——始终预览当前视图：单击该按钮，则将始终预览当前的视图；再次单击该按钮，则当前视图不参与预览。

（2）(47.4%) ——放大显示比率：单击右侧的倒三角按钮，在展开的下拉列表中选择合适的放大比例进行显示。如果选择了“适配”选项，则会按照合适的比例自动进行调整。

（3）——显示辅助参考线：通过该按钮，可以显示或隐藏栅格、参考线、字幕和活动安全框等。下面主要介绍安全框内各层框的作用（见图 1-19）。

从内往外，第一框是画面宽高比 4 ∶ 3 的框，第二框是画面宽高比 4 ∶ 3 的外展框，第三框是画面宽高比 16 ∶ 9 的框，第四框为画面宽高比 16 ∶ 9 的外展框。内框输出的是安全画面，与编辑无差；外框外画面无法输出；内外框之间为参数输出，可能出现色差和变形。

因此，不论在进行后期编辑还是图像合成时，都需要养成良好的习惯，打开“安全框”，以确保图像的完整与字幕的位置正确。使用字幕安全框，要做到画面主体不出外框，字幕、挂角等不出内框的原则（高清宽屏字幕安全框以左右内外基线为准）。

（4）——遮罩显示开关：单击该按钮，则可以显示“合成”窗口中的遮罩，再次单击该按钮则隐藏遮罩。

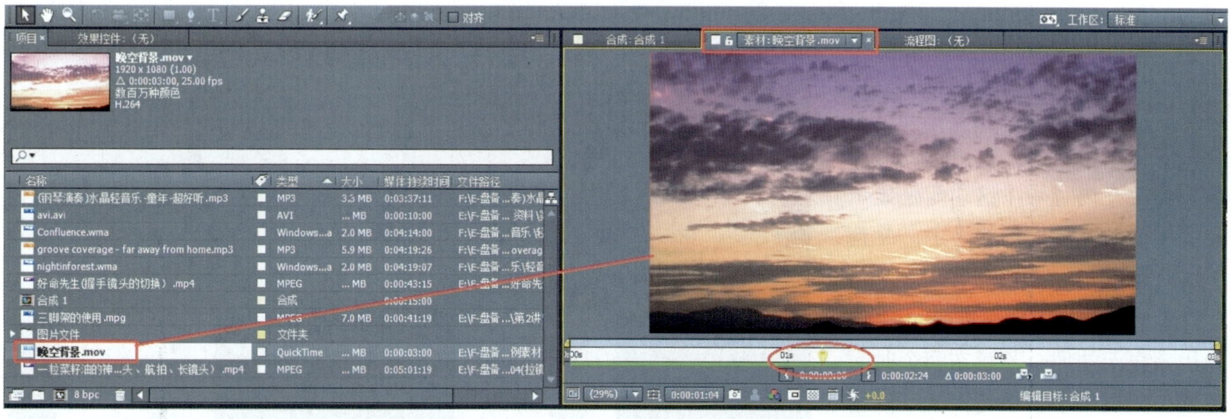

图 1-16　播放选中的素材内容

图 1-17　合成窗口

图 1-18　合成窗口中的操作区域

图 1-19　活动安全框

(5) 0;00;18;01——当前时间：单击该按钮可以显示时间滑块当前指向的时间。通常情况下，其为“时间线”面板上时间指示器的位置。

(6) ——快照：该按钮用于暂时保存当前时间的图像，以便在更改后进行对比。暂时保存的图像只会存在内存中（这功能是显示用的图像放不到时间线上），并且一次只能暂存一张。

(7) ——显示快照：该按钮用来显示快照，不管在哪个时间位置，只要单击该按钮，就可以显示最后一次快照的图像，即跟左边的“快照”按钮结合来用，形成对比（如果想要拍摄多张快照，可以按下 Shift 键，在需要快照的地方按下 F5、F6、F7、F8 键，可以进行多次快照。如果需要显示快照，按下 F5、F6、F7、F8 键即可）。

(8) ——通道：单击该按钮，可以从弹出的下拉菜单中选择不同的通道模式，显示区将显示出这种通道效果（见图 1-20），从而检查图像的各种通道信息。

(9) 二分之一——分辨率：选择以何种分辨率来显示图像，单击弹出下拉菜单。选择不同的选项，可以定义图像的分辨率。

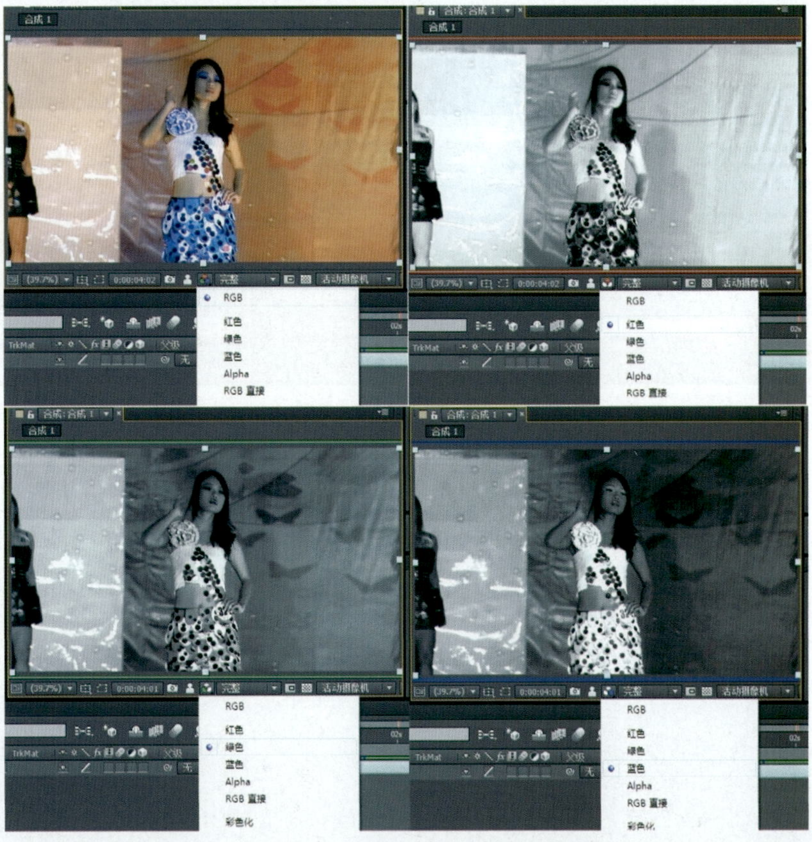

图 1-20　不同的通道模式效果

（10）——目标兴趣范围：单击该按钮，可以在显示区自定义一个矩形区域，只有矩形区域中的图像才能被显示出来。这便于加快影片的预览速度，只显示需要看到的区域（见图 1-21）。

（11）——透明栅格开关：单击该按钮，可以打开棋盘格透明背景。默认情况下，背景为黑色。

（12）活动摄像机 ——有效摄像机：该选项用于在建立摄像机并打开 3D 图层时，可以通过该按钮进入不同的摄像机视图。单击该按钮会弹出下拉菜单，选择不同的摄像机视图，看到的效果角度不一样（见图 1-22）。

（13）1 ... ——视图：单击该按钮，从弹出的下拉菜单中可以选择使用的视图数量和不同的视图组合方式。在下拉列表中，共有 8 个选项（见图 1-23）。

（14）——像素纵横比校正开关：单击该按钮，合成窗口中的素材图像会被压扁或拉伸，从而矫正图像中非正方形的像素。它不会影响合成影像或素材文件中的正方形像素。

（15）——快速预览渲染引擎切换：该按钮是动态预览按钮，单击它会弹出下拉菜单，选择不同的动态加速预览选项。

（16）——时间线：当“时间线”面板未显示出来时，通过单击该按钮，可以将合成预览窗口对应的“时间线”面板打开。

图 1-21　目标区域

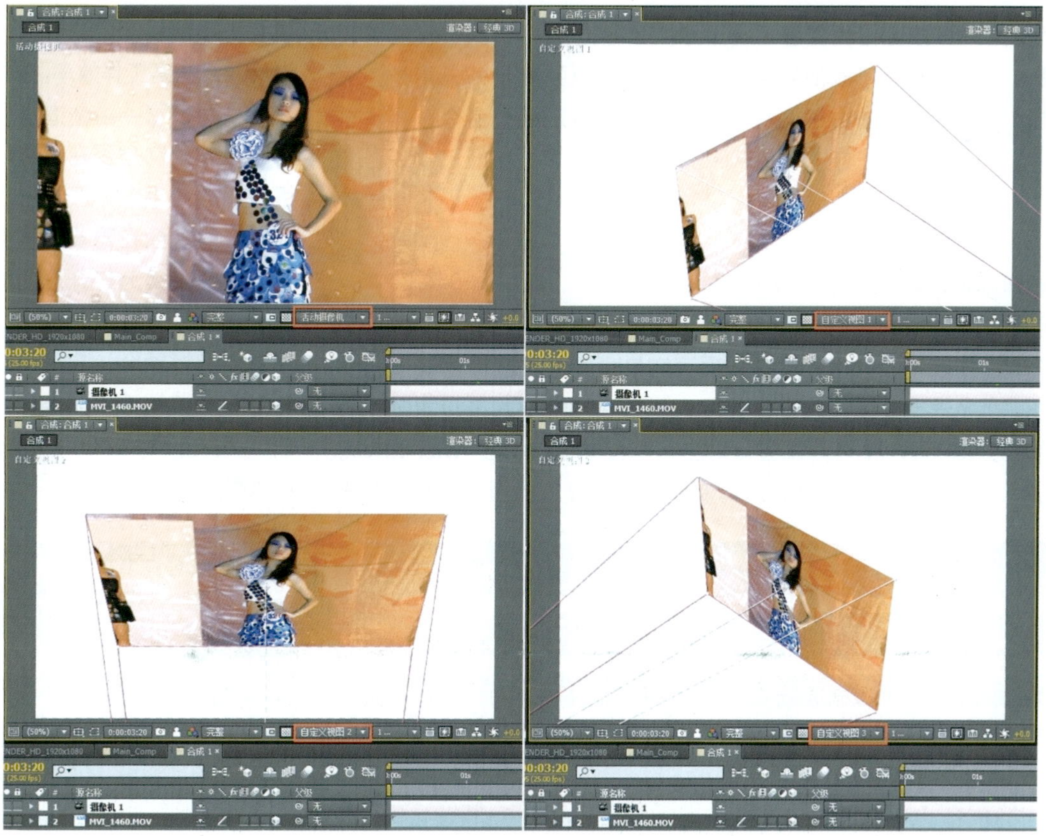

图 1-22　不同的摄像机视图效果

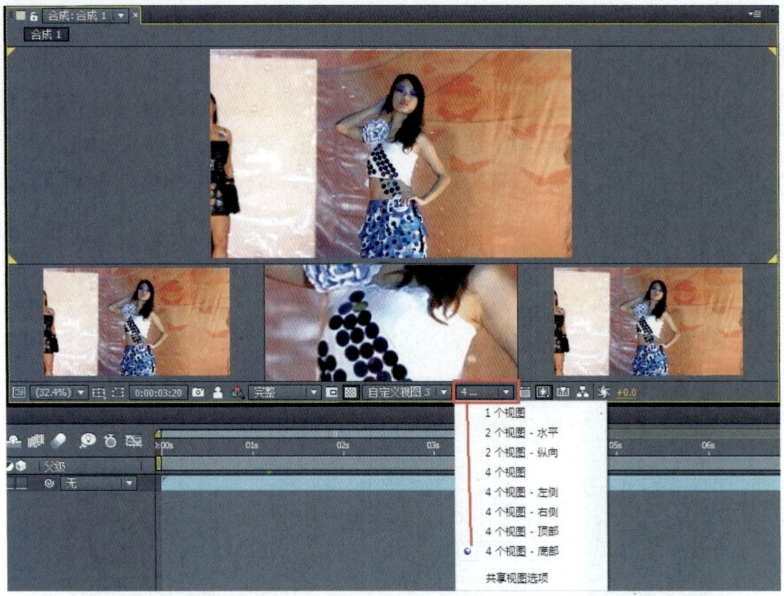

图 1-23　视图数量与组合方式

（17）——合成流程图：单击该按钮，可以打开“流程图”面板，查看合成中各个素材图层的流程关系（见图 1-24）。流程视窗（Flowchart）可以清晰地观察素材之间的关系，观察层与层之间的链接关系，视图中的方向线显示合成素材的流程。

（18）与 +0.0 ——重置曝光和调整曝光参数：单击该按钮，可以调整素材在当前合成窗口的曝光度。

总之，用户可以直接使用合成窗口下方水平工具栏中的工具在素材上进行修改，实时显示修改的效果。除了上面介绍的工具外，用户还可以在“合成窗口”中单击右键，从弹出的菜单中执行相应命令，操作合成图像。

1.3.5　时间轴窗口

1．时间轴窗口的作用

时间轴窗口是 After Effects CC 的主要编辑窗口（见图 1-25），在时间轴窗口中，可以将素材（素材是从项目窗口中直接拖到时间轴窗口中的）按时间顺序进行排列和连接、片段的剪辑和图层叠加及设置动画关键帧和合成效果。每一个时间轴窗口对应一个合成窗口。在 After Effects CC 中合成还可以进行多重嵌套，从而制作出各种复杂的视频效果。如果该面板被关闭，可以执行菜单栏中的“窗口 > 时间轴”命令，弹出该面板。

2．时间轴窗口中各个工具或按钮的功能

（1）0:00:01:08 ——时间码：用于显示合成中时间指针所在的时间位置。单击该数字，可以输入精确的数字来移动时间指针的位置，也可以输入时间增量来定位时间指针的位置。

（2）——搜索：用于在“时间轴”面板中查找素材，可以通过名称直接搜索素材。

（3）——合成流程图：单击该按钮，可以打开流程图窗口。

（4）——草图 3D：该按钮用来控制是否显示草图 3D 功能。

（5）——设置躲避开关：该按钮用来显示或隐藏“时间轴”面板中设置“消隐”状态的图层，如图 1-26 所示。通过显示和隐藏层功能来限制显示层的数量，简化工作流程，提高工作效率。

（6）——帧混合开关：该按钮可以控制是否在图像刷新时启用帧混合效果。一般情况下，应用帧混合时只会在需要的层中打开帧混合按钮，因为打开总的帧混合按钮会降低预览速度。例如，为动态素材添加帧融合，启用此功能将会在连续的帧画面之间添加过渡帧，使画面效果更柔和，常用于使用拖尾效果的时候。

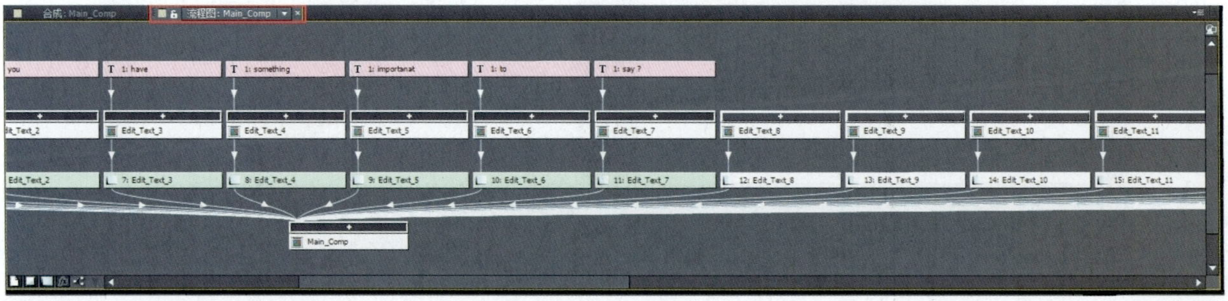

图 1-24　流程图

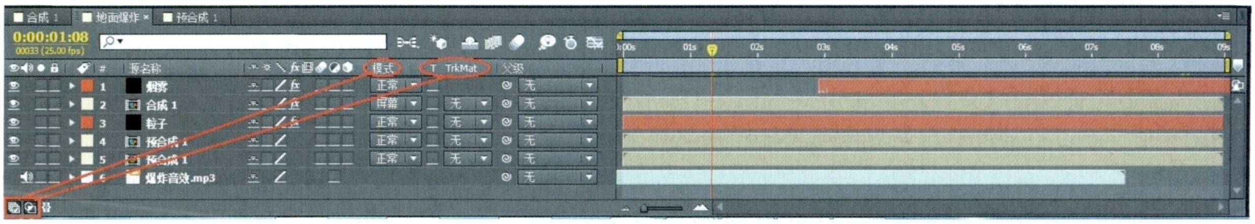

图 1-25 时间轴窗口

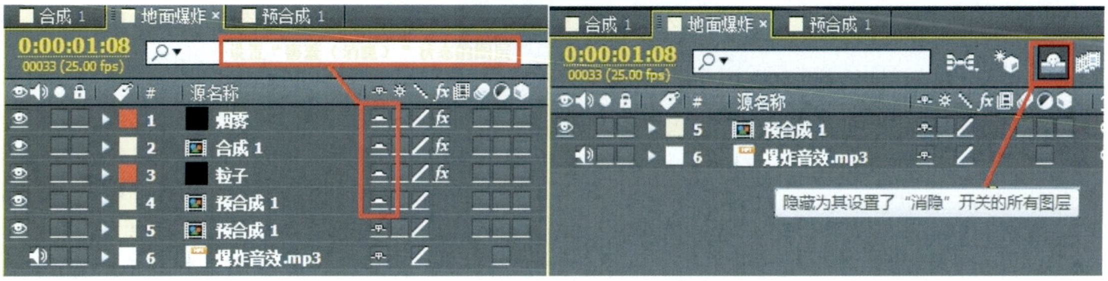

图 1-26 设置“消隐”状态的图层

（7）——动态模糊开关：该按钮可以控制是否在“合成”面板中应用动态模糊效果。在素材层后面单击按钮，可以给该层添加动态模糊。利用运动模糊，使运动效果更真实，模糊程度取决于合成项目设置中的高级设置里的快门角度和相位设置。而且，它只对在 After Effects 里创建的运动才有效，如果素材本身是动态的画面则无效。

（8）——变化：该按钮是对素材某项数值设置关键帧后，再插入一个随机值，使创建效果更多样化。

（9）——图形编辑器：该按钮可以快速切换“曲线（图形）编辑器”面板，可以方便地对关键帧进行属性操作。

（10）——3D 开关：把图层转换成三维层，在进行 Z 轴操作时必须打开此开关。

（11）图层的画质设定按钮：——最高质量，采用反锯齿和子像素技术，画质最好；——草图质量，渲染速度快；——只显示外框，不可从时间轴中直接选择，须通过菜单“图层（Layer）> 品质（Quality）> 线框（Wire Frame）”命令来实现。

1.3.6 特效和预置面板

特效和预置面板主要用来放置 After Effects CC 中内置的各种视频特效和预设特效。所有特效按效果用途进行分组存放，如果用户安装了第三方插件特效，也将显示在该面板的最下面。特效的使用也非常简单，选择需要添加特效的图层，再单击需要添加的特效即可。

1.3.7 特效控制台

特效控制台又称“效果控件面板”，主要作用是用来设置特效的参数和添加关键帧，设置画面运动特效。特效控制台根据特效的不同，显示的内容也不同。特效控制台如图 1-27 所示。

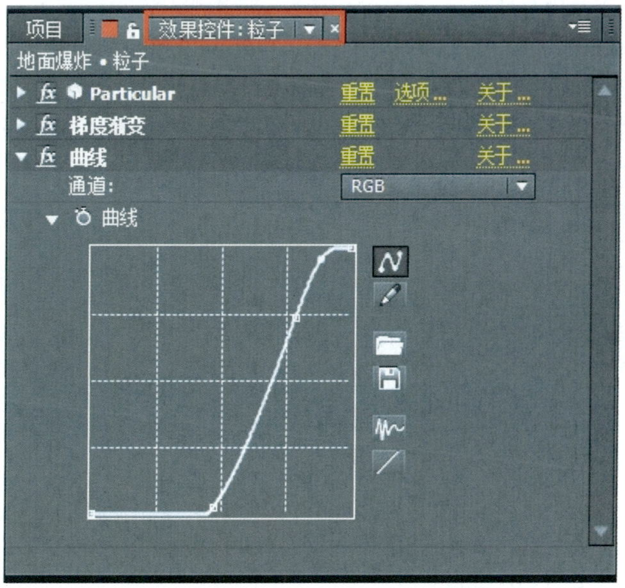

图 1-27 特效控制台（效果控件面板）

1.3.8 “信息”面板

“信息”面板的主要作用是显示当前鼠标所在图像的坐标值和颜色 RGB 值。在进行播放时，还显示项目帧和当前帧频。信息面板如图 1-28 所示。

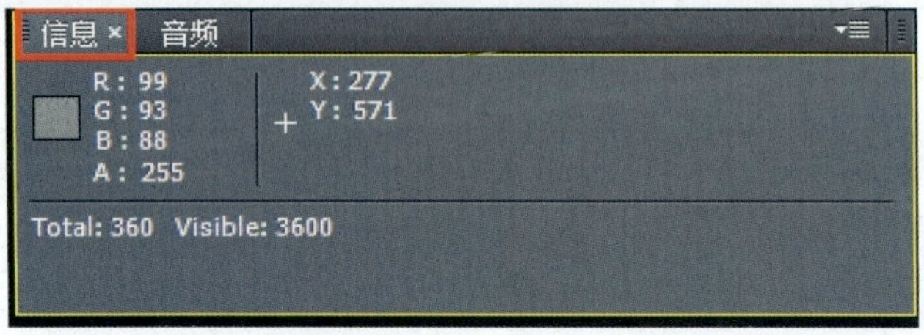

图 1-28 “信息”面板

1.3.9 预览控制台

预览控制台的主要功能是控制播放素材的方式（见图 1-29），用户可以用 RAM 方式预览，使画面变得更加流畅，但一定要保证有很大的内存作为支持。

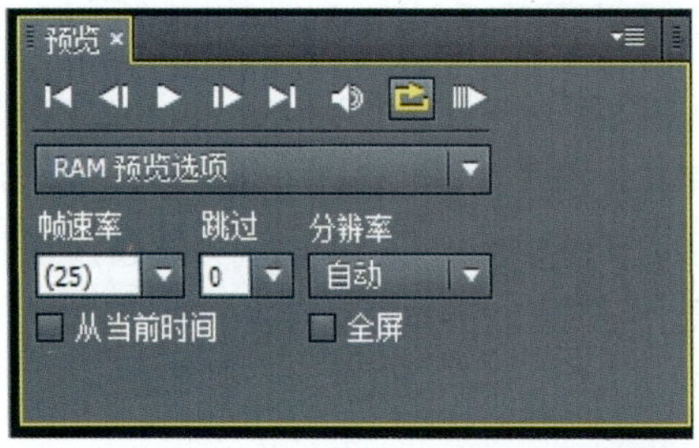

图 1-29 预览控制台

预览控制台面板中按钮的功能从左至右分别是回退到初始帧、向前一帧、播放、向后一帧、前进到末尾帧、播放声音、播放方式(循环、单向、正负循环）及内存预览。

After Effects CC 的功能非常强大，功能窗口和控制面板也非常多。After Effects CC 的界面布局提供多种选择，用户可以根据自己的需要进行切换。各种工作界面模式之间的切换方法很简单，具体操作步骤是在菜单栏中执行“窗口 > 工作区”命令，在弹出的下拉菜单中，用户可以根据自己的需要选择工作模式。

1.4 After Effects CC 常用快捷键

After Effects CC 的许多命令具有等效的快捷键，可最大限度地减少用户使用鼠标操作的情况，提高工作效率。

1. 新建项目与新建合成

新建项目：Ctrl + Alt + N

打开项目：Ctrl + O

新建合成：Ctrl + N

合成设置：Ctrl + K

保存项目：Ctrl + S

退出：Ctrl + Q

2. 合成图像、层和素材窗口中的编辑

拷贝：Ctrl + C

复制：Ctrl + D

剪切：Ctrl + X

粘贴：Ctrl + V

撤销：Ctrl + Z

重做：Ctrl + Shift + Z

选择全部：Ctrl + A

取消全部选择：Ctrl + Shift + A 或 F2

层、合成图像、文件夹、效果更名：Enter（主键盘）

3. 时间轴窗口中的时间缩放

缩放到帧视图：;

放大时间主键盘上的：=

缩小时间主键盘上的：-

4. 时间轴窗口中查看图层属性（见图 1-30）

遮罩（蒙版）形状（路径）：M

遮罩（蒙版）羽化：F

遮罩（蒙版）不透明度：TT

效果：E

定位点（锚点）：A

位置：P

缩放：S

旋转：R

不透明度：T

调出特效设置对话框：Ctrl + Shift + T

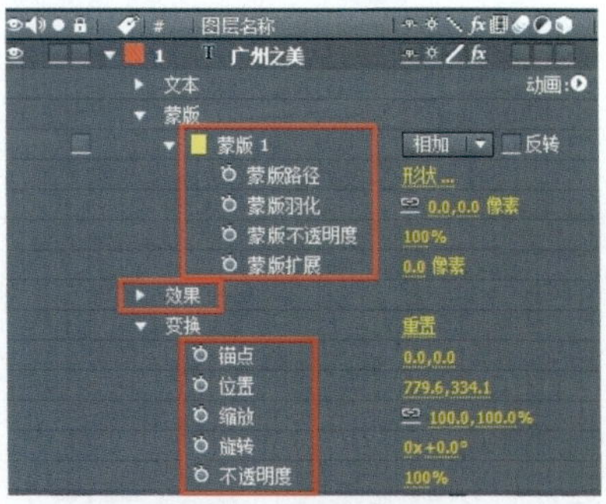

图 1-30 查看图层属性

5. 时间轴窗口中工作区范围的设置（见图 1-31）

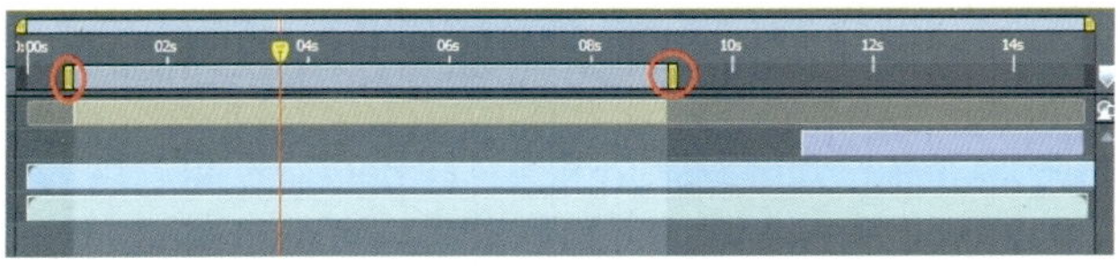

图 1-31　时间轴窗口中工作区范围的设置

设置当前时间标记为工作区开始：B

设置当前时间标记为工作区结束：N

设置工作区为选择的层：Ctrl ＋ Alt ＋ B

未选择层时，设置工作区为合成图像长度：Ctrl ＋ Alt ＋ B

时间轴指针逐帧左右移动：Page Up、Page Down

时间轴指针快速移动到起始点和结束点：Home、End

6. 时间轴窗口预览

开始 / 停止播放：Space

从当前时间点预视音频：.（数字键盘）

RAM 预视：0（数字键盘）

每隔一帧的 RAM 预视：Shift ＋ 0（数字键盘）

保存 RAM 预视：Ctrl ＋ 0（数字键盘）

7. 合成图像和时间轴窗口中的层操作

设置入点：[

设置出点：]

剪辑层的入点：Alt ＋ [

剪辑层的出点：Alt ＋]

8. 合成图像、层和素材窗口中的空间缩放

放大：.

缩小：,

放大并变化窗口：“Alt ＋ . ”或“Ctrl ＋ =（主键盘）”

缩小并变化窗口：“Alt ＋ ,”或“Ctrl ＋ -（主键盘）”

9. 工具箱操作

选择工具：V

手形工具：H

缩放工具（使用 Alt 缩小）：Z

旋转工具：W

摄像机工具：C

后移动工具：Y

矩形工具、椭圆工具、多边形工具等：Q

钢笔工具：G

10. 渲染队列窗口

制作（渲染导出）影片：Ctrl ＋ M

激活最近激活的合成图像：\\

增加激活的合成图像到渲染队列窗口：Ctrl ＋ Shift ＋ /

在队列中不带输出名复制子项：Ctrl ＋ D

保存帧：Ctrl ＋ Alt ＋ S

复习与思考

1. 影视后期合成中有哪些基本概念和常用参数？
2. After Effects CC 的特色功能有哪些？
3. After Effects CC 的工作窗口有哪些？每个窗口的作用是什么？
4. After Effects CC 的常用键盘快捷键有哪些？

第2章 After Effects CC基本工作流程

本章简介

本章主要介绍了After Effects CC基本工作流程，并详细讲解了基本的操作方法和过程以及合成项目创建和创建时需要注意的一些事项。此外，对各种素材的导入方法以及在合成窗口观察素材、编辑素材和对素材必要设置的设定，素材处理后的预览、渲染的步骤以及渲染输出等内容也有详细的讲述，旨在使学生熟悉操作流程并熟练运用After Effects CC软件。

学习目标

1. 了解项目、合成、图层的关系。
2. 熟练掌握素材的导入方法。
3. 熟悉After Effects CC的基本合成方式。
4. 熟悉设置层的关键帧动画与添加特效的方法。
5. 熟悉在时间轴编辑区对图层进行剪辑与编辑等操作。

2.1 项目、合成、图层的关系

在After Effects中，一个项目就是一个文件，又叫项目文件、工程文件，里面存储着合成和这个文件中所用素材的参数。当运行After Effects时，系统会自动建立一个名为“未命名项目”的文件，项目文件的扩展名为.aep。

合成是一个影片的框架（Framework），无论影片长短，都必须有一个框架，然后才能添加素材。每一个框架就是一个合成。每一个合成都有自己的时间轴面板。有时间轴面板，就可以对素材进行任何操作，如制作动画或添加特效等。当没有建立合成时，时间轴面板不可操作；建立合成后，时间轴面板就会被激活，即可用After Effects进行合成，也就是对素材进行编辑。把导入的素材拉到合成里，这个素材就转化为图层。

图层分为素材图层、文本图层、形状图层、纯色层（固态层）等。素材图层由素材构成。一个典型的合成包括多个图层，合成是图层的集合体。

2.2 “美丽中国”动画实例

一般在进行影视合成与特效制作之前，需要根据编辑脚本的内容将素材（包括拍摄的视频、音频素材，图片、图形文件，音频文件，影片文件等）收集齐备后，保存到计算机中指定的文件夹里，以便管理，然后开始编辑工作。

本书所有实例所需的素材、工程文件以及参考效果已经准备好，并放在本书配套网盘文件中对应的章节目录下。接下来，将以主题为“美丽中国”的动画视频为例，对一个完整的影视后期合成与特效制作的过程进行详细的讲解。在开始讲解之前，先欣赏“美丽中国”动画实例的完成效果（见图 2-1）。

图 2-1　“美丽中国”动画实例的完成效果

After Effects CC 的工作流程通常是：创建项目合成、导入素材、编辑素材、建立关键帧动画、为素材层添加特效、预览合成效果、将合成渲染输出。

2.2.1　合成的建立与参数设置

启动 After Effects CC，就创建出未命名项目 .aep。我们可以自行新建一个项目，或者通过“文件 > 另存为”命令修改项目名称。

建立合成的方法有三种：一是通过菜单栏的“合成 > 新建合成”命令；二是按快捷键 Ctrl + N；三是单击项目窗口下的新建合成按钮，这个方法比较方便、快捷。

在弹出“合成设置”对话框后，如图 2-2 所示，此对话框中包含许多项目的设置参数。

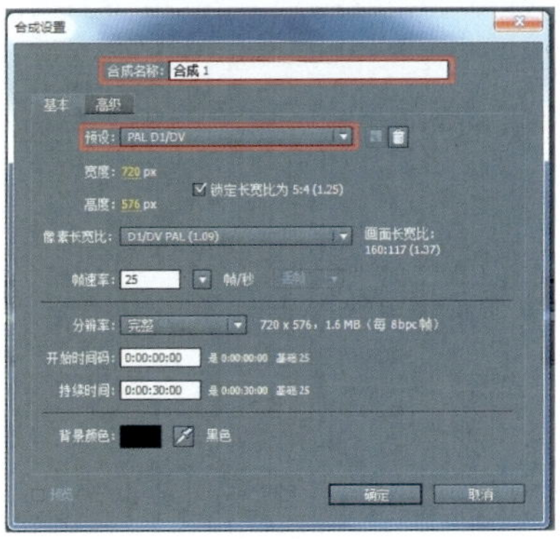

图 2-2　“合成设置”对话框

预设里包含很多电视制式，中国的电视预置一般为 PAL D1/DV，像素纵横比为 1.09。若输出的要在计算机或网络上播放，则预置选择：PAL D1/DV 方形像素、对应像素纵横比：方形像素（即 1 ∶ 1）。如选择 1.09，在合成中画圆，按 Ctrl + Shift 键，则无论如何调整都不是正圆；当调整为“方形像素”后，则显示为正圆。

帧速率：视频中每秒包含的帧数。PAL 制影片的帧速率是 25 帧 / 秒，NTSC 制式影片的帧速率是 29.97 帧 / 秒，电影的帧速率是 24 帧 / 秒，二维动画的帧速率是 12 帧 / 秒。

开始时间码：是指用数字的方法表示视频文件的一个点相对于整个视频或视频片段的位置。时间码可以用来做精确的视频剪辑。

持续时间：四个段分别表示“小时、分、秒、帧”，最大时间为 3 小时。

当参数都被设置好后（本案例中“合成 1”的预设为 PAL D1/DV，像素长宽比为 1.09，持续时间为 30 秒），单击对话框右下角的“确定（OK）”按钮保存设置，会自动弹出“时间线（Timeline）”窗口以及“合成 1（Comp1）”项目的预览窗口，如图 2-3 所示。

图像合成设置的修改方法有两种：一是执行菜单“合成 > 合成设置”命令；二是单击“时间轴”面板右上角的小三角，在弹出的菜单中选择“合成设置”命令。

2.2.2　导入和管理素材

素材的导入是进行合成与制作特效的开始，特效也是基于素材基础之上的。素材分为图片素材、视频素材和音频素材三种，After Effects CC 支持的图片素材格式主要有 AI、IF、ESP、GIF、BMP、CIN、DPX、JPG、PSD 等，支持的视频素材格式主要有 MOV、AVI、WMV、MP4 等，支持的音频素材格式主要有 WAV、WMV、WMA 等。

1. 导入素材方法

（1）在菜单栏执行“文件 > 导入 > 文件”命令，或按 Ctrl + I 键，选择所需的素材。

（2）直接在“项目”面板的空白处单击右键，在弹出的快捷菜单中选择“导入 > 文件”命令，选择所需的素材。

（3）直接在项目窗口空白处双击，此方法效率最高。

（4）打开资源管理器，选中所需素材，将其直接拖曳至“项目”面板。

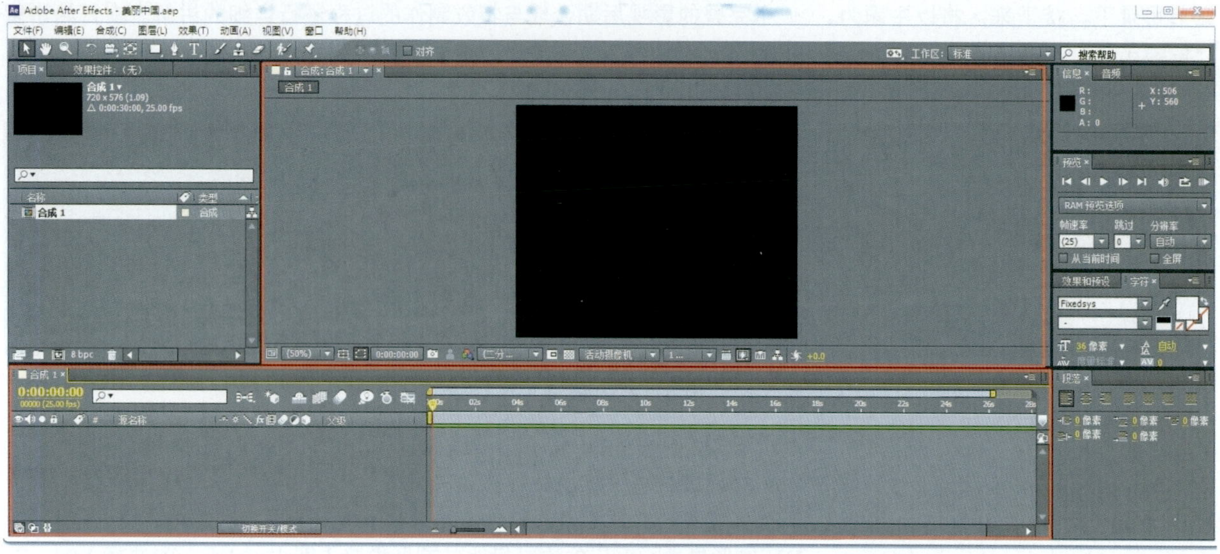

图 2-3　合成项目预览窗口和时间轴窗口

根据本案例中提供的素材，建议分类导入不同的素材。可以先在“项目”面板建立“图片”文件夹，然后再选中图片文件，执行导入素材命令，如图 2-4 所示。依此可以继续导入背景视频和背景音乐素材。

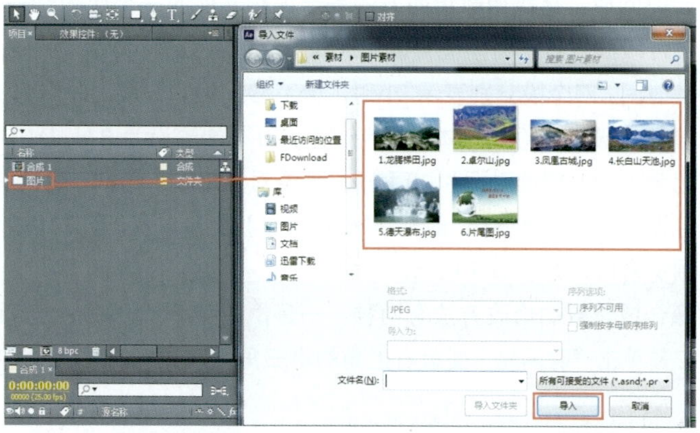

图 2-4　导入图片素材

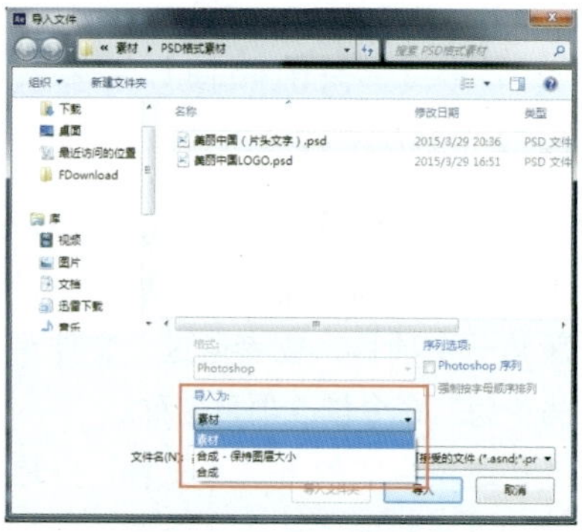

图 2-5　三种方式导入

2. 导入多个素材

执行菜单栏中的“文件 > 导入 > 多个文件”命令，可以选择不同文件夹里的多个素材。

在项目窗口下按住 Ctrl 键，可以同时选择不相邻的素材，按住 Shift 键可以选择某一列素材。

3. 导入分层素材

（1）如选择 Photoshop（*.psd）等带有层的素材文件，则会出现对话框，选择所需的某个图层或者是合并图层。根据本案例中提供的 PSD 格式的素材，可以选择三种方式导入：素材、合成、合成—保持图层大小（见图 2-5）。如果选择“素材”方式导入，则会弹出一个对话框。如果在对话框中选择“合并的图层”选项，则整个 PSD 文件会以合并图层的形式导入项目窗口中，如图 2-6 所示。

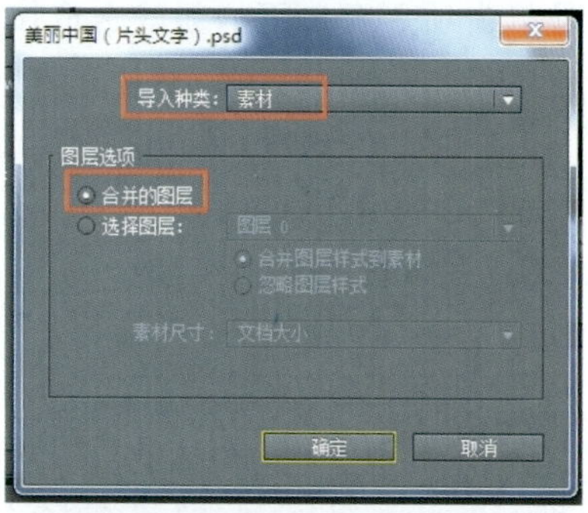

图 2-6　合并图层后导入项目中

（2）如果选择“选择图层”选项，还需要在该选项右边的下拉列表中选择需要导入的具体图层，选择好要导入的图层之后，单击“确定”按钮，将选中的图层导入项目窗口中，如图 2-7 所示。说明：本案例中的 PSD 文件只有 1 个图层。

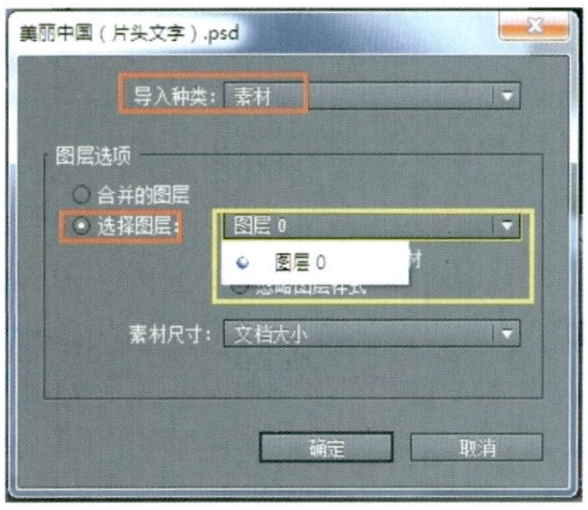

图 2-7 “选择图层”选项

（3）如果选择“合成”方式导入，则会使 PSD 文件以分层的方式导入，导入进来之后的所有图层都存放在一个与 PSD 文件相同文件名的文件夹中，同时系统会自动创建一个同名的“合成”（见图 2-8）。双击这个合成图标，在“时间线”面板中可以看到 PSD 文件里的所有层以同样的图层方式排列显示，并且可以单独对每个层设置动画。依此继续导入其他 PSD 文件。

4．导入图片序列

序列文件是一种非常重要的素材来源，由若干幅按某种顺序命名排列的图片组成。每一幅图片就是一层画面。导入本案例中的图片序列的方法是先选择文件夹中的第一个文件，再选中序列复选（序列名字与文件格式相同），单击“导入”按钮（见图 2-9）。

2.2.3 编辑素材

1．将素材添加到“时间轴”面板

要将“项目”面板中的素材添加到“时间轴”面板，只需要在“项目”面板中选中需要编辑的素材将其拖到“时间轴”面板中即可。本实例中即将“片头文字（PSD）和图片素材”都拖到“时间轴”面板中（见图 2-10）。

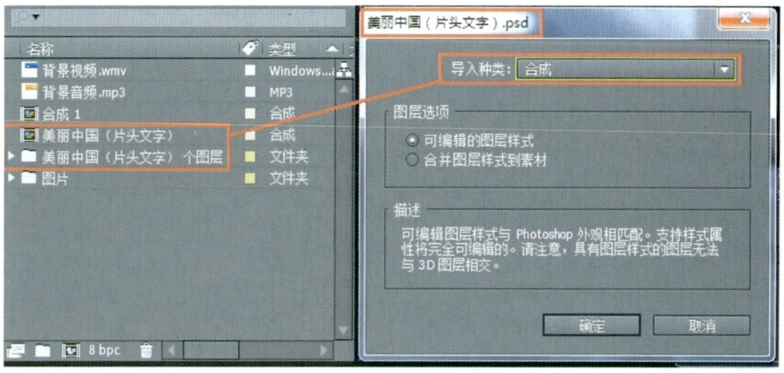

图 2-8 分层的方式导入

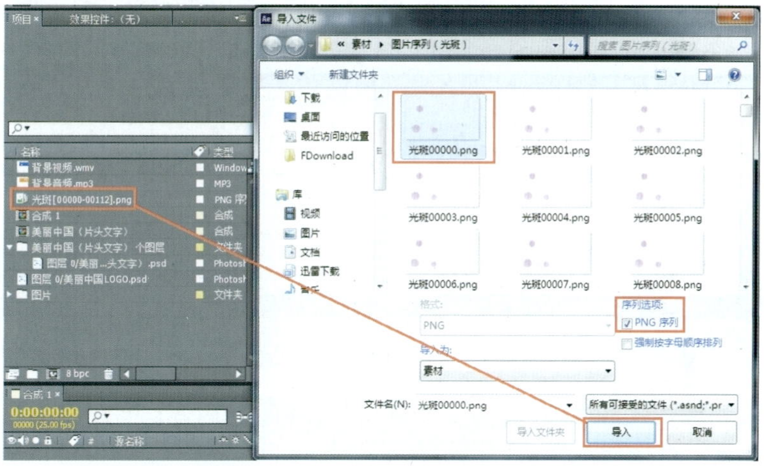

图 2-9 导入图片序列

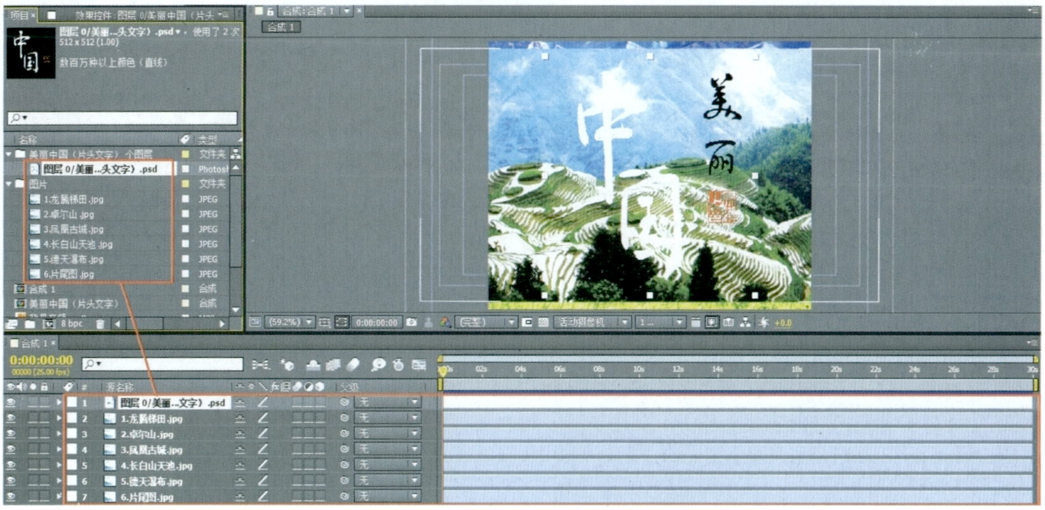

图 2-10 将素材添加到“时间轴”面板

2．层的基本操作

可以通过在“时间轴”面板中选中某一图层上下拖动以改变其叠加顺序。双击“时间轴”面板中的一个层，将弹出相应的“层（Layer）”面板，在这个面板中可以更仔细地观察和剪辑素材。“时间轴”面板中的层持续时间条，代表素材层持续播放时间，可延长或缩短（见图 2-11）。

3．素材（层）的剪辑

因为素材的长度并不总是符合需要的，所以需要进行素材的剪辑工作。有两种方法对素材进行剪辑：一是可以在“时间轴”面板，直接通过拖动改变层的入点和出点；二是在层（Layer）面板中，移动时间滑条到相应位置，单击按钮设置素材入点，单击按钮设置素材出点（见图 2-12）。此外，还可以通过将选中的图层定位好时间指针位置后执行快捷键 Alt +［、Alt +］来剪辑。

依此类推，继续剪辑其他素材图层（每个图层长度大概为 5 秒，同时上下相邻图层之间有 1 秒的重叠），如图 2-13 所示。

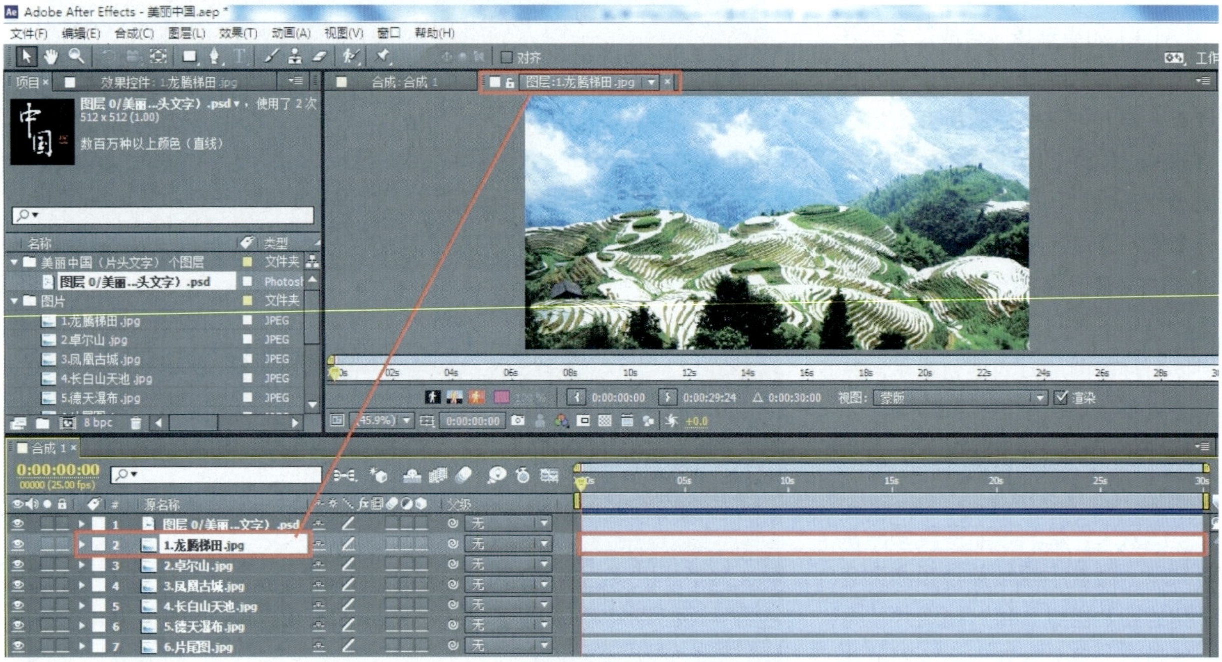

图 2-11　在“层”面板中观察素材与层持续时间条

图 2-12　素材的剪辑

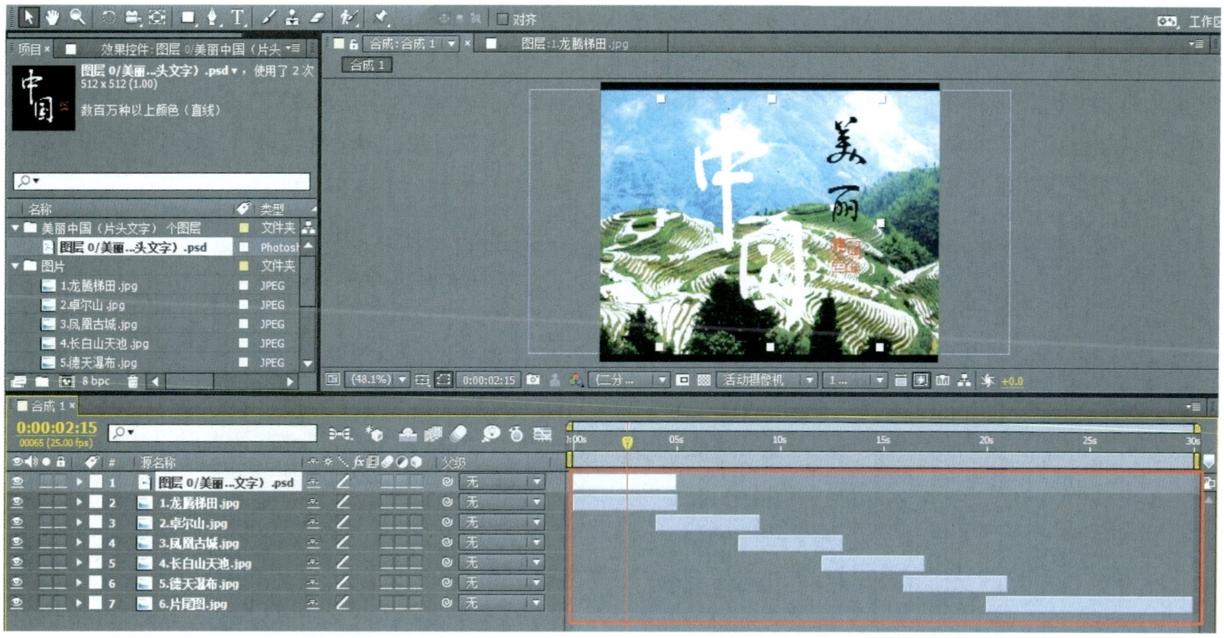

图 2-13 继续剪辑其他素材图层

2.2.4 建立关键帧动画

1．层的属性

在 AE 中要修改层图像属性的参数，可以单击该层名称左边的小三角形，使其箭头朝下（再次单击将收敛轮廓图）。展开层属性，会发现每个层都有单独的“变换（Transform）”属性，下面包含锚点、位置、缩放、旋转、不透明度等具体属性（见图 2-14），单击属性对应的相应数值，可以调整这些属性值。但如果要快速选择层的属性，应该按对应于属性的快捷键（锚点——按 A 键；位置——按 P 键；缩放——按 S 键；旋转——按 R 键；不透明度——按 T 键）。

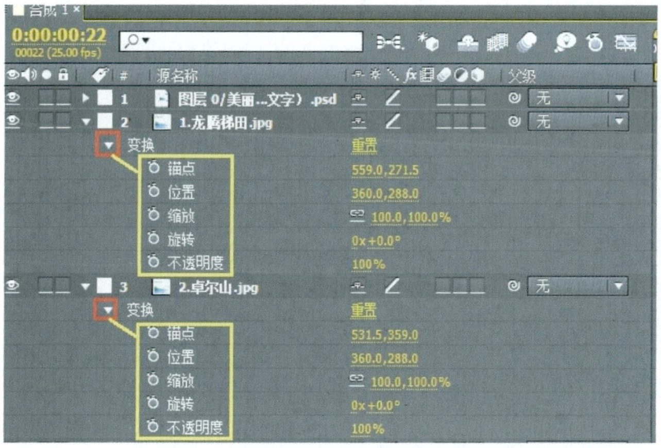

图 2-14 展开层的“变换”属性

2．设置层的关键帧动画

关键帧是指在不同的时间点对对象属性进行更改，而时间点之间的变化由计算机来完成。在 AE 中，各种滤镜效果参数或者属性的每一次改变都可以设置成关键帧，“时间轴”面板中层的每一个属性均对应着左边相应的码表——图标，只要单击相应的码表图标按钮，就会在右边的时间线上增加一个关键帧点。如果需要增加关键帧，但不改变属性值，可以单击位于层最左边的关键帧检测框（在当前时间添加或移除关键帧），稍后改变关键帧值即可。如果修改属性值，而当前位置没有关键帧，软件将自动增加一个关键帧。

（1）设置层的透明度属性关键帧，可以实现淡入淡出之类的常见效果。

1）在“时间轴”面板中选择“美丽中国（片头文字）”层，移动当前时间指针到开始淡化的时间点（0 秒位置），按 T 键展开层的不透明度属性，输入开始的不透明度值为 0（实现淡入），单击不透明度属性的码表标记按钮，增加一个关键帧；移动时间标记到结束淡化的时间点（1 秒位置），输入结束的不透明度值，对于淡入，应设置为 100，如图 2-15 所示。说明：如果需要将文字比例调小，可以通过调小其“缩放”属性值来实现。

2）将时间指针移到“美丽中国（片头文字）”图层结束前 1 秒的位置，单击关键帧检测框（在当前时间添加或移除关键帧框），可以在不改变“不透明度”属性值（即此时对应的值是 100）的前提下增加一个关键帧（如果有需要也可以稍后再修改关键帧值），如图 2-16 所示。

3）将时间指针移到“美丽中国（片头文字）”图层的结束位置，将“不透明度”属性值修改为 0。由于当前位置没有关键帧，软件将自动增加一个关键帧，这样就产生淡出的效果，如图 2-17 所示。

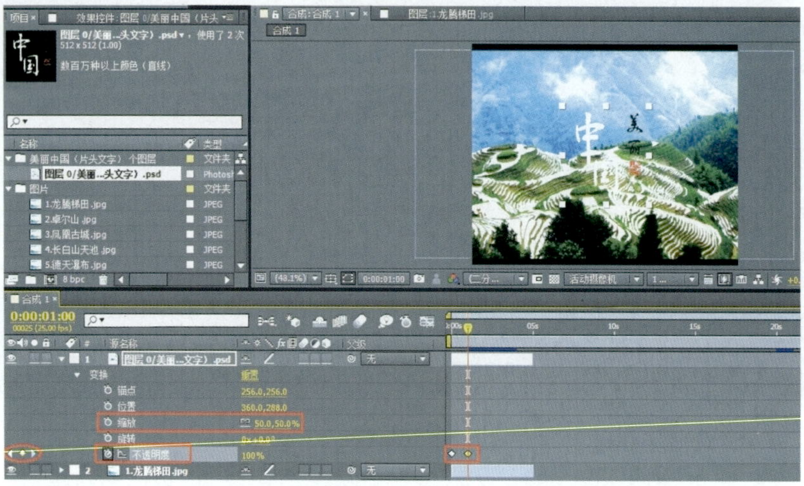

图 2-15　设置层的不透明度属性关键帧产生淡入效果

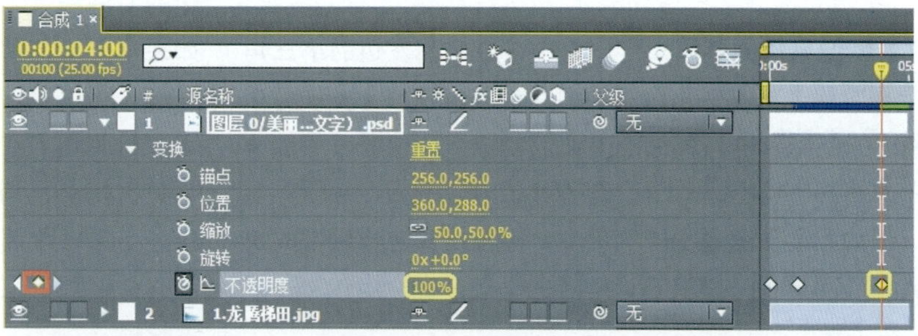

图 2-16　单击关键帧检测框在当前位置增加一个关键帧

图 2-17　设置图层淡出的效果

（2）设置层的“位置”属性关键帧，可以实现镜头左右摇动的效果。

1）在“时间轴”面板中，选择图层2（“龙腾梯田”层），为了使图层2的图像画面的上下高度跟“合成”面板一致，可以在“合成”面板中选中图层上下高度的一个控制点来精确地移动；或按S键展开“缩放”属性后单击“约束比例”按钮取消等比缩放功能，这些都可以实现单独调整Y轴的数值，如图2-18所示。

2）按P键展开图层2（“龙腾梯田”层）的“位置”属性，为了改变图层的位置可以采用三种方法：一是直接在“合成”面板中移动图像；二是在“时间轴”面板中单击“位置”属性值输入新的位置值；三是直接在“时间轴”面板中左右移动“位置”属性的数值。定位好图层开始位置属性的数值后，将时间指针移到图层的开始位置后设置一个关键帧，如图2-19所示。

3）将时间指针移到图层（图层2）的结束位置后通过修改“位置”属性值，实现图像向左移动的动画，如图2-20所示。

（3）设置层的“缩放”属性关键帧，可以实现镜头推拉的效果。

1）在“时间轴”面板中，选择图层3（“卓尔山”层），将时间指针移到图层3的开始位置，按S键展开图层的“缩放”属性，调大“缩放”属性值并设置关键帧，如图2-21所示（不过要暂时先关闭图层2的显示开关才能预览到图层3开始时的比例放大的效果）。

2）将时间指针移到图层3的结束位置后通过调小“缩放”属性值，实现图像类似拉镜头的动画效果，如图2-22所示（这时可以开启图层2的显示开关）。

（4）依此类推，继续设置其他图层的位置或“缩放”属性的关键帧动画。

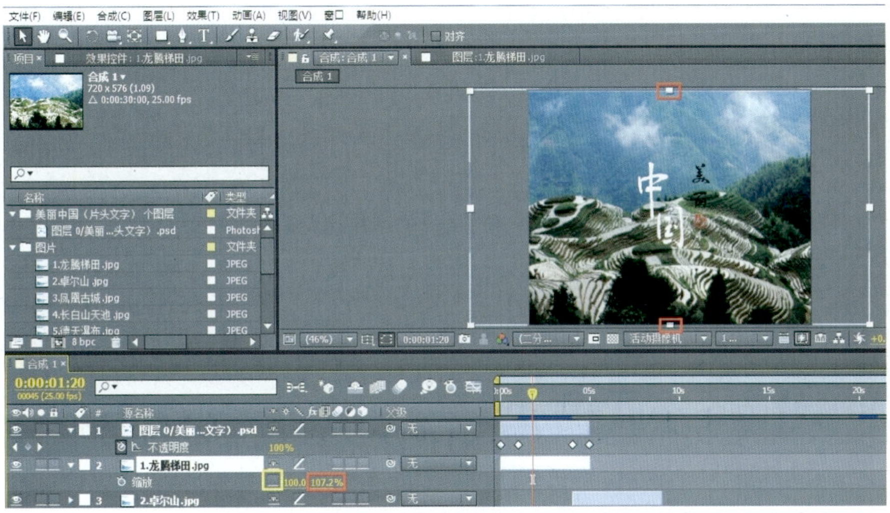

图2-18　通过图层“缩放”属性单独调整Y轴的数值

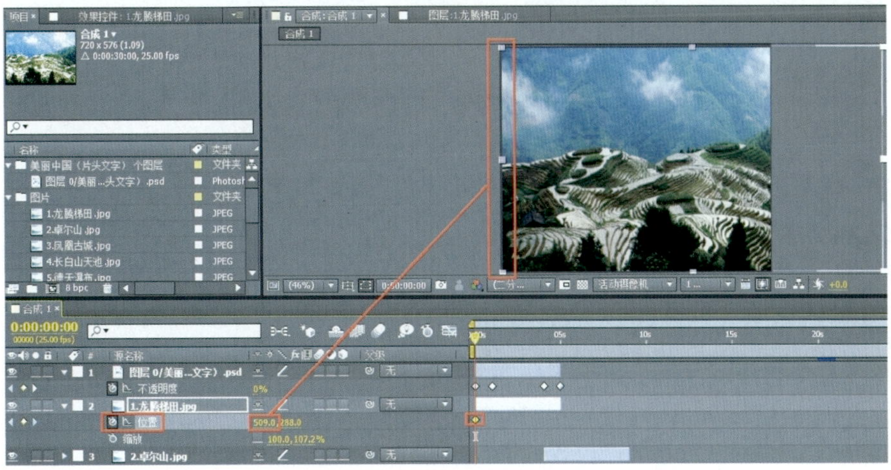

图2-19　设置图层起点位置关键帧

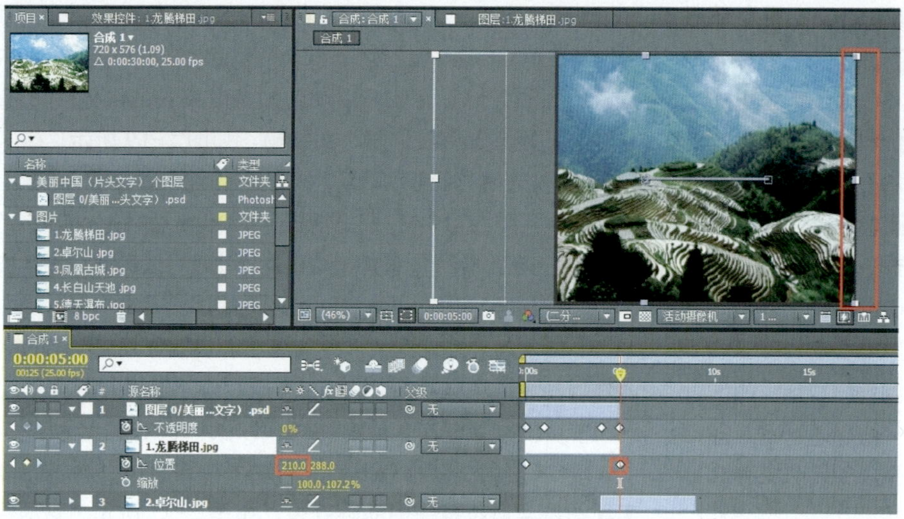

图 2-20　设置图层结束点位置关键帧

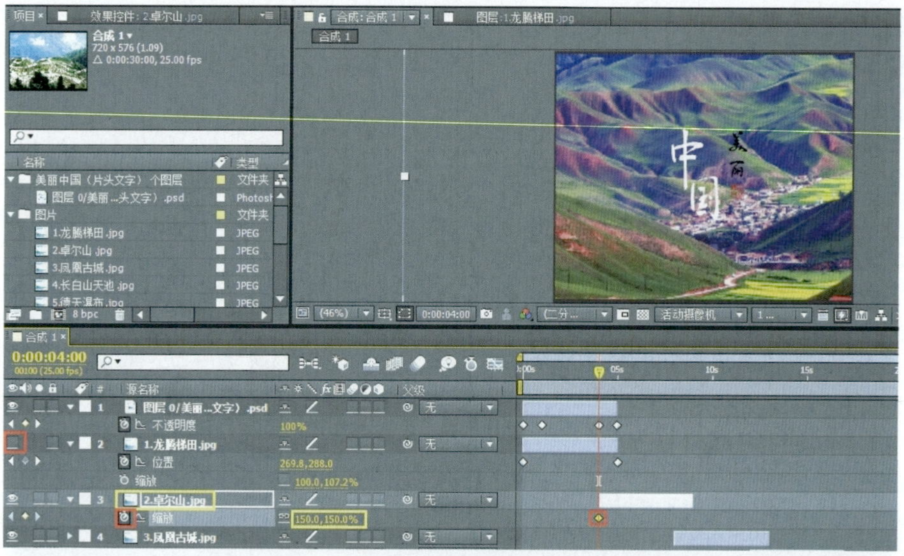

图 2-21　调大图层的“缩放”属性值并设置关键帧

图 2-22　调小图层的“缩放”属性关键帧的值

1）设置图层 4 的位置关键帧动画，使图像画面产生向左移动的效果，如图 2–23 所示。

2）设置图层 5 的“缩放”属性关键帧动画，使图像产生拉镜头的动画效果，如图 2–24 所示。

3）设置图层 6 的“缩放”属性关键帧动画，使图像产生推镜头的动画效果，如图 2–25 所示。

4）设置图层 7 的“缩放”属性关键帧动画，使图像产生拉镜头的动画效果，如图 2–26 所示。

3．对关键帧的编辑

一般来说，通过单击可以直接选择一个关键帧，按住 Shift 键可同时选择多个关键帧；要删除关键帧，可以按 Delete 键；要移动关键帧直接拖动即可。要拷贝关键帧可以在选择关键帧后使用菜单栏“编辑（Edit）＞复制（Copy）”命令或按快捷键 Ctrl ＋ C，然后将时间指针移动到需要粘贴的位置，使用菜单栏“编辑（Edit）＞粘贴（Paste）”命令或按快捷键 Ctrl ＋ V。

为了让图层之间的衔接显得自然流畅，需要设置图层之间以交叉溶解的形式过渡，即需要设置相邻两个图层重叠部分中上面图层的淡出效果，而图层的淡出效果可以通过设置图层的“不透明度”属性关键帧来实现。现按照上述的选择、复制、粘贴关键帧的方法，根据需要将图层 1 的“不透明度”属性关键帧选中后拷贝到其他图层上，如图 2–27 所示。

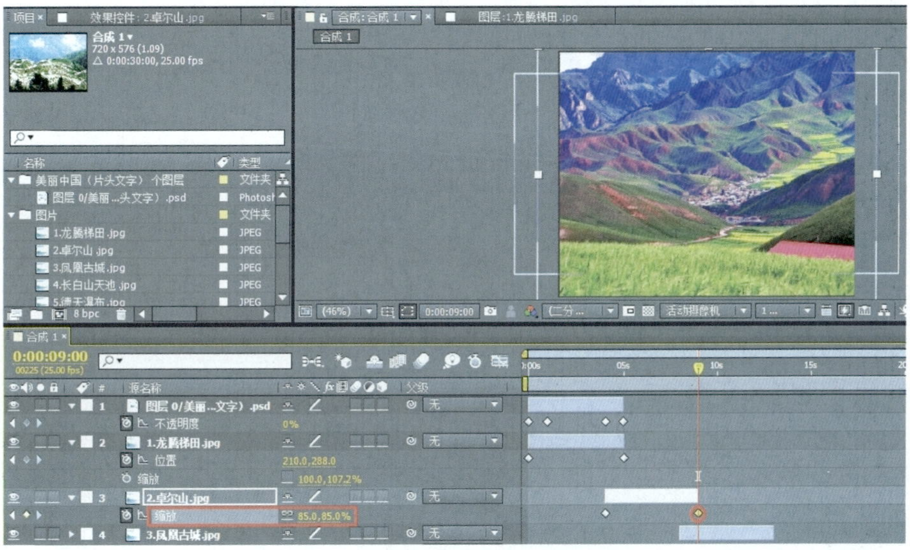

图 2–23　设置图层 4 的位置关键帧动画

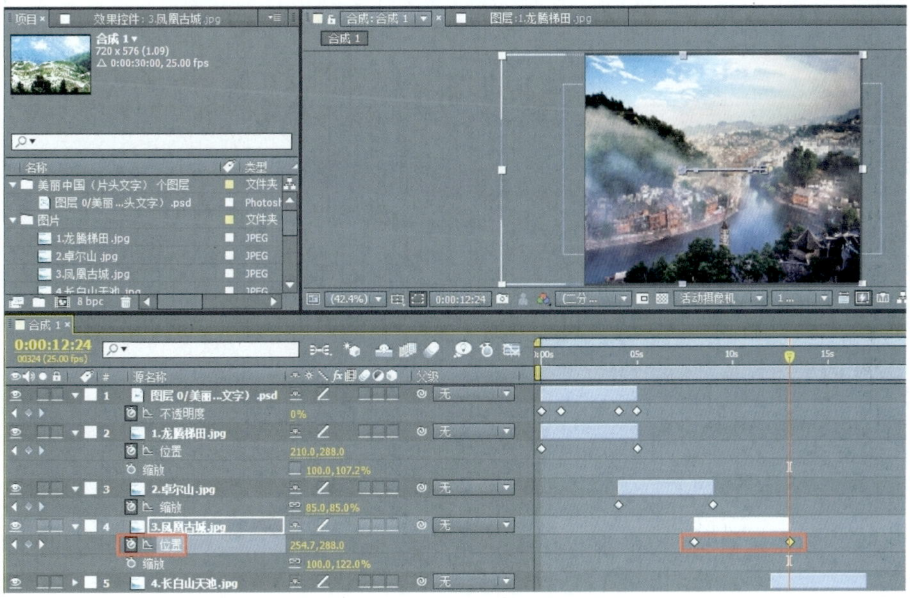

图 2–24　设置图层 5 的缩放关键帧动画

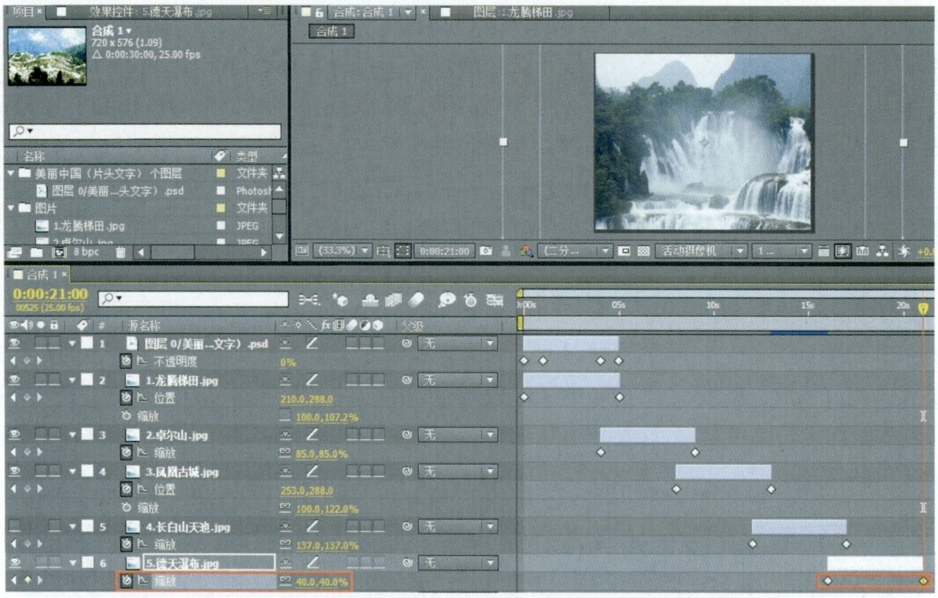

图 2-25　设置图层 6 的缩放关键帧动画

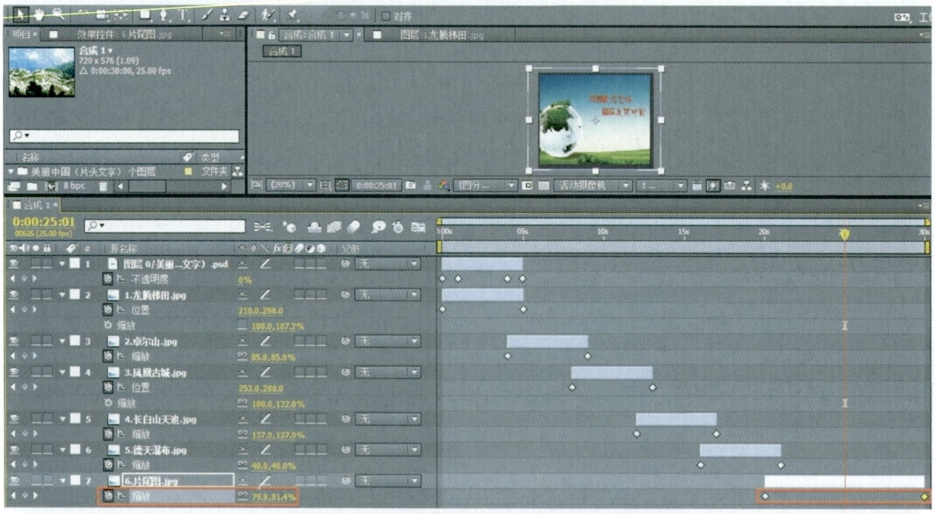

图 2-26　设置图层 7 的缩放关键帧动画

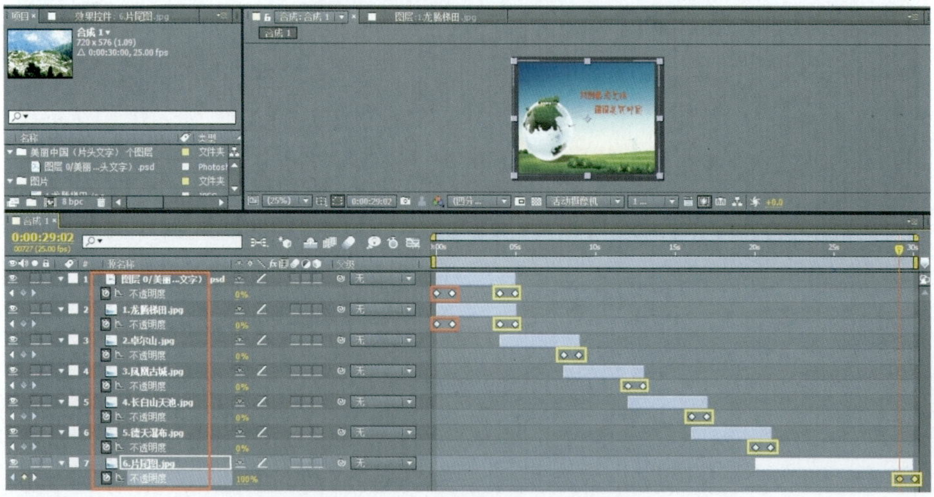

图 2-27　拷贝“不透明度”属性关键帧

2.2.5　嵌套合成

在 AE 中，合成项目可以像一个图层那样在另一个合成项目中使用，只需要将这个合成项目拖曳到另一个合成项目的时间轴中，在时间轴上充当一个普通的图层，这就是嵌套合成。使用嵌套合成可以避免在一个合成项目中出现过多的层，大大简化操作步骤。此外，有些特殊滤镜的组合必须通过嵌套合成才能达到预期的效果。

1．新建合成 2

执行菜单栏中的“合成＞新建合成”命令新建“合成2”，注意选择“合成2”的预设模式为“HDV/HDTV 720 25”，如图 2-28 所示。

2．编辑图层

将背景视频和背景音频添加到“合成2”的“时间轴”面板中，如图2-29所示，根据上面讲过的技巧与方法灵活地对其做适当的调整、复制、剪辑、编辑和添加关键帧等操作。说明：如果视频背景素材的尺寸跟“合成2”的一样，就不用调整图层缩放值了。

3．嵌套合成

将“合成 1”嵌套进“合成 2”。选中“项目”面板中的“合成 1”并将它拖曳到“合成 2”的“时间轴”面板中的图层 1 上，如图2-30所示。

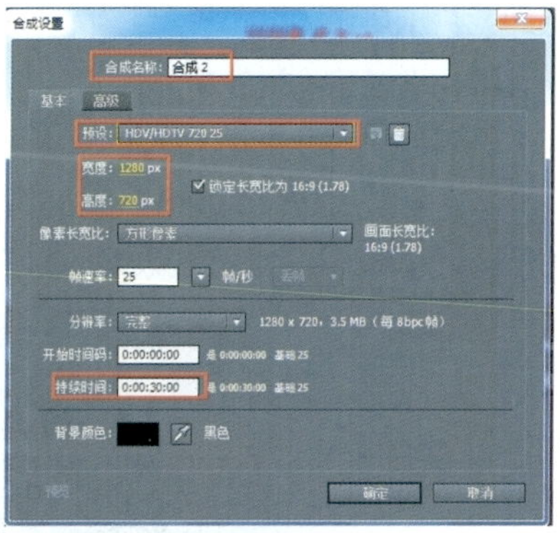

图 2-28　新建“合成 2”

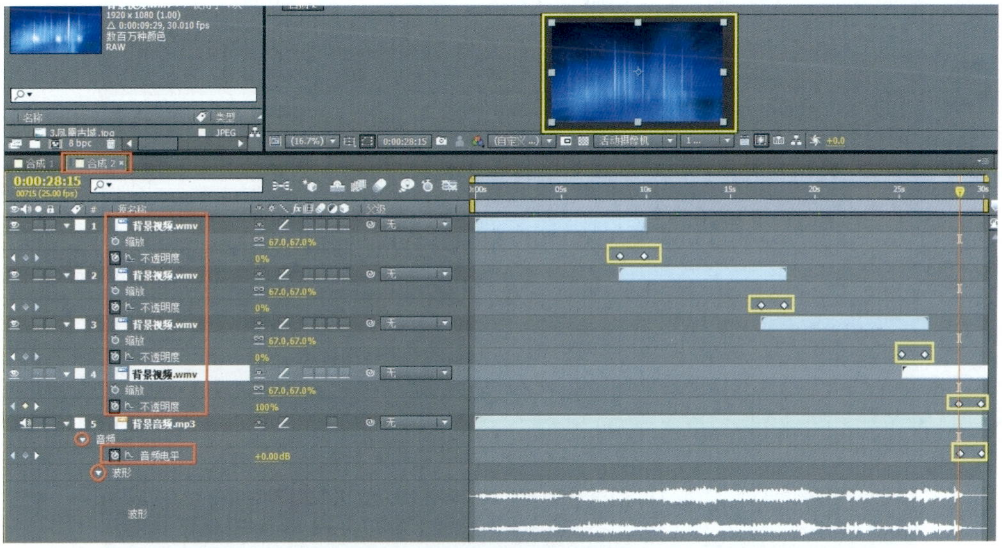

图 2-29　对图层做剪辑与编辑等操作

图 2-30　将“合成 1”嵌套进“合成 2”

2.2.6 制作 3D 旋转动画

1．图层转换

将“美丽中国 LOGO”素材添加到“合成 2”时间轴的图层 1 上，然后调整其比例和位置后打开图层的 3D 开关，将二维图层转为三维图层，如图 2-31 所示。

2．设置三维旋转动画

设置“美丽中国 LOGO”图层的三维旋转动画。选中“美丽中国 LOGO”图层后按 R 快捷键，调出其三维旋转属性值，通过设置“Y 轴旋转”关键帧使其产生三维旋转效果，如图 2-32、图 2-33 所示。

2.2.7 创建文字图层

在“合成 2”中利用“文字工具”（在工具栏中单击文字工具按钮）或者执行菜单栏中的“图层 > 新建 > 文本”命令创建文字图层后，双击文字图层，在“合成”面板中光标变成一个闪烁的图标之后，就可以输入相应的文字并排好文字的版式，如图 2-34 所示。

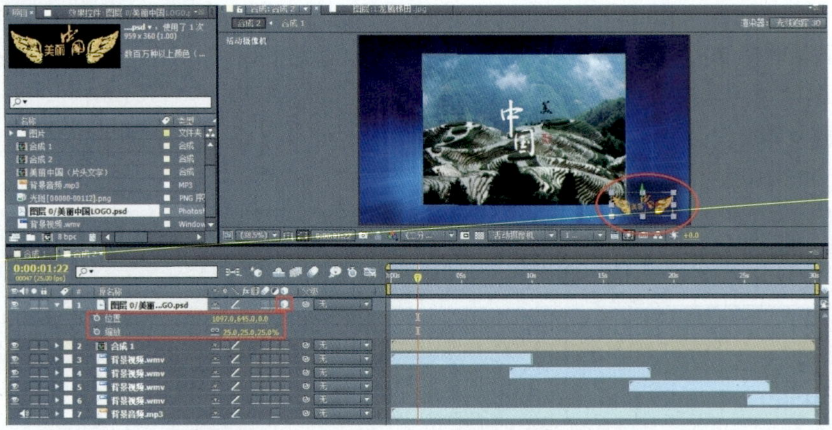

图 2-31　调整图层的比例、位置后打开 3D 开关

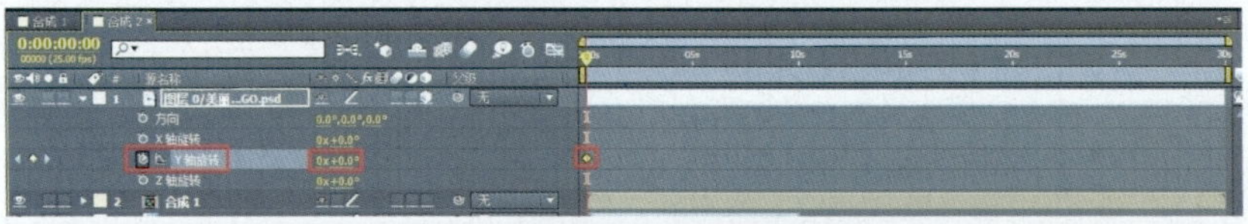

图 2-32　三维旋转起点关键帧数值设置

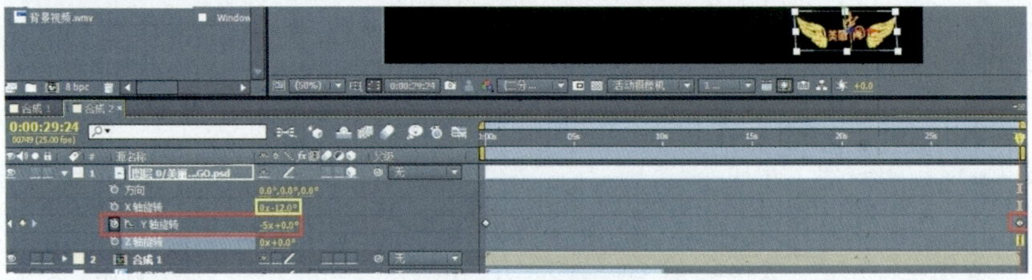

图 2-33　三维旋转结束点关键帧数值与其他参数设置

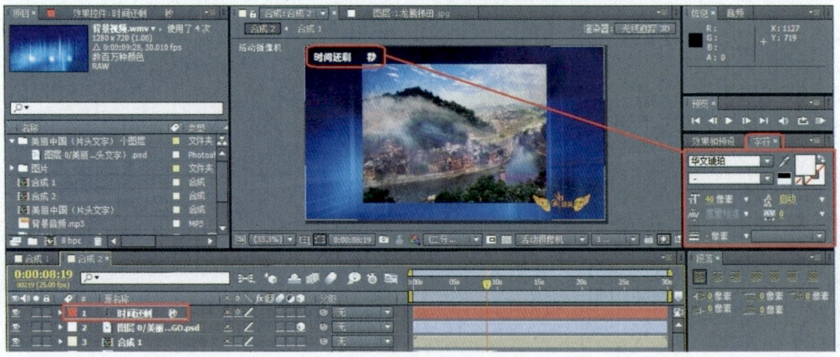

图 2-34　创建文字

2.2.8　给图层添加特效并制作特效动画

1．“编号”特效设置

给文字图层添加“编号”特效，特效也称滤镜、效果。在“合成2”中单选文字图层(此时是图层1)，执行菜单栏中的“效果＞文本＞编号”命令，这样就给文字图层添加一个“编号”特效，并注意相关选项参数设置，如图2-35所示。

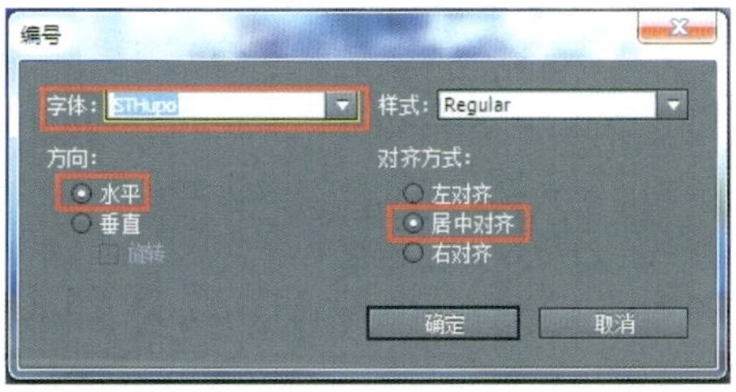

图 2-35　“编号”特效相关选项参数设置

2．设置“编号”特效相关参数

继续选中文字图层，按E键，可以调出文字图层上已经添加的“编号”特效。然后在“编号”特效控制面板中，设置相关参数，如图2-36所示。

3．设置“编号”特效动画

在“时间轴”面板中，选择已经添加特效的图层，按E键展开特效（滤镜）属性，单击要修改的下画线的效果值，输入新值，单击对应于层滤镜值左边的码表标记设置关键帧。如果两个关键帧处的滤镜属性值不同，将产生动画效果。

现在需要制作一个倒计时的数字变化效果，总计时间长度是30秒。先将时间指针移到开始位置（0秒），设置“编号”特效的数值关键帧参数为30，然后再将时间指针移到结束位置（30秒），设置此时“编号”特效的数值关键帧参数为0，如图2-37所示。

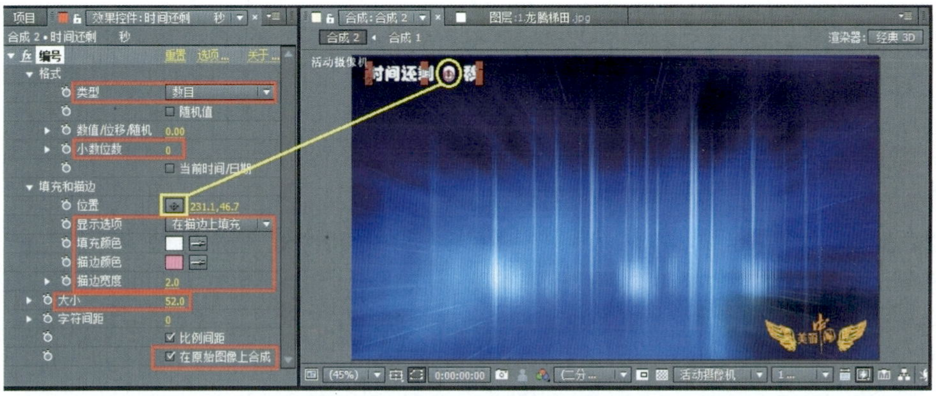

图 2-36　设置“编号”特效相关参数

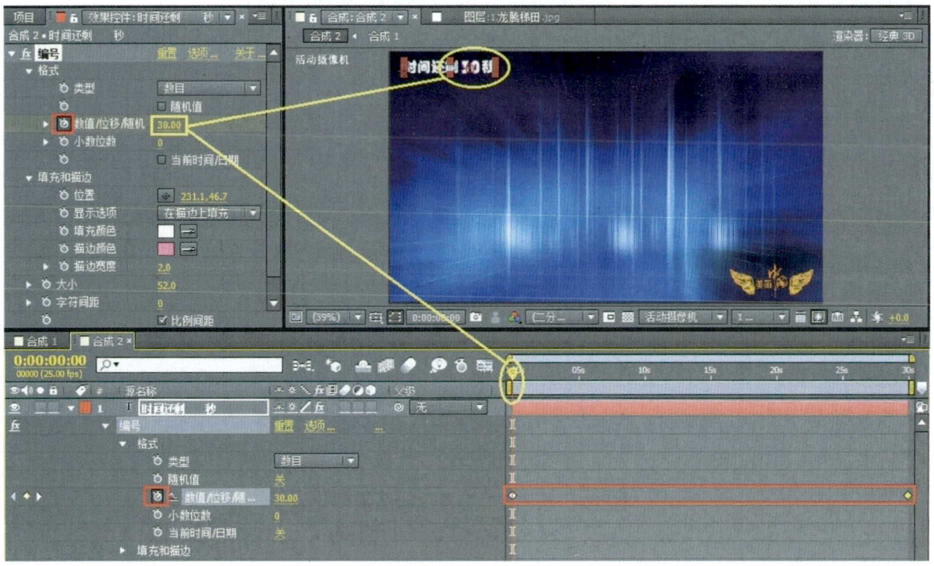

图 2-37　通过设置“编号”的数值关键帧产生倒计时的数字变化效果

4．总结特效（滤镜）使用技巧

（1）在“时间轴”面板选择一个层，通过单击菜单栏中的“效果（Effect）”按钮，在弹出的菜单中选择需要的特效（滤镜），为层应用各种滤镜。也可以选定层之后右击，在弹出的窗口中选择需要的特效（滤镜）。选择特效（滤镜）后，一般会弹出滤镜的控制参数窗口，调整参数，便可以在“合成”面板中观察到相应的合成效果。可以在任何时候为层增加特效（滤镜）效果，也可以对一个层多次使用同一特效（滤镜）。

（2）特效（滤镜）控制窗口显示特效（滤镜）的各种具体参数控制。这些参数值的控制有多种方式。

1）改变普通滤镜参数的值，可以直接在下画线内输入值，或者拖动其下滑条控制。

2）对于角度参数，通过角度控制圈拖动角度线改变。

3）设置颜色值一般是先单击颜色板，然后在弹出的“颜色”对话框中选择合适的颜色。

4）某些特效（滤镜）需要指定其具体作用的位置，即设定效果点。效果点在特效（滤镜）控制窗口中以十字圆圈的方式表示，可以直接输入位置坐标，或者以十字圆圈标记，也可以通过在“合成”面板中拖动来设定效果点位置。

（3）删除特效（滤镜）：在特效（滤镜）控制窗口中选择一个特效，然后按Delete键或者执行菜单栏中的“编辑（Edit）>清除（Clear）”命令。拷贝特效（滤镜）：在特效控制窗口中选择一个或多个特效（同时按Shift键），执行“编辑（Edit）>复制（Copy）”命令，然后在“时间轴”面板中，选择一个或者多个层，执行“编辑（Edit）>粘贴（Paste）”命令。此外，如果对一个层需要多次拷贝添加同一特效，可以直接通过快捷键Ctrl + D来实现。

2.2.9 添加序列帧动画并预览合成效果

1．参数调节和设置

从“项目”面板中将“光斑”序列帧动画素材添加到“合成2”的“时间轴”面板上，然后适当地调整其比例大小和淡入的效果以及其他图层需要修改的细节设置等，如图2-38所示。

2．预览合成效果

选择需要预览的工作区域范围（快捷键B——起始点、N——结束点），然后单击预览控制台面板上的内存RAM预览或者通过快捷键（小键盘上的0）来实现（见图2-39）。预览时可通过调整画面大小以牺牲画面质量来获得较快的预览速度，也可单击某个图层对其进行单独的预览。

2.2.10 渲染输出影片

1．合成渲染

当一个合成制作完成以后，最后的步骤就是渲染。在After Effects CC中输出的时候，合成中每个层的Mask（蒙版）、特效（滤镜）和层属性被逐帧渲染到一个或多个输出文件里。根据每个合成帧的大小、质量、复杂程度和输出的压缩方法，输出影片可能会花费几分钟至数小时的时间。当把一个合成添加进渲染队列里面，它会作为一个渲染项目在渲染队伍里等待渲染。

2．渲染设置

选择好要渲染输出的工作区域范围后，执行菜单栏中的“合成 >渲染前”命令或按快捷键Ctrl + M调出渲染输出的信息对话框。在渲染的信息对话框中，可以看见“渲染设置（Render Settings）”选项，单击右边的下画线选项（最佳设置），会弹出“渲染设置”对话框，如图2-40所示。

“渲染设置”对话框可以分为三大区域，可以根据不同的区域选择相关参数，如果没有特殊要求基本会选择默认。

3．设置影片的输出格式和输出路径

（1）输出格式的设置是通过单击“输出模块（Output Module）”右边的下画线选项（自定义：AVI）来调出“输出模块设置”对话框，如图2-41所示。

After Effects CC有默认设置，默认格式是无压缩的AVI。默认设置输出的AVI文件由于没有经过压缩，文件很大，因此需要对输出的AVI文件进行格式转换。此外，也可以选择输出JPEG、TGA、TIFF等序列帧格式的文件。

（2）输出路径的选择是通过单击“输出到（Output to）”右边的下画线选项来调出“将影片输出到”对话框，如图2-42所示。

4．开始渲染输出

当渲染输出前的参数都设置好后，单击渲染信息对话框右上角的“渲染”按钮开始进行渲染输出，如图2-43所示。当After Effects CC开始渲染这些项目时，不能在After Effects CC上进行任何其他的操作。当渲染完毕时，After Effects CC会有一个声音提示。

图 2-38　相关图层参数设置与调节

图 2-39　预览时选择需要预览的工作区域范围

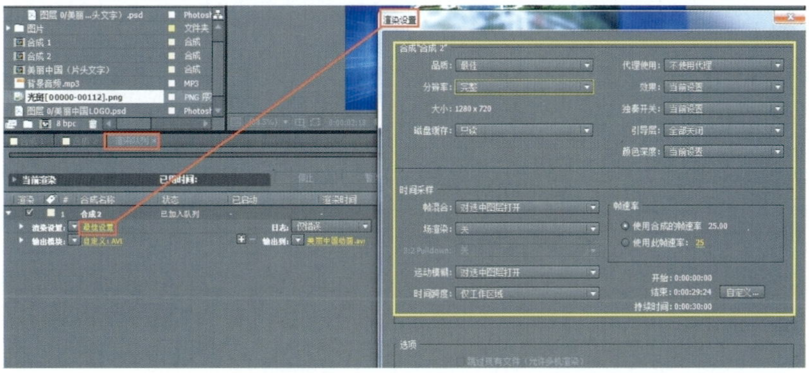

图 2-40　“渲染设置”对话框

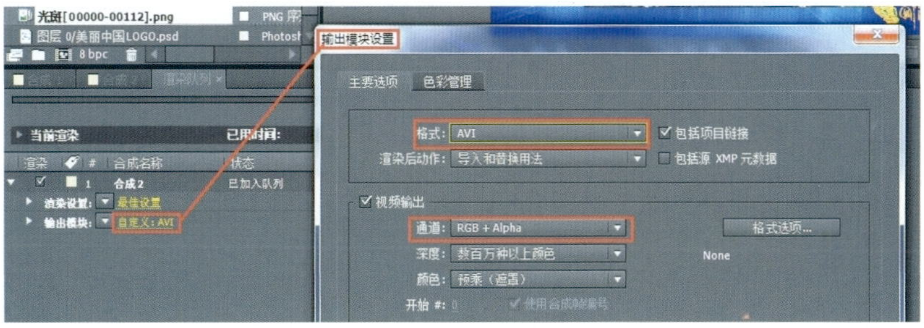

图 2-41　输出模块的设置

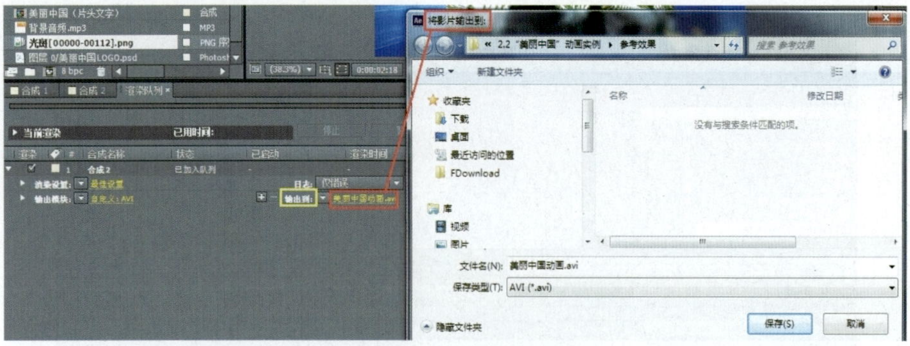

图 2-42　设置或修改输出的保存路径

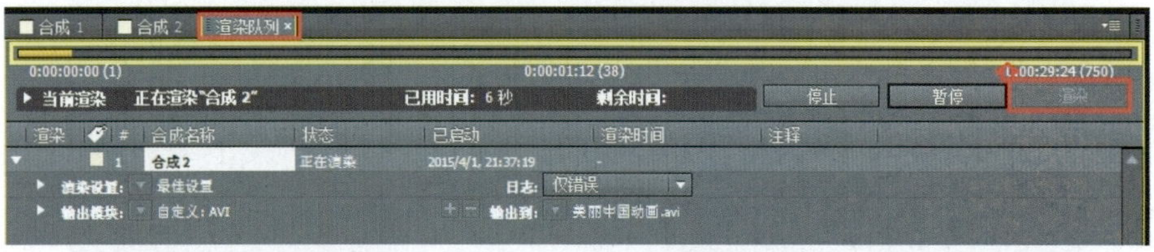

图 2-43　开始进行渲染输出

复习与思考

1. After Effects CC 的基本工作流程包括哪些?

2. 创建合成的方法有哪些?

3. 怎样创建关键帧并设置关键帧动画?

4. 图层变换属性对应的快捷键是什么?

5. 什么是嵌套合成? 它有何作用?

6. 怎样进行影片渲染与输出?

第3章 图层的操作与文本关键帧动画

本章简介

本章主要介绍了图层的创建与使用，并结合案例讲解创建文字的方法、文字属性的设置、文字特效的设置、路径文字的应用以及创建文本关键帧动画的方法，旨在使学生对文本的应用与关键帧的设置有一个全面的认识。

学习目标

1. 掌握图层的创建与使用。
2. 掌握文字动画的制作方法。
3. 掌握路径文本动画的制作方法。
4. 熟悉文本特效参数设置。
5. 熟悉内置文本特效的使用。

3.1 图层的操作

3.1.1 层的概念

层是构成合成图像的基本组件。在“合成图像”面板添加的素材都将作为层使用。在 After Effects CC 中，合成影片的各种素材可以从“项目”面板直接拖动放置到“时间轴”面板中，也可以直接拖动到“合成图像”面板中。在“时间轴”面板，我们可以清楚地看到素材与素材之间存在的“层与层”的关系。

初学者在使用 After Effects CC 进行影视后期合成的时候，一定要理解图层的概念。其实，在“时间轴”面板中的每一个素材就是一个图层，每一个图层之间既相互独立又相互关联，用户在对其中任一个图层进行操作时不会影响到其他图层，但是会影响到所有图层的最终合成效果。

3.1.2 层的基本操作

1. 层的复制与移动

层可以通过执行菜单栏中的“编辑（Edit）> 复制（Duplicate）”命令进行复制，可以通过在“时间轴”面板中上下拖动以改变其叠加顺序。双击“时间轴”面板中的一个层，将弹出相应的层（Layer）窗口。在这个窗口中，可以更仔细地观察和剪辑素材，也可以通过拖动方便地移动层，使上下两层素材前后衔接。

2. 层的更名

一般情况下，“时间轴”面板中显示的是各层的素材名，当对层复制拷贝多次后，为了方便区分各层，应该通过下述操作给层更名：选择需要更名的层，按 Enter 键，此时原来层的名字已经显示为蓝色，输入新的名字，再次按下 Enter 键即可完成更名操作。

3．新建图层的类型

在 After Effects CC 中，新建图层的类型主要包括文字图层（文本层）、固态层（纯色层）、照明层（灯光层）、摄像机层、空对象层、形状图层和调整图层等几种（见图 3-1）。

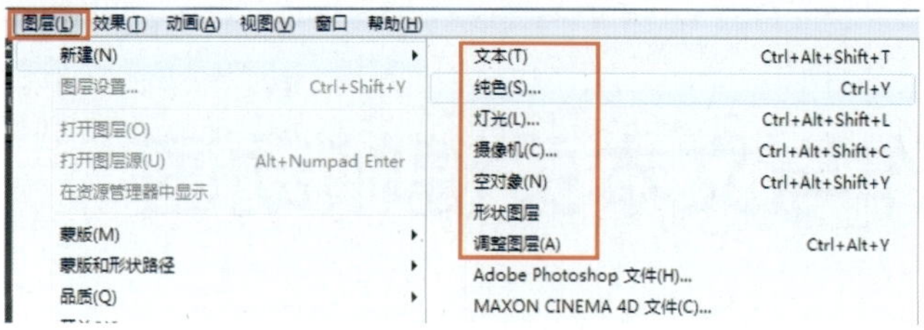

图 3-1　新建图层的类型

其中，执行菜单栏中的“图层(Layer)> 新建(New Solid)”命令或者在“时间轴”面板中右击，在弹出的快捷菜单中选择“新建（New Solid）”命令可以创建固态层（纯色层），在弹出的设置对话框中可以设置固态层的尺寸和底色。在 After Effects CC 中，固态层对于创建字幕、制作蒙版等效果，十分重要。

4．层和层动画

影视动画软件的关键是基于时间的关键帧变换动画。要想实现动画，至少需要两个关键帧。After Effects 将自动在关键帧之间插值，以使动画过程平滑连续。

在本章中，主要通过四个案例来全面介绍有关图层的创建和使用方法以及文本特效与关键帧动画的制作方法。

3.2 “源文本变化”实例

“源文本变化”实例完成效果如图 3-2 所示。

3.2.1　创建合成与导入素材

（1）启动 After Effects CC 应用软件并保存为“源文本变化 .aep”。

（2）创建一个合成。在菜单栏中执行“合成 > 新建合成”命令，在弹出的“合成设置”对话框中注意选择预设模式为“HDV/HDTV 720 25”，持续时间为 10 秒，合成名称为“源文本变化”，单击“确定”按钮完成合成创建。

（3）导入本案例中的素材后对图层进行适当的编辑与操作，包括对图层比例和位置的调整，在调整图层位置的时候可以调出“标题/动作安全框”来参考，如图 3-3 所示。

3.2.2　创建“源文本”关键帧动画

1．创建文本图层

利用文字工具或执行“图层 > 新建 > 文本”命令，输入“春”字，这样就创建出文本图层。接着选中文本图层，调整好“春”字的位置，然后利用“字符”面板来调节“春”字的字体、颜色、比例等（见图 3-4）。“字符”面板的具体调节与功能，如图 3-5 所示。

2．创建源文本的关键帧动画

（1）将时间指针移到开始时间（0 秒），展开文本图层的“文本”属性，给“源文本”添加一个字体关键帧，如图 3-6 所示。

（2）将时间指针移到 1 秒处，更改文本的字体，这样就在 1 秒处又添加一个关键帧（可以加粗字体），如图 3-7 所示。

（3）依此类推，在时间轴的其他时刻每隔一秒都添加一个不同字体的关键帧，直到全部完成，如图 3-8 所示。

3.2.3　预览效果与渲染输出

添加背景音乐并给背景音乐设置好产生淡出效果的关键帧，选择好预览范围后，按小键盘上的 0 键或单击“RAM 预览”按钮，预览整体效果（见图 3-9），满意后执行“合成 > 渲染前”命令或按快捷键 Ctrl + M 输出。

图 3-2　“源文本变化”实例完成效果

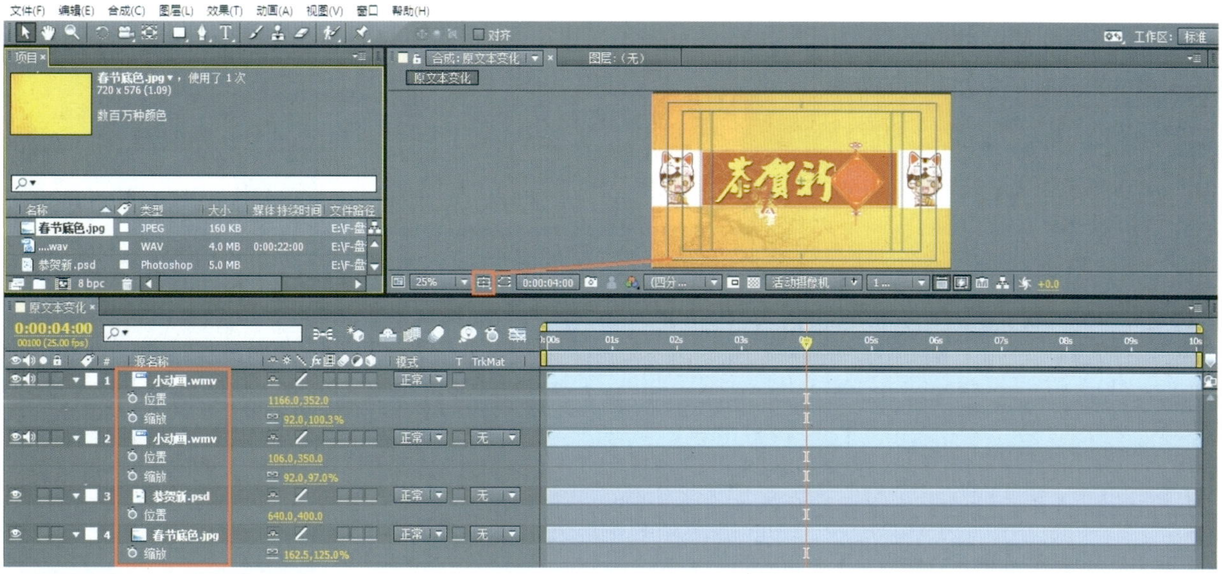

图 3-3　对图层进行适当的编辑与操作

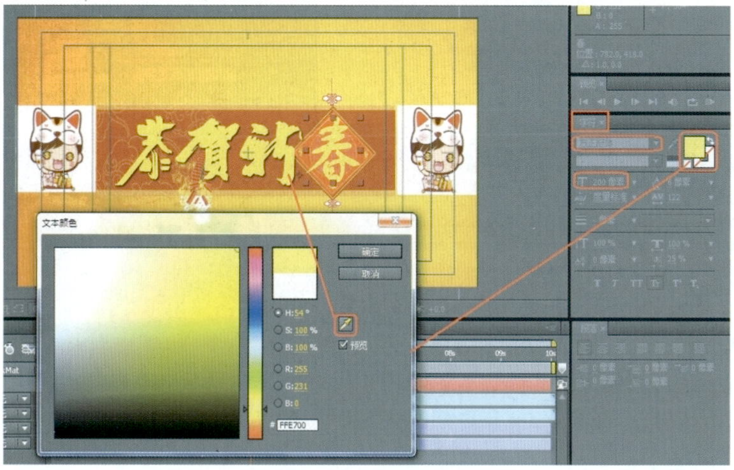

图 3-4　设置“春”字大小和颜色等

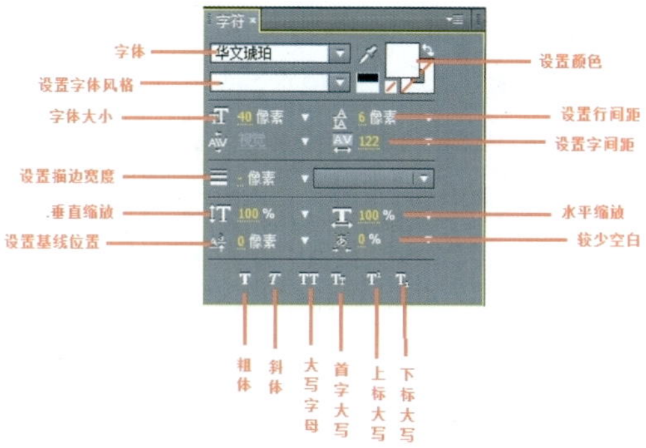

图 3-5　“字符”面板的具体调节与功能

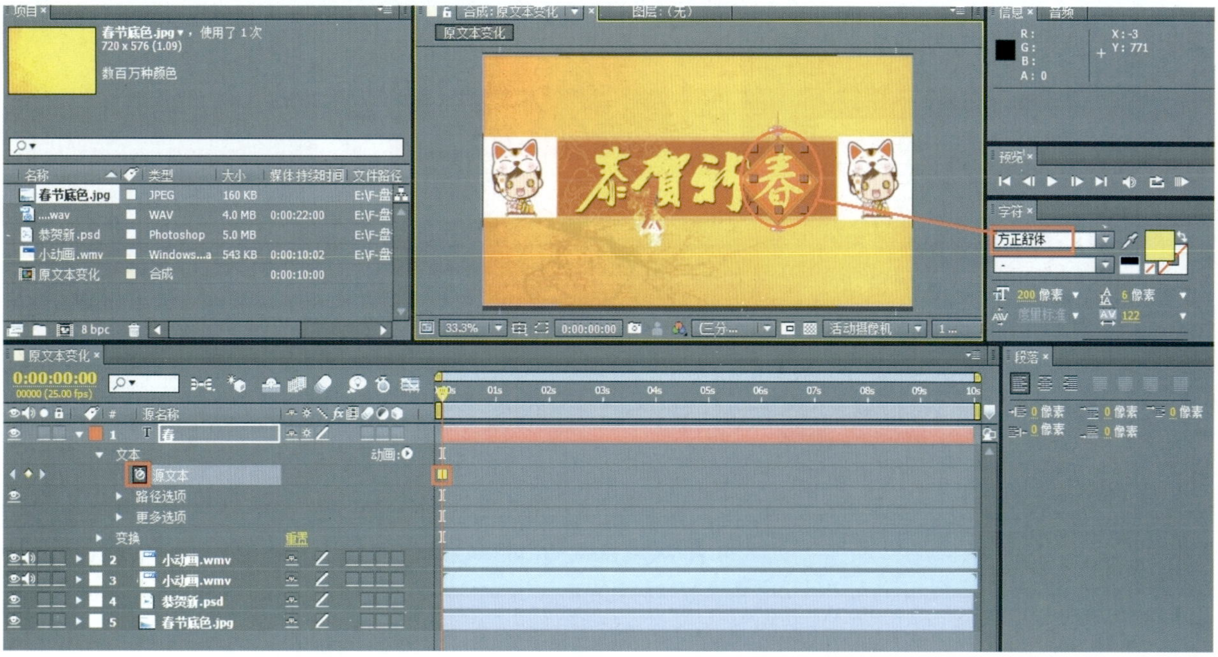

图 3-6　开始时间设置“源文本”的一个字体关键帧

图 3-7　在 1 秒处再添加一个字体关键帧

图 3-8　在不同时刻添加多个不同字体的关键帧

图 3-9　预览整体效果

3.3 “光标闪动引出逐字逐行文字”实例

“光标闪动引出逐字逐行文字”实例完成效果如图 3-10 所示。

3.3.1 创建合成与素材图层的编辑

在菜单栏中执行“合成 > 新建合成”命令，在弹出的“合成设置”对话框中注意选择预设模式为“HDV/HDTV 720 25”，持续时间为 30 秒，单击“确定”按钮完成合成创建。然后导入本案例中的素材后对图层进行适当的编辑与操作，如图 3-11 所示。

3.3.2 文字图层内置特效的应用

1. 创建文本图层

利用文字工具或执行“图层 > 新建 > 文本”命令创建文本图层，然后将本案例中素材文件夹里记事本文档中的文字拷贝到文本图层上并排好版式，如图 3-12 所示。

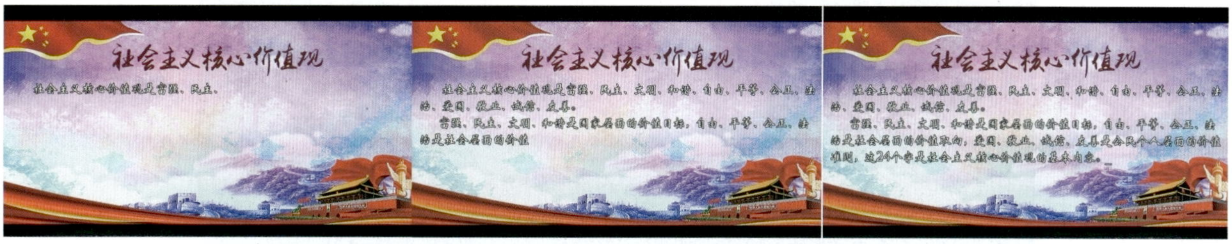

图 3-10　“光标闪动引出逐字逐行文字”实例完成效果

图 3-11　创建合成与素材图层的编辑

图 3-12　将文本图层上的文字排好版式

2. 给文本图层添加Word Processor特效并设置关键帧动画

（1）打开“效果和预设”面板，执行“动画预置＞Text（文字）＞Word Processor”命令，直接将“Word Processor”效果拖至文字层上，如图3-13所示。

（2）将时间指针移到1秒处（即文字开始出现的起点时刻），展开文字图层的“键入”特效，根据模拟键盘打字的速度和节奏重新设置“键入—滑块”特效开始的关键帧数值（此刻数值不一定为0，要根据具体的情况来定，所设置的数值在此处表示光标即将开始闪动），如图3-14所示。

（3）将时间指针移到24秒处（即文字逐字逐行跳出来的结束时刻），设置“键入—滑块”特效结束的关键帧数值（此刻的数值代表的是光标闪动结束的时刻，一般1个数值单位代表一个文字或一个标点符号），如图3-15所示。

图3-13　给文本图层添加Word Processor特效

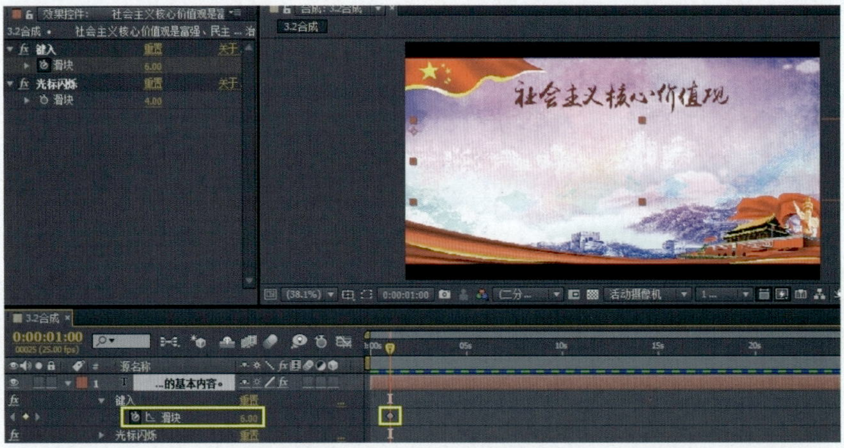

图3-14　设置“键入—滑块”特效开始的关键帧数值

图3-15　设置“键入—滑块”特效结束的关键帧数值

3.3.3　预览与输出

预览整体效果，满意后执行“合成 > 渲染前”命令或按快捷键 Ctrl + M 输出，如图 3-16 所示。

3.4　After Effects CC 自带文字特效的使用

3.4.1　查看 After Effects CC 自带文字特效

在上面的案例学习中，初步接触到文字图层内置特效的使用技巧。其实，通过“效果和预设”面板找到 After Effects CC 自带的“Text（文字）”特效，发现一共有 328 个预置好的文字效果，分别装在 17 个文件夹中，如图 3-17 所示。

3.4.2　将 After Effects 自带文字特效名由英文改为中文

进入 After Effects CC 安装文件夹，找 Adobe 中 After Effects CC 内 Presets 下的 Text 文件夹。进入这个文件夹后，可以先对照下面列举的部分效果的中英文，将插件组中相应的预置文件的英文名重命名为对应的中文。切记：不要修改或删除后缀名。部分列举效果的具体说明如下：

1. Animation in **入屏动画**

Center Spiral.ffx 螺旋进入（以当前文字行中心为圆心，旋转螺旋淡入，类似风轮）

Characters Shuffle In.ffx 逐字飞入（从左至右）

Decoder Fade In.ffx 逐字随机变换淡入

Drop In By Character.ffx 逐字落下

Espresso Eye Chart.ffx 随机变换淡入

Fade Up And Flip.ffx 上翻转

Fade Up Characters.ffx 逐字淡入

Fade Up Lines.ffx 上弦淡入

Fade Up Words.ffx 直线淡入

Fly In From Bottom.ffx 逐字左上（从右下方，逐字左上飞）

Fly In With A Twist.ffx 逐字旋转左上（从屏幕中下方，逐字旋转 360° 左上飞）

Pop Buzz Words.ffx 可定义逐字变换（在每个关键帧处重新定义文字内容）

Raining Characters In.ffx 随机变换坠落淡入

Random Fade Up.ffx 随机淡入

Random Shuffle In.ffx 随机左飞入屏

Random Word Shuffle In.ffx 左飞入屏

Slow Fade On.ffx 渐显

Smooth Move In.ffx 前赴后继（逐字从左侧倾斜淡入）

Spin In By Character.ffx 逐字旋转左上（从屏幕右下方，逐字逆时针旋转 360° 左上飞）

Spin In By Word.ffx 左上空翻

Straight In By Character.ffx 逐字右飞入

Straight In By Word.ffx 整体右

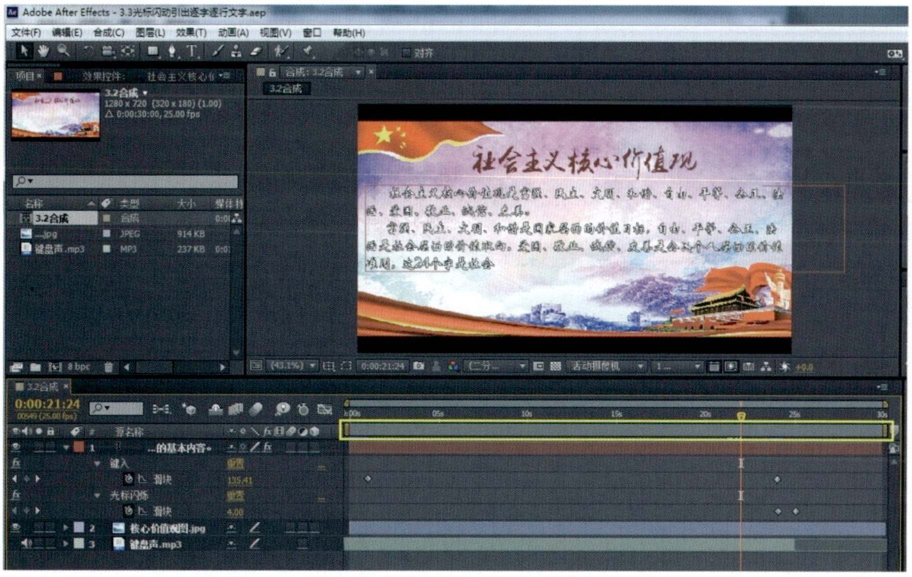

图 3-16　预览整体效果

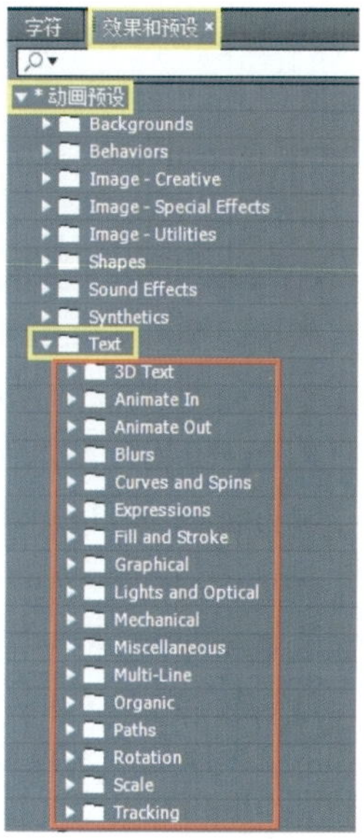

图 3-17　“Text（文字）”特效

飞入（抖动）

Straight In Multi-Line.ffx 整体慢速右飞入（抖动）

Straight In Multi-Line.ffx 整体右飞入（快速）

Stretch In Each Line.ffx 逐字右放大飞入

Stretch In Each Word.ffx 逐字右放大飞入

Twirl On Each Line.ffx 左螺旋进入

Twirl On Each Word.ffx 左螺旋进入

Typewriter.ffx 打字机

Wipe In To Center.ffx 随机入屏

2. Animation out 出屏动画

Encoder Fade Out.ffx 逐字随机变换淡出

Fade Out By Character.ffx 逐字淡出

Fade Out Slow.ffx 连续逐字淡出

Raining Characters Out.ffx 随机变换坠落淡出

Random Fly Off.ffx 随机右飞

Random Fly Off 2.ffx 随机左飞

Random Word Fly Off.ffx 逐渐加速整体右飞

Slide Off Right By Character.ffx 逐字右飞

Slide Off Right By Word.ffx 整体匀速右飞（抖动）

Stretch Out Each Line.ffx 左逐字匀速缩小

Stretch Out Each Word.ffx 左逐字加速缩小

Twirl Off Each Line.ffx 右螺旋（以结尾文字为圆心，逐字向右螺旋缩小淡出）

Twirl Off Each Word.ffx 右螺旋（与上面效果，略有不同）

3. Fill and Stork 填充和描边动画

Chasing Strokes.ffx 边框晕光霓虹

Fill Color Wipe.ffx 颜色逐字替换

Flicker Color.ffx 边框随机缩放（颜色也可变换）

Flicker Color-scale.ffx 文字和边框随机缩放

Flicker Green.ffx 绿色边框随机缩放

Inflammation.ffx 文字边框规律缩放变换

Pulse Blue.ffx 蓝色变换

Pulse Orange.ffx 魔术边框

Pulsing Strokes 2.ffx 心跳边框

Pulsing Strokes.ffx 边框循环缩放

Rotate Hue.ffx 整体色彩变换

Sliding Color Flicker.ffx 逐字色彩变换

Stroke Ease Down.ffx 逐字落下边框缩小

Wiggly Stroke Width By Line.ffx 棉花糖

Wiggly Stroke Width.ffx 边框频闪

4. Organic 自然模拟

Autumn.ffx 飘落

Boiling.ffx 随机出现后消失（很卡通的效果，像蚊子）

Boomerang.ffx Y 轴大回旋入屏

Bounce Diagonal.ffx 逐字甩动入屏

Chewing Gum.ffx 随机上下拉伸入屏

Climber.ffx 随机爬行入屏

Dip-Bounce.ffx 随机跳动

Double-Helix.ffx 拧劲

Drop Bounce.ffx 随机缩小入屏

Fish Bait.ffx 随风摆动

Flutter.ffx 旋转飞入

Flying Formation.ffx 可爱的萤火虫

Horsefly.ffx 随机摆放入屏

Hummingbird.ffx 水波荡漾

Insect Wipe.ffx 多米诺抖动

Insects.ffx 八面来风

Labrador.ffx 多米诺入屏

Leapfrog.ffx 依次推拉三次

Loose Line.ffx 断线的风筝

Ocean Tide.ffx 水中荡漾

Quiver.ffx 随机颤抖

Ripple.ffx 逐字涟漪

Rubber Floor.ffx 逐字变高又复原

Rubber.ffx 上下拉长又复原

Sea-Sick.ffx 文字芭蕾

Shuffle.ffx 逐字垂直翻转

Simmer.ffx 随机跃动

Slice And Dice.ffx 雨点式入屏

Sprouts.ffx 随机飘入

Tag Team.ffx 兰州抻面

Wheatfield.ffx 水草

Wind Current.ffx 风筝

Wobble.ffx 随机 45° 翻转

5. Rotation 旋转

Drip Down.ffx 逐字下坠至边缘

Flip Up.ffx 逐字 180° 反转

Full Rotation.ffx 逐字旋转 360°

Loopy Loop.ffx 逐字大回旋

Random Rotation.ffx 随机旋转归位

Rotate Chars.ffx 单字旋转一周

Rotate Per Word.ffx 整行旋转一周（如是多行字，则以每行的中心为圆心，以行为单位单独旋转）

Spin In.ffx 从右上旋转 45° 落下

Swirly Rotation.ffx 多米诺旋转

Whirlwind.ffx 逐字大回旋

6．Scale 缩放动画

Large Scale.ffx 随机放大入屏

Let's Dance.ffx 躲闪

Scale Down Word.ffx 单位缩小出屏

Scale Down.ffx 整体缩小出屏

Scale Up Word.ffx 单位放大入屏

Scale Up.ffx 整体放大入屏

Wiggly Scale Wipe.ffx 随机缩放变换后逐字静止

Zoom Away.ffx 逐字缩小出屏

Zoom Forward.ffx 逐字放大出屏

7．Tracking 字距

Contract.ffx 从后往前缩减

Decrease Tracking.ffx 同时缩减

Extend.ffx 从前往后增加

Increase Tracking.ffx 同时增加

Magnify.ffx 移动的放大镜

Spasm.ffx 随机变换

Stretchy.ffx 增加缩减（如多行文字，则轮换增加缩减）

3.4.3　自带文字特效的应用与效果修改

以上 After Effects CC 自带文字效果的具体应用请读者根据需要自由练习，只需要选中某个文字特效后直接拖至文字层，即可预览效果。如果对效果不满意，可以自由修改相应文字效果的关键帧和参数，如图 3-18 所示。

3.5　“沿路径打字与随机跳跃文字”实例

“沿路径打字与随机跳跃文字”实例完成效果，如图 3-19 所示。

3.5.1　新建合成与素材图层的剪辑

新建合成，选择预设模式为“HDV/HDTV 720 25”，持续时间为 20 秒。然后导入本案例中的素材后对音频图层进行适当剪辑，如图 3-20 所示。

3.5.2　应用“路径文本”特效

1．对“路径文本”特效的理解

“路径文本”（Path Text）是用来产生文字的，可沿着路径排列，并设置动态效果，可以在单一层上对文字或一组字符设置动画效果，而不用在每个分离的层上进行。也可以定义一直线，将任何直径的圆或曲线作为路径，或引入其他应用程序创建的路径。

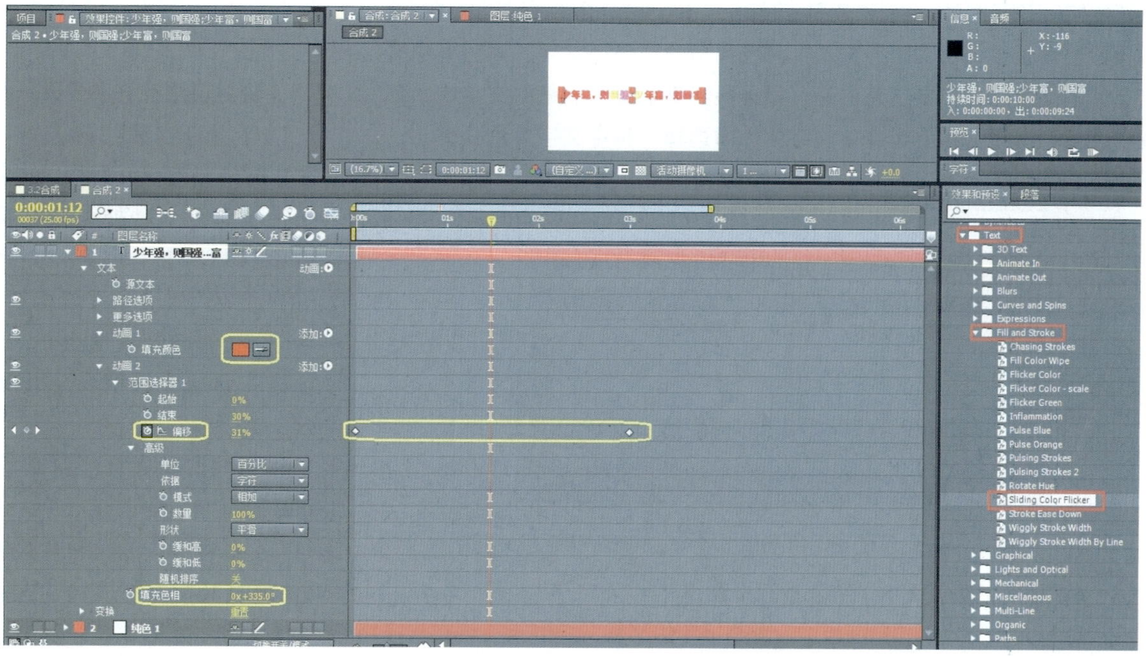

图 3-18　修改相应文字效果的关键帧和参数

图 3-19　“沿路径打字与随机跳跃文字”实例完成效果

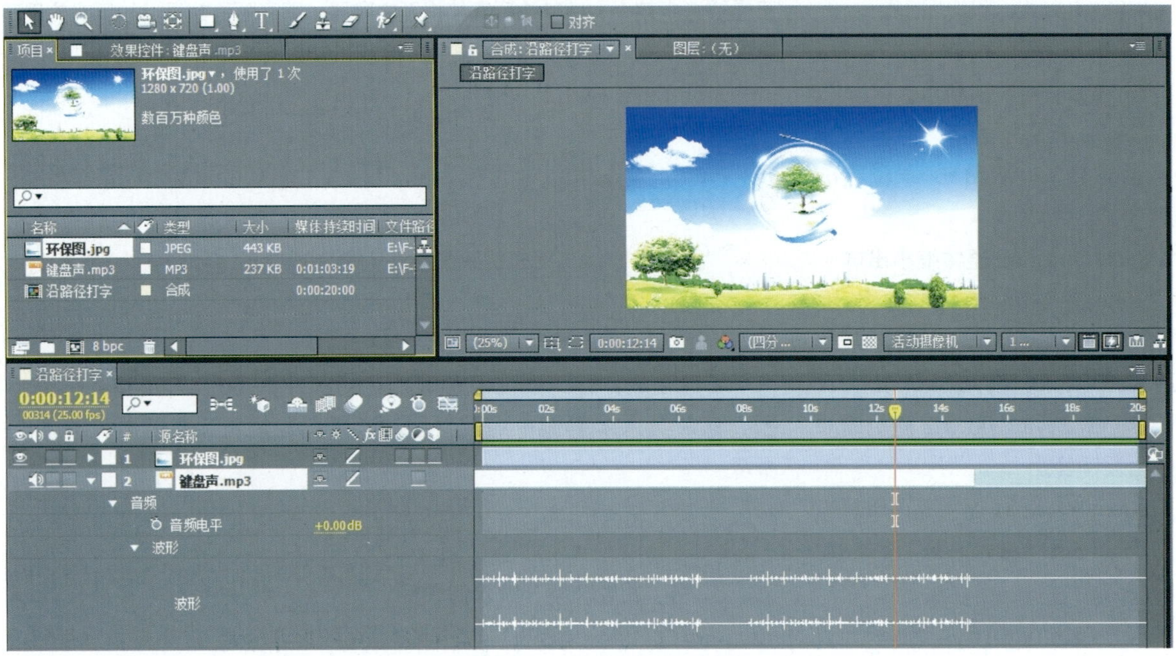

图 3-20　新建合成与音频图层的剪辑

2. 添加“路径文本”特效

选中“环保图”图层，执行“效果＞过时＞路径文本”命令或者直接在“效果和预设”面板中调出“路径文本”，在弹出的“路径文字”对话框中拷贝准备好的文字。特别要注意的是，如果最终需要显示的是中文字体，那么在“字体”一栏一定要选择中文字体（即选择一种中文字体的拼音），如图 3-21 所示。

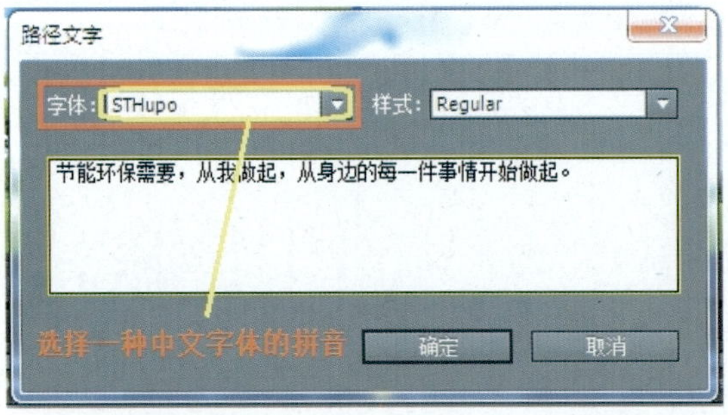

图 3-21　在“字体”一栏选择一种中文字体的拼音

3. 对添加的“路径文本”特效进行设置

在“路径文本”效果控制面板中设置路径字的形状、控制点、填充与描边等相关参数，具体如图 3-22 所示。

3.5.3　设置“路径文本”特效的关键帧动画

1. 设置沿路径打字效果

（1）重新剪辑“键盘声”，设置其时间长度为 10 秒，然后将时间指针移到 0 秒处（即路径打字的起点时刻），展开“路径文本”的“高级”属性，设置此刻“可视字符”的关键帧数值为 0，此时“合成”面板中没有文字出现，如图 3-23 所示。

（2）将时间指针移到 10 秒处（即路径打字的结束时刻），设置此刻“可视字符”的关键帧数值为 26（此刻的 26 代表的是 26 个文字，其中标点符号也算作一个字），如图 3-24 所示。

图 3-22　设置路径字的形状、控制点、填充与描边等参数

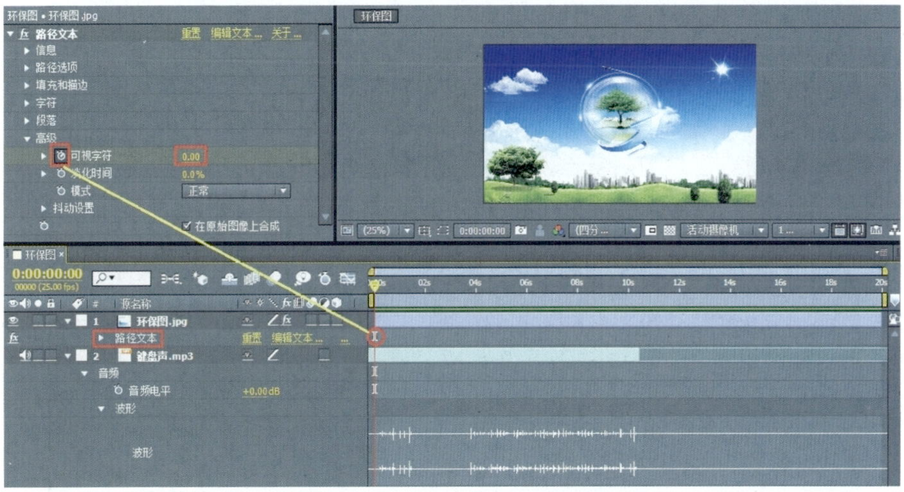

图 3-23　设置“可视字符”开始的关键帧数值

图 3-24　设置“可视字符”结束的关键帧数值

2．设置随机跳跃文字效果

（1）将时间指针移到 11 秒处（即随机跳跃文字的起点时刻），展开“路径文本”的“高级”属性下的“抖动设置”，设置此刻“抖动设置”下的基线抖动、字偶间距、旋转抖动、缩放抖动这四项的关键帧数值都为 0，如图 3-25 所示。

（2）将时间指针移到 13 秒处（即随机跳跃文字的中间时刻），调整此刻“抖动设置”下的基线抖动、字偶间距、旋转抖动、缩放抖动这四项的关键帧数值（具体数值由具体的抖动变化效果来定），如图 3-26 所示。

（3）将时间指针移到 15 秒处（即随机跳跃文字的结束时刻），调整此刻“抖动设置”下的基线抖动、字偶间距、旋转抖动、缩放抖动这四项的关键帧数值，将其都调为 0，如图 3-27 所示。

图 3-25　设置“抖动设置”下四项属性开始的关键帧数值

图 3-26　调整“抖动设置”下四项属性在中间时刻的关键帧数值

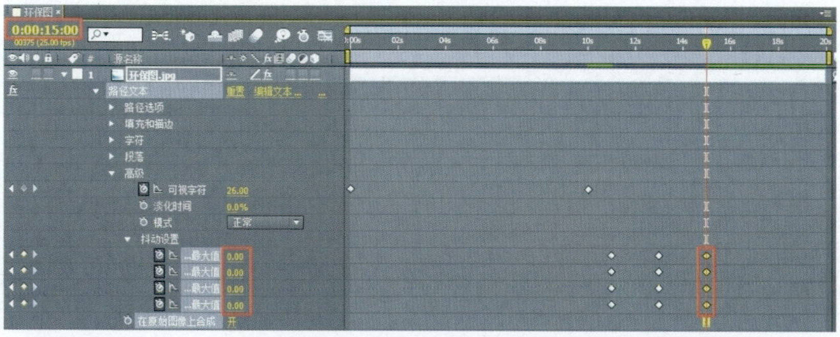

图 3-27　设置“抖动设置”下四项属性在结束时刻的关键帧数值

3．预览整体效果

加上背景音效，预览整体效果，满意后执行“合成 > 渲染前”命令或按快捷键 Ctrl ＋ M 输出，如图 3-28 所示。

3.6 “逐字动画”实例

“逐字动画”在本案例中的意思是使文字产生逐个缩放、逐个旋转等动画效果。“逐字动画”实例完成效果如图 3-29 所示。

3.6.1　新建合成与创建文本图层

新建合成，选择预设模式为“HDV/HDTV 720 25”，持续时间为 8 秒。然后导入本案例中的素材后利用竖（直）排文字工具创建文本图层，设置文字的排版、颜色、大小等，如图 3-30 所示。

图 3-28　预览整体效果

图 3-29　“逐字动画”实例完成效果

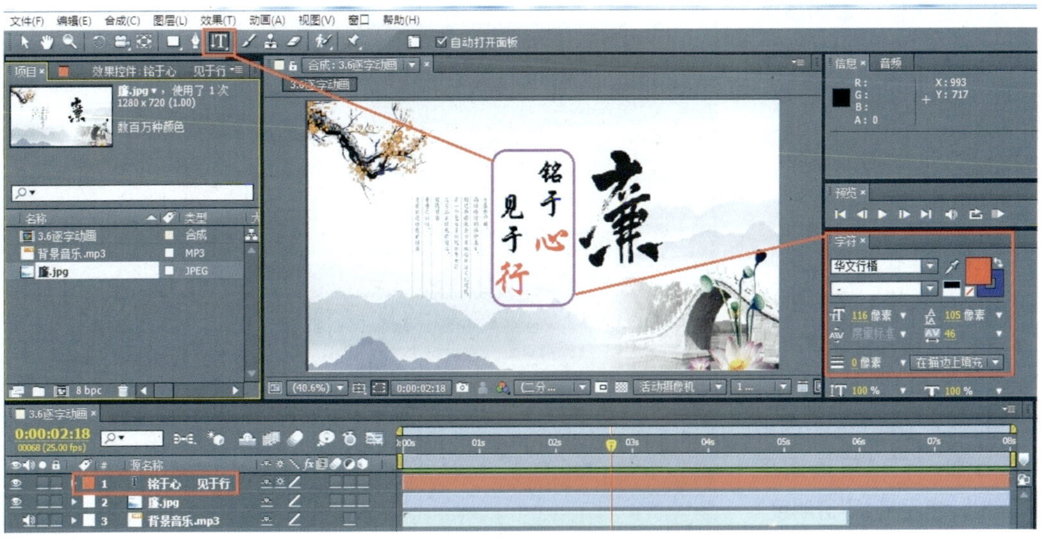

图 3-30　设置竖排文字的排版、颜色、大小等

3.6.2 设置文本动画

1．文本动画的类型

在文本层的文本属性右侧，有一个“动画”按钮，动画类型包括对文字的变换属性进行设置动画，包括锚点、位置、缩放、倾斜、旋转、不透明度，也包括对文字其他属性的动画，还包括填充颜色、描边颜色、描边宽度、跟踪、行锚点、字符间距、字符位移、字符值和模糊，如图3-31所示。

2．添加文本动画

在“时间轴”面板中展开文字层，单击“文本”属性中“动画”右边的小黑三角按钮，在弹出的菜单中选择“缩放”命令，为文字添加一个“缩放”动画属性，如图3-32所示。

3．设置关键帧动画

通过“范围选择器”设置动画的控制范围产生动画效果，如起始、结束、偏移等，常单独使用。设置“动画制作工具1”下的“缩放（Scale）”值为100.0%（这里只是参考，具体参数视情况而定）。然后展开文字层“范围选择器1（Range Selector1）”选项，设置“偏移（Offset）”项的关键帧在0秒位置的值为0%，在5秒位置的值为100%，这样就会产生文字的逐字缩放效果，如图3-33所示。

4．给“动画制作工具1”添加一个“不透明度”属性

按下数字键盘0键进行预览，发现放大后的文字停在屏幕上影响了逐字缩放的整体效果，需要进一步设置。单击“动画制作工具1”右边的“添加（Add）”按钮，在弹出的菜单中选择“属性>不透明度”命令，添加一个“不透明度（Opacity）”属性，然后将“不透明度”参数设置为0%，如图3-34所示。

5．预览与输出

依此类推，如果在文字逐个缩放的基础上还需要做逐个旋转效果，只需单击“添加”按钮，在弹出的菜单中选择“属性>旋转”命令，然后将“旋转”参数设置为“1X”（表示每个字都是逆时针旋转360°）。

预览整体效果，满意后执行“合成>渲染前”命令或按快捷键Ctrl + M输出，如图3-35所示。

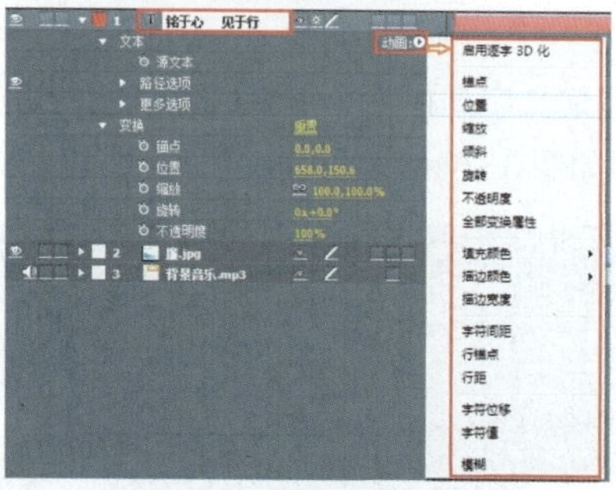

图3-31　文本动画的类型

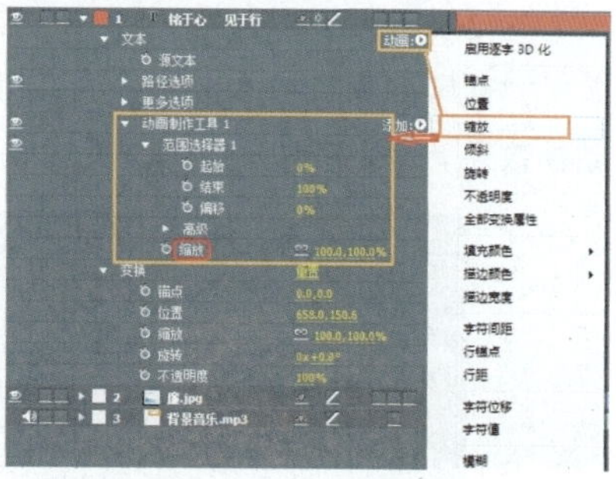

图3-32　为文字添加一个“缩放”的动画属性

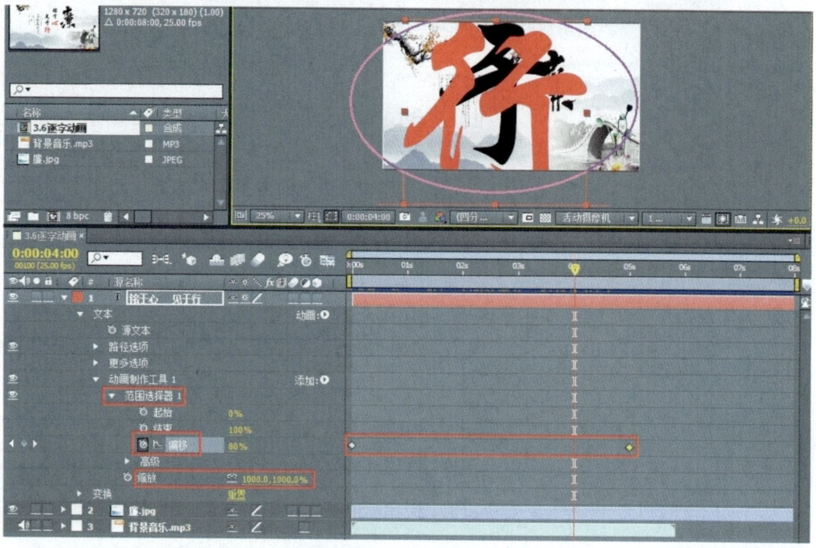

图3-33　设置文字的逐字缩放效果

图3-34　设置添加的“不透明度”属性值为0%

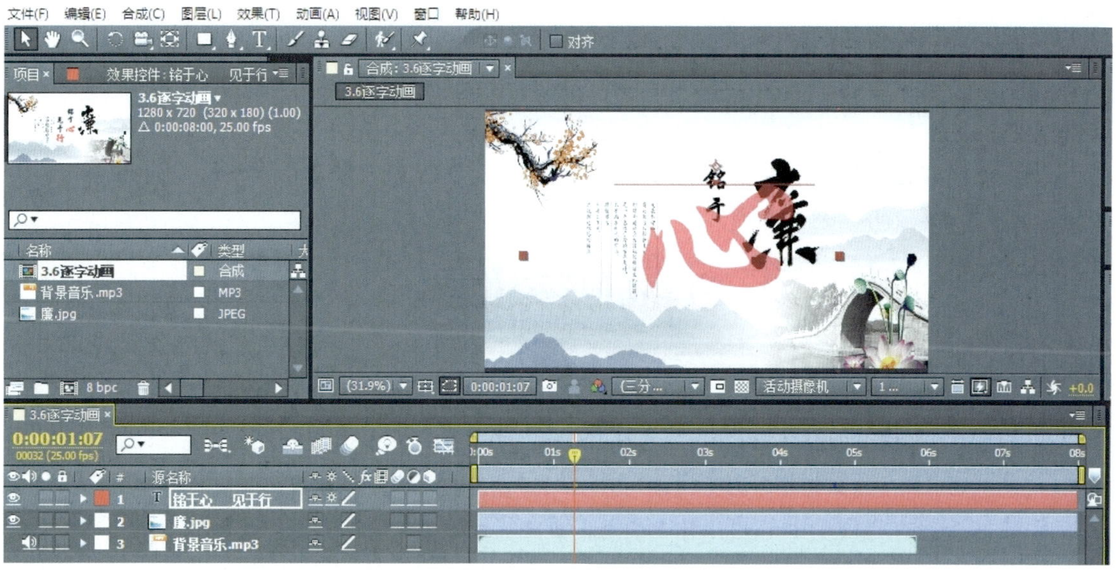

图 3-35　预览整体效果

复习与思考

1．创建文字的方法有哪些?

2．如何设置文本图层的关键帧动画效果?

3．常见的 After Effects CC 自带文字特效有哪些? 如何应用这些内置的文字特效?

4．路径文本类型有哪些? 如何制作路径文本动画?

5．制作文本的逐字动画要注意哪些事项?

第4章
层模式与蒙版动画

本章简介

本章主要介绍了 After Effects CC 蒙版工具的使用技巧和蒙版关键帧的设置与应用知识，旨在使学生掌握更多的特效制作方法，熟练应对复杂的影视后期合成制作要求。

学习目标

1. 掌握画笔工具的使用及设置方法。
2. 掌握图章工具的使用及设置方法。
3. 掌握蒙版（遮罩）的概念及创建方法。
4. 熟悉蒙版（遮罩）的设置与编辑方法。
5. 掌握使用钢笔工具绘制不规则形状图形的方法。
6. 熟练应用动效插件 Motion 2 制作弹性动画。

4.1 层模式

4.1.1 层的混合模式类型

层模式即层的混合模式。在时间轴上，通过单击“时间轴”面板左下角层的“展开 / 折叠开关”按钮，可以展开层控制和层模式面板，按下快捷键 F4，会让“时间轴”面板在层面板和层模式面板之间进行切换，在层模式面板“模式”栏中可以选择不同的层叠加方式（见图 4-1）。其中通过混合色和基色的颜色通道影响而进行混色变化的模式有正常模式、溶解模式、变暗模式、倍增模式、线性加深模式、色彩加深模式、相加模式、变亮模式、屏幕模式、线性减淡模式、叠加模式、柔光模式、强光模式、线性光模式等。通过 Alpha 通道影响混合变化亮度轮廓的模式有 Alpha 通道轮廓、Alpha 添加、冷光模式等。

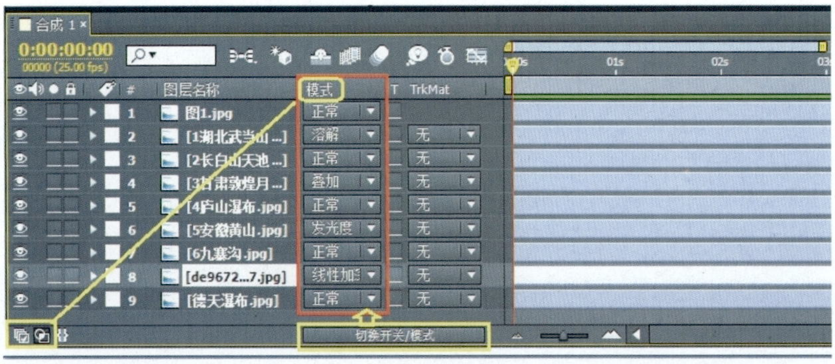

图 4-1 层叠加方式

4.1.2　部分常用层模式的详细解释

（1）正常：此模式为默认模式。当不透明度设置为 100%时，此合成模式将根据 Alpha 通道正常显示当前层，并且此层的显示不受其他层的影响。当不透明度设置小于 100%时，当前层的每一个像素点的颜色将受到其他层的影响，根据当前的不透明度值和其他层的色彩来确定显示的颜色。

（2）溶解：该合成模式将控制层与层间的融合显示，最终效果受到当前层的 Alpha 通道的羽化程度和不透明度的影响。

（3）变暗：该模式通过计算、选择下面层的颜色与混合色中较暗的颜色作为结果色。

（4）倍增：该模式是一种减色混合模式，将基色与混合色相乘，形成一种光线透过两张叠加在一起的幻灯片效果，呈现出一种较暗的效果。任何颜色与黑色相乘都产生黑色，与白色相乘则保持不变。

（5）线性加深：该模式用于查看每个通道中的颜色信息，并通过减小亮度使基色变暗以反映混合色，与黑色混合则不变化。

（6）色彩加深：通过增加对比度使基色变暗以反映混合色，使当前层中有关像素值变暗，若混合色为白色则不产生变化。

（7）相加：该模式将基色与混合色相加，得到更为明亮的颜色。混合色为纯黑或纯白时，不发生变化。

（8）变亮：该模式与变暗模式相反，选择基色或混合色中较为明亮的颜色作为结果色。比混合色暗的像素被替换，较亮的则保持不变。

（9）屏幕：一种加色混合模式，将混合色和基色相乘，呈现出一种较亮的效果。

（10）线性减淡模式：通过增加亮度使基色变亮以反映混合色，与黑色混合不发生任何变化。

（11）叠加：该模式将根据基色，将当前层的像素进行相乘或覆盖。使用该模式，可能导致当前层变亮或变暗。该模式对于中间色调影响较明显，对于高亮度区域和暗调区影响不大。

（12）柔光：该模式创造一种柔和光线照射的效果，使暗调区域变得更暗，最终结果使反差增大，具体取决于混合色。若混合色比 50%灰色亮，则图像就会变亮，好比被减淡一样；若比 50%灰色暗，则图像变暗，就像被加深一样。

（13）强光：该模式产生一种强烈照射的效果，使亮度区更加亮，暗调区更暗，最终结果使反差更大。该模式下用纯黑或纯白色绘画，会产生纯黑或纯白色。

（14）线性光：该模式通过减小或增加亮度来加深或减淡颜色，具体取决于混合色。若混合色比 50%灰色亮，则通过增加亮度使图像变亮；若混合色比 50%灰色暗，则通过减小亮度使图像变暗。

（15）亮度轮廓：该模式可以通过层上像素的亮度在多个层之间切割出一个轮廓。使用此模式，层中较亮的像素比较暗的像素透明。

（16）Alpha 通道轮廓：该模式可以通过层的 Alpha 通道在几层间切出一个洞。

（17）Alpha 添加：底层与目标层的 Alpha 通道共同建立一个无痕迹的透明区域。

（18）冷光模式：该模式可以将层的透明区域像素和底层相互作用，赋予 Alpha 通道边缘透镜和光亮的效果。

4.2　轨道蒙版层

轨道蒙版层是指将一个层上方的层的图像或影片作为透明使用的蒙版层。任何素材片段或静止图像都可作为轨道蒙版层（Track Matte）。根据 Alpha 通道或亮度值可定义四种方式（见图 4-2）。

（1）Alpha 遮罩（Alpha Matte）：使用 Alpha 通道，黑不透明。

（2）Alpha 反转遮罩（Alpha Inverted Matte）：使用反转 Alpha 通道，白不透明。

（3）亮度遮罩（Luma Matte）：使用亮度值，亮度 100%不透明。

（4）亮度反转遮罩（Luma Inverted Matte）：使用反转亮度值，亮度 0%不透明。

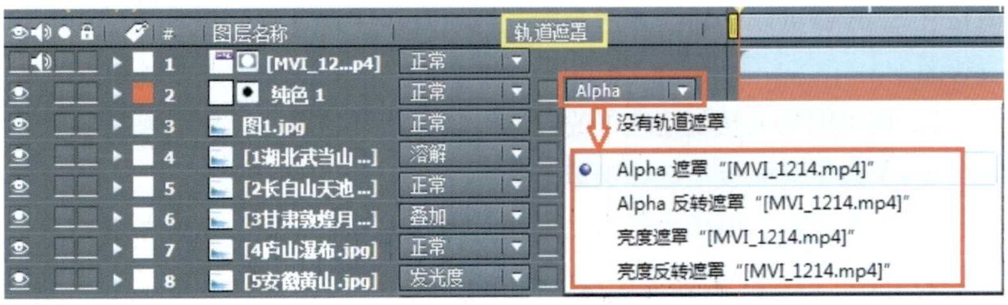

图 4-2　四种轨道蒙版方式

4.3 蒙版（遮罩）的概念以及创建

在图层上绘制蒙版，可以隐藏图层中不需要显示的区域，只显示蒙版路径内的区域，同时显示蒙版范围外的下层图像，这可被理解为简单实用的抠像技术。

蒙版（遮罩）是所有处理图形图像应用程序所依赖的合成基础。计算机以 Alpha 通道来记录图像的透明信息。当素材不含 Alpha 通道时，则需要通过遮罩来建立透明区域。

4.3.1 控制素材显示范围的三种方式

（1）Alpha 通道：它是一个包含在层或素材项中定义透明区域的不可见通道。对于素材，Alpha 通道提供一种在同一文件中既存储素材信息又保存其透明信息的方式，并且 Alpha 通道不干扰素材的彩色通道。

（2）Mask（遮罩）：它为一个路径或轮廓图，用于修改层的 Alpha 通道，在 AE 中画一个透明区域时使用。遮罩用于指定的层，每个层可以有多个遮罩，最多可建立 128 个开放或封闭的遮罩。

（3）Keying（键控）：通过图像中一特定颜色（颜色键控）或亮度值（亮度键控）来定义透明区域，使颜色键控的像素变为透明。要清除同一颜色的背景时（如蓝屏）可使用键控。

注意：开放的路径遮罩只起到路径功能，不能产生透明区域，而封闭的路径才能起到透明的功能。

4.3.2 创建遮罩

1．使用工具面板中的工具创建三种类型的遮罩

（1）矩形遮罩：利用矩形遮罩工具可以在层上创建一个矩形或正方形遮罩。

（2）椭圆遮罩：利用椭圆工具可以在层上创建一个椭圆或圆形的遮罩。

（3）贝塞尔曲线遮罩：使用钢笔工具可以绘制任意形状的遮罩，在钢笔工具中可以选择添加顶点、删除顶点和顶点调整工具来调整遮罩的形状。这种遮罩是最灵活的。

2．创建矩形遮罩、椭圆遮罩的方法

（1）在工具面板上选择矩形遮罩工具或椭圆遮罩工具。

（2）在“层”面板中显示目标层，或者在“时间轴”面板中选定目标层，然后在“合成”面板中使该目标层可视。找到目标层的遮罩起始位置，按住鼠标左键拖动，在结束位置松开鼠标左键，即可创建一个遮罩。拖动时按住 Shift 键可以创建正方形遮罩，拖动时按住 Ctrl 键可以从遮罩中心建立遮罩。

3．使用钢笔工具创建遮罩的方法

（1）在工具面板上选择钢笔工具。

（2）在“层”面板中显示目标层，或者在“时间轴”面板中选定目标层，然后在“合成”面板中使该目标层可视。

（3）找到目标层遮罩起始位置，单击，每次单击一下，产生一个控制点，移动鼠标到下一个位置，单击产生第二个控制点，它与上一个控制点以直线相连。

（4）按照上面的操作，绘制线段，通过单击第一个控制点或者双击最后一个控制点来封闭路径。

4．使用第三方软件创建路径

常用的软件包括 Adobe 的 Photoshop 和 Illustrator 软件，这两种软件与 After Effects CC 的兼容性很好，这得益于 Adobe 产品的有效整合。

4.3.3 动画遮罩

所谓动画遮罩，实际上就是一个动画的选择区域（Alpha 通道），通过这个区域的变化，可以使底层显示的图像不断发生变化。也可以使用关键帧设置动画遮罩形状、羽化值及透明度。可按照下述步骤设置动画遮罩的形状：在“层”面板中选择要设置的动画遮罩；在“时间轴”面板中展开层的遮罩属性；单击遮罩形状（Mask Shape）属性左边的码表标记设置第一个关键帧；移动时间标记，在“层”面板中移动或改变遮罩形状，After Effects 将自动产生关键帧。

4.4 “图章工具”的应用

“图章工具”在 AE 的早期版本中也被叫作“克隆工具”。用户使用“图章工具”可以将指定区域的像素拷贝并应用到其他的位置。

“图章工具”同画笔的属性一样，如绘图形状、持续时间等，在使用“图章工具”之前需要设置“绘画”面板参数和“笔画”面板参数，在完成操作之后也可以在“时间轴”面板的“绘画”属性中修改“仿制”参数，或通过修改“仿制”参数来制作动画。

注意：画笔工具、图章工具和橡皮擦工具等只能在“层”面板中使用，同时工具的应用默认开始时间以时间指针所处的时间位置为起点。

4.4.1 “图章工具拷贝画面”实例

“图章工具拷贝画面”实例完成效果，如图 4-3 所示。

1．创建合成与导入素材

在菜单栏中执行“合成 > 新建合成”命令，在弹出的“合成设置”对话框中注意选择预设模式为“HDV/HDTV 720 25”，持续时间为 10 秒。然后导入素材，将其添加至时间轴上，接着在“时间轴”面板双击素材图层，打开素材的“层”面板，如图 4-4 所示。

2．利用图章工具拷贝画面

将时间指针移至需要开始拷贝的位置，然后单击“图章工具”按钮后将鼠标移到素材的“层”面板中，这时鼠标会变成画笔。可以通过“画笔”面板来调整画笔的直径大小或按住“Ctrl + 上下移动鼠标左键”在“层”面板中改变图章的直径大小。按“Alt + 鼠标左键”选择要被复制的范围，然后松开 Alt 键，单独用鼠标左键来进行复制，此时，画面就被拷贝过来了，如图 4-5 所示。

图 4-3 “图章工具拷贝画面”实例完成效果

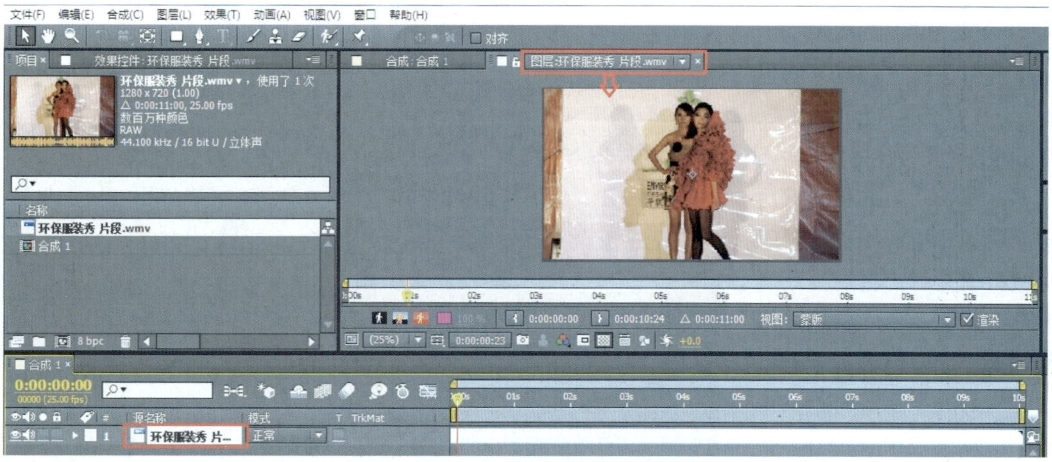

图 4-4 打开素材的“层”面板

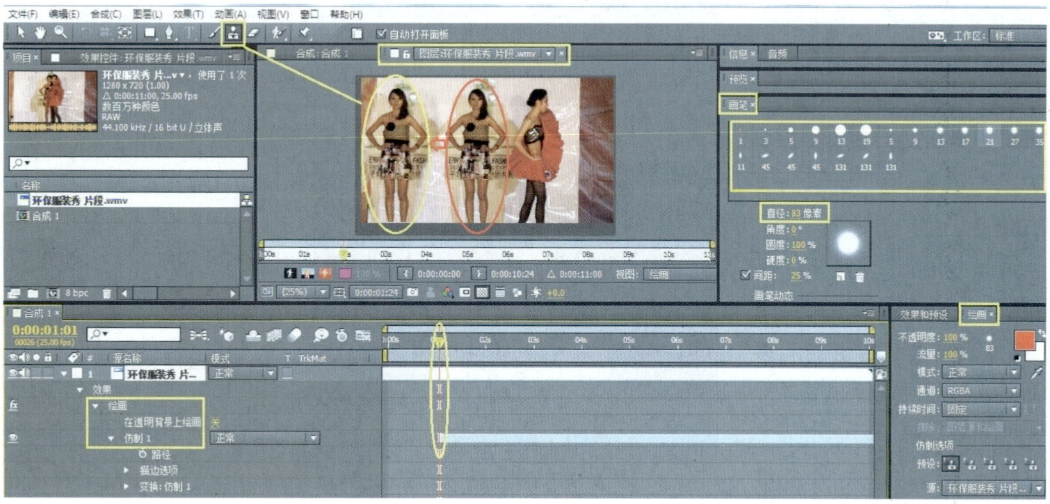

图 4-5 利用图章工具拷贝画面

3．调整拷贝画面

在“层”面板中播放预览画面效果，发现还需要继续调整拷贝区域的画面。将时间指针移动到需要调整修改的时间位置，移动画笔继续进行仿制画面区域的调节（此时不要再去单击“图章工具”，也不要再按“Alt + 鼠标左键”来选择要被复制的范围），以此类推，直至效果满意为止，如图 4-6 所示。

4．渲染输出

回到“合成”面板，预览效果，满意后输出，如图 4-7 所示。

4.4.2 “图章工具去台标”实例

“图章工具去台标”实例完成效果，如图 4-8 所示。

1．创建合成与素材的剪辑

在菜单栏中执行“合成 > 新建合成”命令，在弹出的“合成设置”对话框中注意选择预设模式为“PAL D1/DV”，持续时间为 30 秒。然后将素材添至时间轴上，接着在“时间轴”面板剪辑素材，将视频新闻素材按照前后画面的不同剪辑成两段，分别在两个图层上排列（素材剪切：Alt + [、Alt +]），如图 4-9 所示。

2．去除台标

将时间指针移至第一段视频图层的开始位置，然后双击素材图层打开素材的“层”面板，接着利用“图章工具”将视频左上和右上的两个台标去掉（放大与缩小“层”面板的快捷键是按主键盘上的“句号”与“逗号”），如图 4-10 所示。注意：在这一过程中需要不时地按“Alt + 鼠标左键”选择要被复制的范围，然后松开 Alt 键，单独用鼠标左键进行复制。

依此类推，将时间指针移至第二段视频图层的开始位置，然后双击素材图层打开素材的“层”面板，接着利用“图章工具”将视频左上角的台标去掉，如图 4-11 所示。

3．渲染输出

回到“合成”面板，预览效果，满意后输出，如图 4-12 所示。

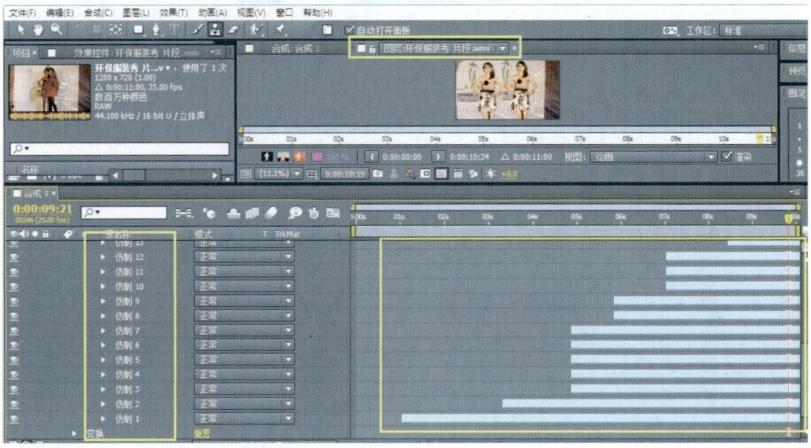

图 4-6　调整拷贝区域的画面

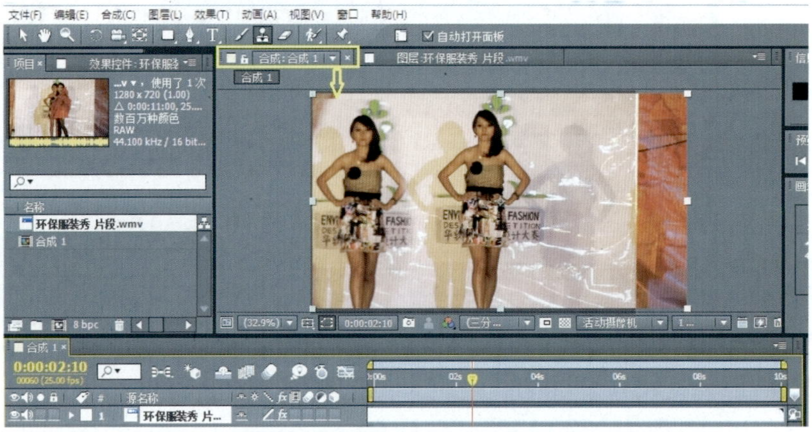

图 4-7　在“合成”面板渲染与输出

图 4-8　“图章工具去台标”实例完成效果

图 4-9　素材的剪辑

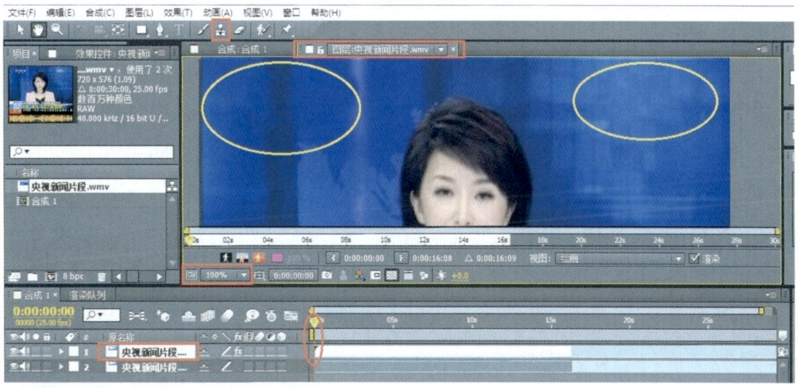

图 4-10　去掉第一段视频的台标

图 4-11　去掉第二段视频的台标

图 4-12　在“合成”面板渲染与输出

4.5 “遮罩工具”实例

“遮罩工具”实例完成效果，如图 4-13 所示。

4.5.1 创建合成与素材编辑

在菜单栏中执行“合成 > 新建合成”命令，在弹出的“合成设置”对话框中注意选择预设模式为“HDV/HDTV 720 25”，持续时间为 20 秒。然后导入素材添加至“时间轴”面板上，接着对素材片段进行适当编排，如图 4-14 所示。

4.5.2 添加遮罩并对遮罩进行设置

1. 给素材片段 2 设置遮罩

选中“素材片段 2”，接着选定“遮罩”工具后按主键盘上的字母“Q”切换至“椭圆工具(遮罩)”状态，然后在“合成”面板中为“素材片段 2”创建椭圆遮罩，并设置遮罩(如果需要整体修改遮罩的形状、大小和移动遮罩，使用鼠标左键双击遮罩的任意控制点即可)，羽化后将图层整体位移(可利用选择工具选中“图层移动”)至“合成”面板的左边，关闭该图层的音频，如图 4-15 所示。

说明：Mask(遮罩)实际上就是由线段和控制节点构成的路径。线段是连接两个控制点的直线或曲线，控制节点定义每个线段的开始点和结束点。用户可以通过对遮罩边缘进行羽化设置来改变遮罩边缘的软硬度，还可以对路径两边的像素进行扩展以实现羽化。

2. 给素材片段 3 设置遮罩

依上面的操作方法，将“素材片段 3”添加至图层 1，然后利用椭圆工具(遮罩)在“合成”面板中给“素材片段 3”创建一个椭圆遮罩并设置遮罩的羽化等，如图 4-16 所示。

3. 给素材片段 4 设置遮罩

继续依上面的操作方法，将“素材片段 4”添加至图层 1，然后利用椭圆工具(遮罩)在“合成”面板中给“素材片段 4”创建一个椭圆遮罩并设置遮罩的羽化，将图层整体位移至“合成”面板的右边等，如图 4-17 所示。

4. 设置图层效果

设置所有图层开始与结束的“不透明度”属性关键帧，实现图层的淡入与淡出效果，满意后进行渲染与输出(见图 4-18)。

图 4-13 “遮罩工具”实例完成效果

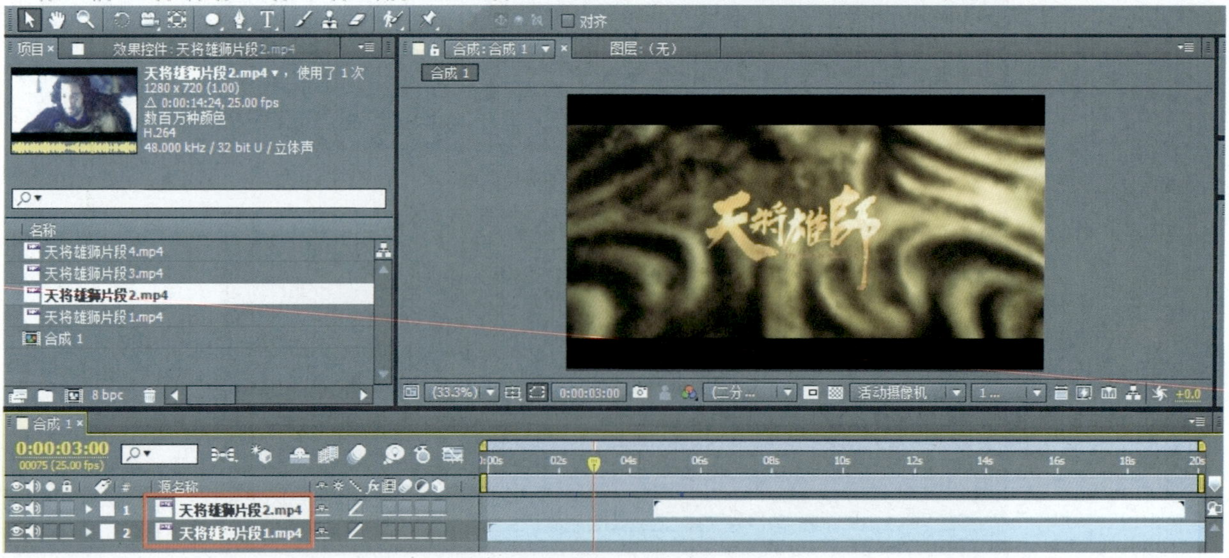

图 4-14 对素材片段进行适当编排

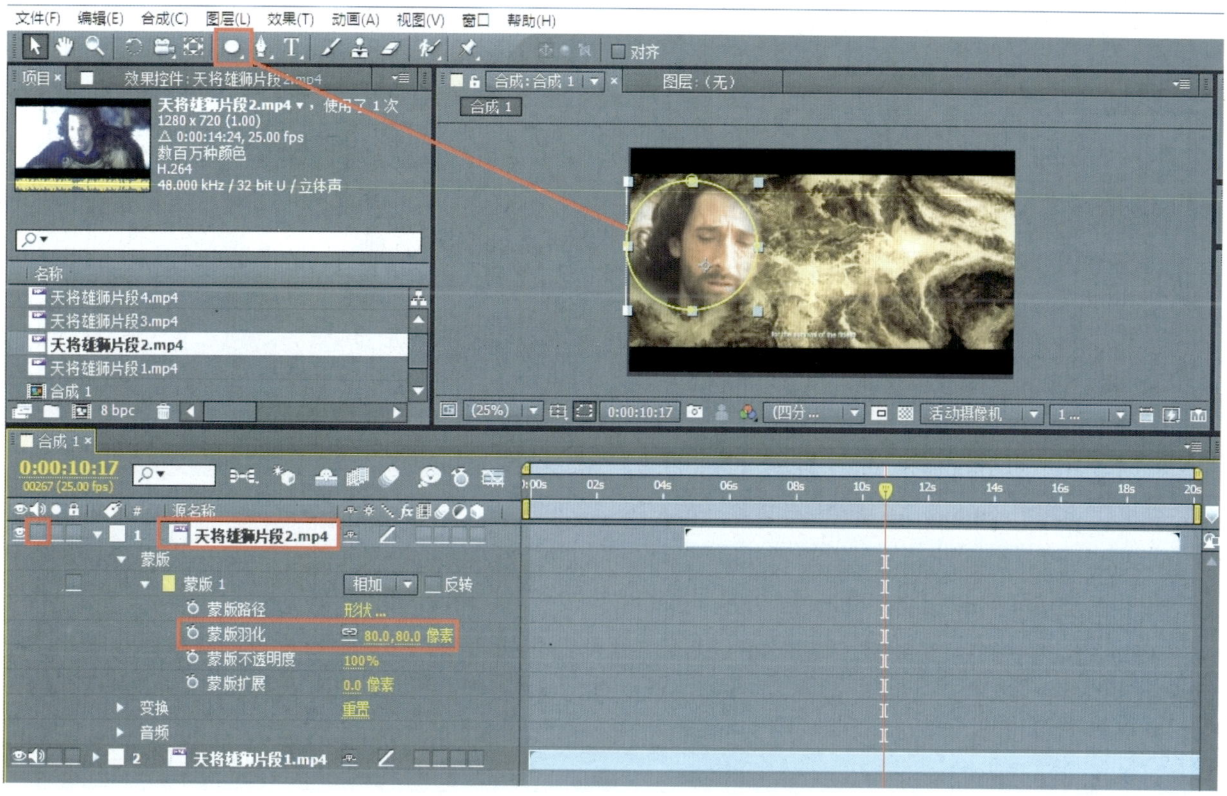

图 4-15　给“素材片段 2”设置椭圆遮罩

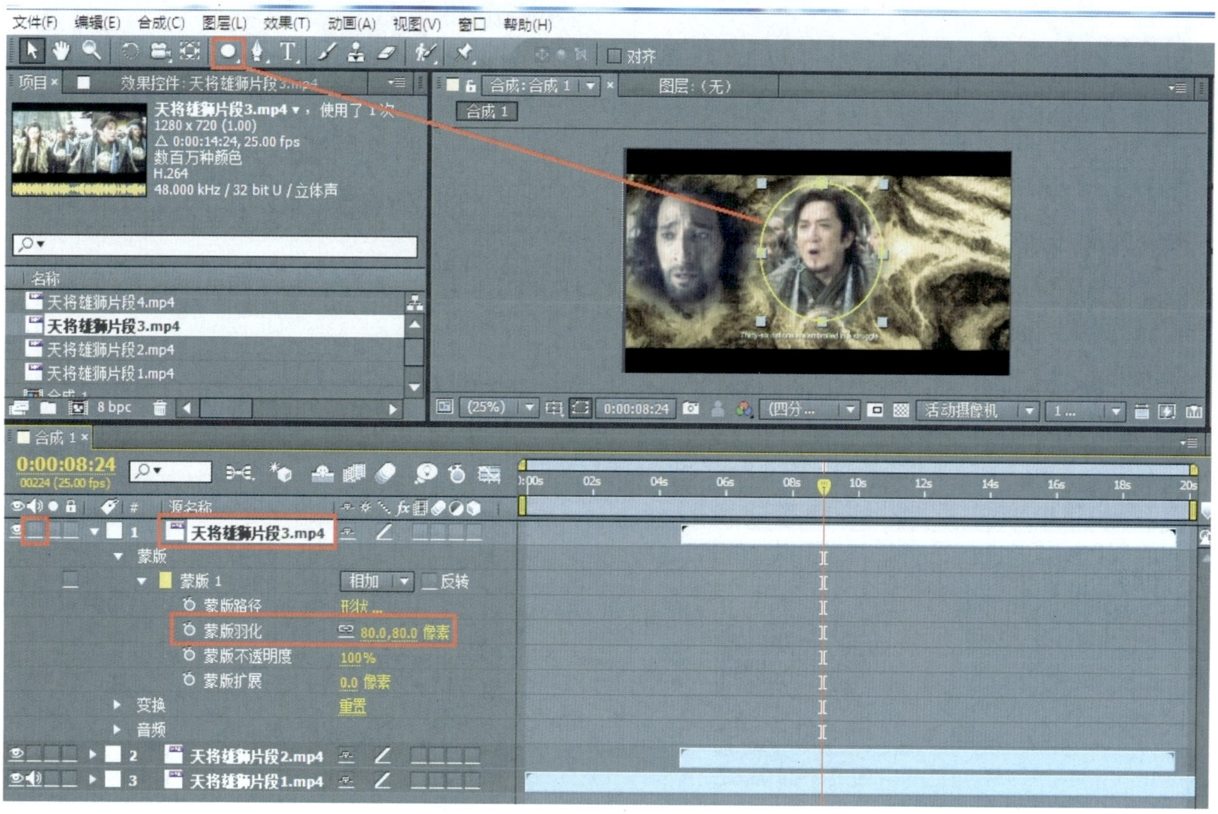

图 4-16　给“素材片段 3”设置椭圆遮罩

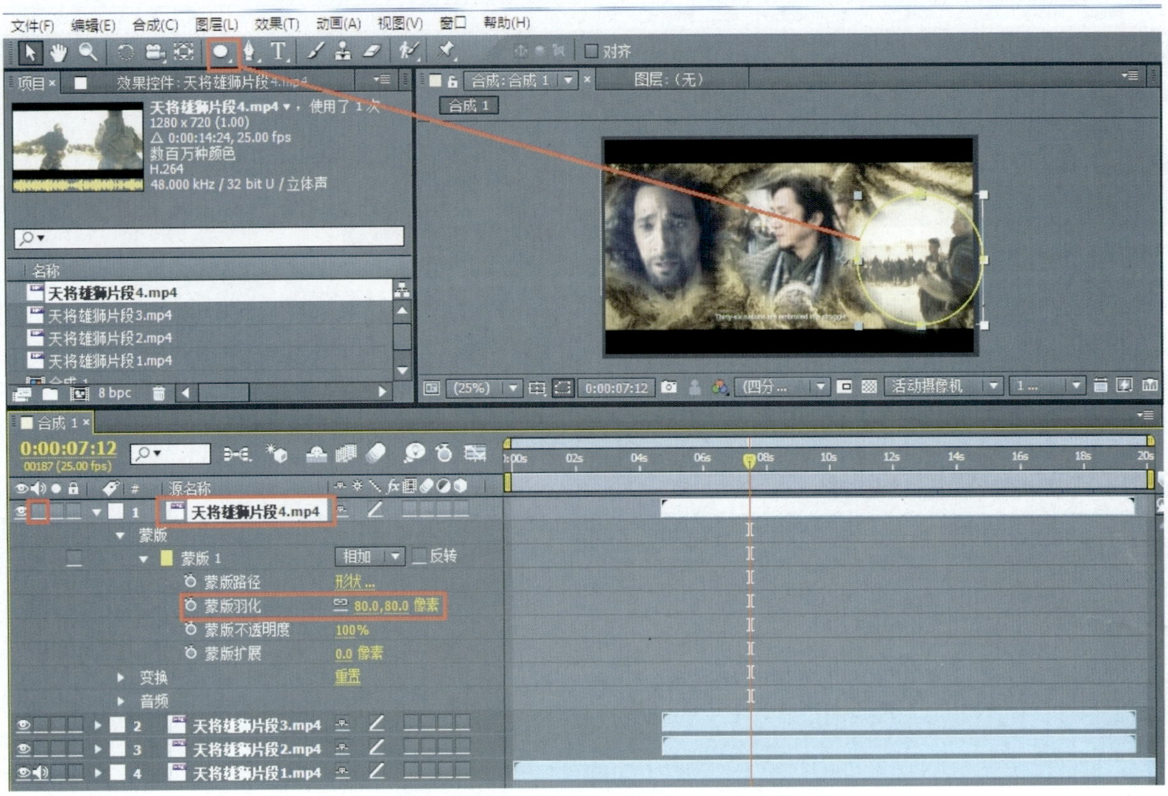

图 4-17　给“素材片段 4”设置椭圆遮罩

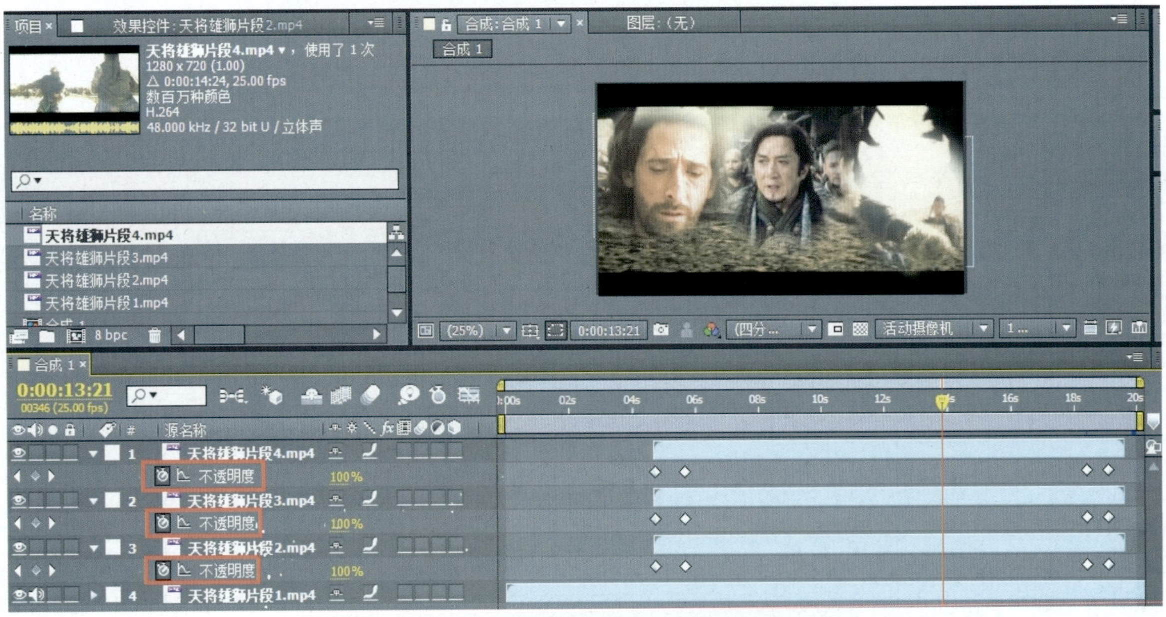

图 4-18　设置图层的淡入与淡出效果

电视剧《搭错车》
剧中音乐

电视剧《贤妻》
片头

4.6 “手写字”实例

“手写字”实例完成效果，如图 4-19 所示。

4.6.1 利用钢笔工具绘制蒙版分离文字

1．创建合成与素材编辑

在菜单栏中执行“合成 > 新建合成”命令，在弹出的“合成设置”对话框中注意选择预设模式为“HDV/HDTV 720 25”，持续时间为 10 秒。接着导入素材后编辑与排版好素材图层，这里的“法”字需要用蒙版工具分离成两部分，所以还需要拷贝一遍文字图层（根据所要做手写效果文字的笔画和形状对文字图层进行拷贝，文字需要分离成几部分，就需要叠加相应数量的文字图层）后分别选中文字图层，按主键盘上的 Enter 键，重新命名的“法 1”与“法 2”，如图 4-20 所示。

2．利用钢笔工具绘制蒙版分离文字

（1）关闭“法 2”层的显示，选中“法 1”层，选择钢笔工具绘制蒙版分离出“法”字的第一部分，如图 4-21 所示。注意：可以选择钢笔工具的添加顶点、删除顶点和顶点调整工具来调整遮罩（蒙版）的形状等。

图 4-19　“手写字”实例完成效果

图 4-20　拷贝与重命名文字层

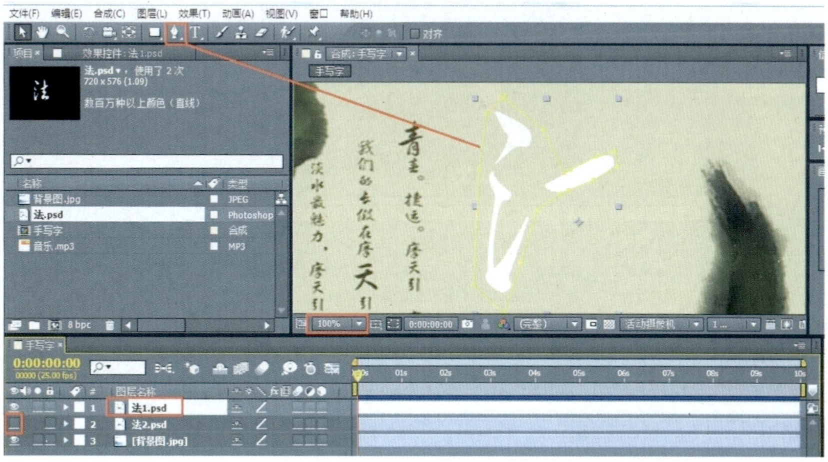

图 4-21　利用钢笔工具绘制蒙版分离“法”字的第一部分

线条动画

（2）依照上面的方法，在另一个图层“法 2”中分离出“法”字的第二部分，如图 4-22 所示。

3．创建副本图层

分别选中“法 1”和“法 2”层，按 Ctrl ＋ D 快捷键创建副本图层，如图 4-23 所示。

4.6.2 制作画笔动画效果

1．一次性描红

首先将时间指针移到开始位置，双击图层 1（即“法 1.psd2”层）进入到“层”面板，利用画笔工具按文字的手写顺序给“法”字第一部分描红（在描红的过程中，要一直按住鼠标左键不放，直到一次性描完文字的第一部分），同时注意画笔的相关参数设置，如图 4-24 所示。

图 4-22 利用钢笔工具绘制蒙版分离“法”字的第二部分

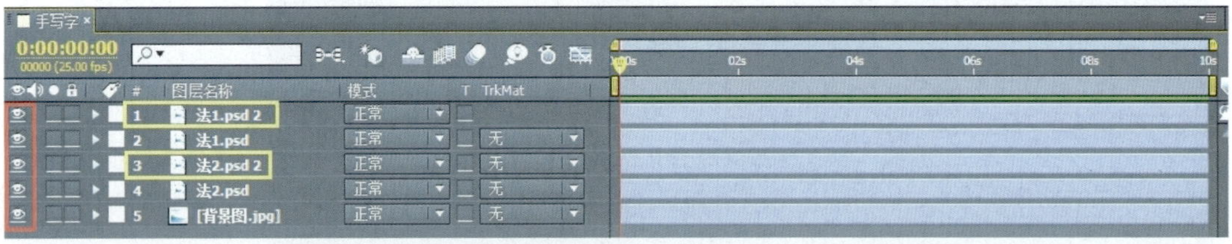

图 4-23 创建副本图层

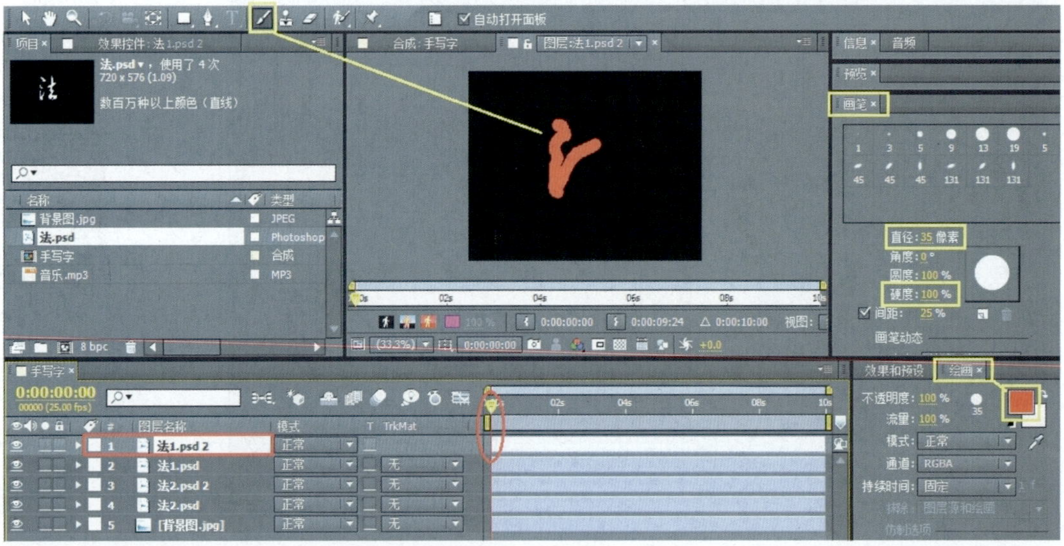

图 4-24 一次性描完文字的第一部分

2．设置关键帧参数

回到“合成”面板，展开图层 1（即“法 1.psd2”层）的“绘画”效果属性，设置“结束”的关键帧动画（第 1 个关键帧参数为 0%，第 2 个关键帧参数为 100%），如图 4-25 所示。

3．设置轨道的 Alpha 遮罩

单击“时间轴”面板下方的“切换开关 / 模式”按钮，将编辑模式转为“T 轨道遮罩”模式（如果已经是“T 轨道遮罩”模式就不用再切换），设置图层 2（即“法 1.psd”层）的轨道遮罩（蒙版）层为“法 1.psd2”，这时会自动关闭图层 1（即“法 1.psd2”层）的显示，这样“法”字第一部分笔画的动画效果就已经完成，如图 4-26 所示。

依照上面的方法，制作“法”字第二部分笔画动画效果，如图 4-27、图 4-28 所示。

4．剪辑、渲染、输出

加上背景音乐并进行适当剪辑，注意设置音频的淡入与淡出，满意后进行渲染与输出（见图 4-29）。

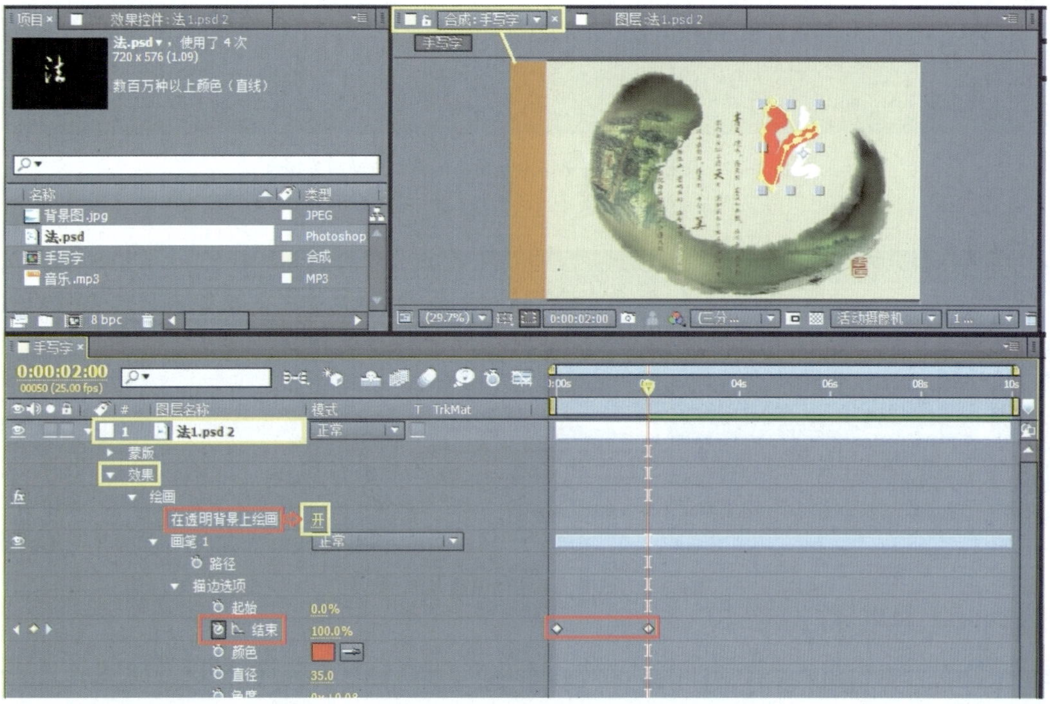

图 4-25　设置“画笔 1”的“结束”属性的关键帧动画

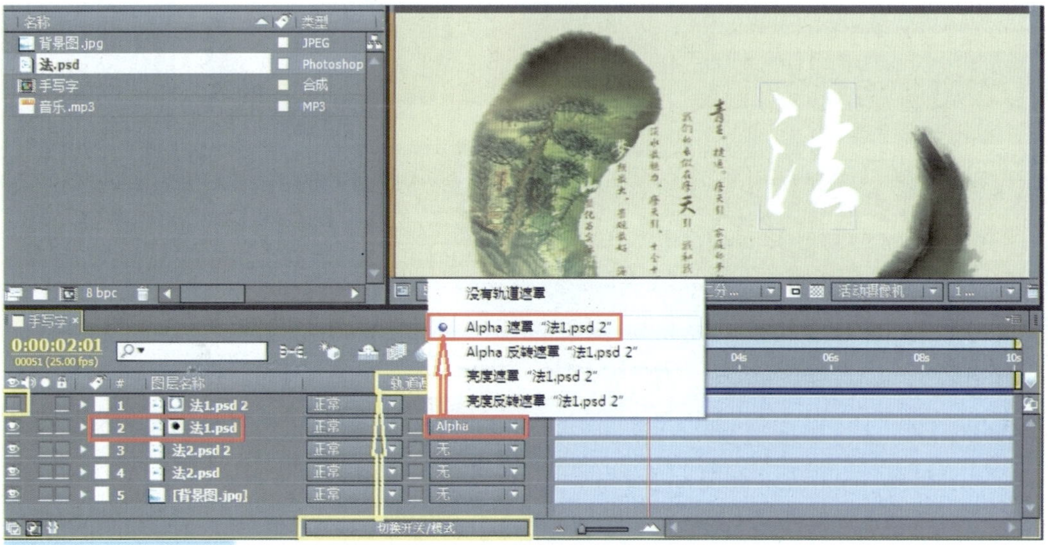

图 4-26　设置图层 2 轨道的 Alpha 遮罩

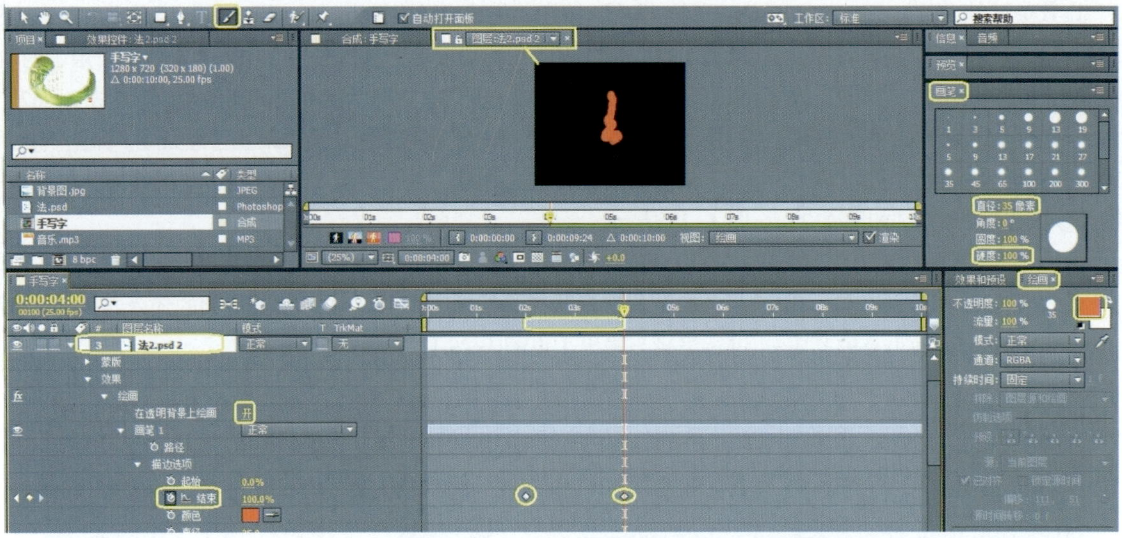

图 4-27　设置“法”字第二部分的画笔描红与动画关键帧

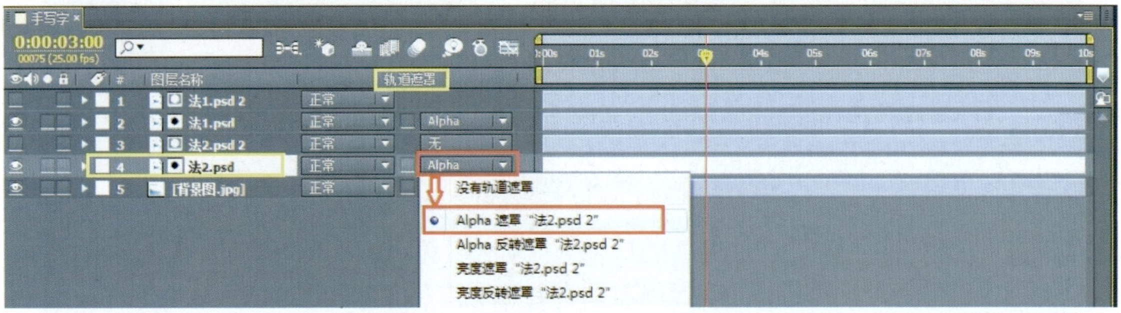

图 4-28　设置图层 4 轨道的 Alpha 遮罩

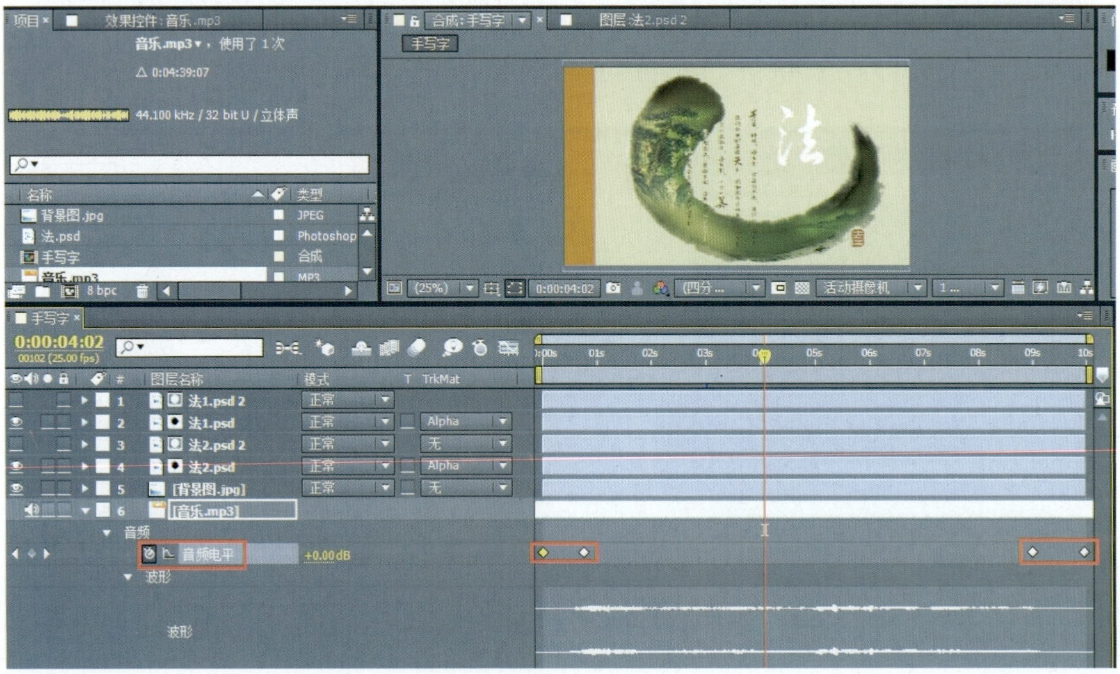

图 4-29　音频的设置与整体的渲染

4.7 “动态路径线条动画”实例

“动态路径线条动画”实例完成效果，如图 4-30 所示。

4.7.1 应用“描边”特效制作动态路径动画

1．创建合成与钢笔工具的应用

在菜单栏中执行“合成 > 新建合成”命令，在弹出的“合成设置”对话框中注意选择预设模式为“HDV/HDTV 720 25”，持续时间为 20 秒。接着导入素材进行适当编辑后，选中素材图层（即“城市规划图.jpg”层），利用钢笔工具在该图层上绘制出一条开放的路径蒙版（可以按主键盘上的 M 键快速调出图层上已添加的遮罩 / 蒙版），如图 4-31 所示。这里要说明下，调低图层的“不透明度”属性值是为了看清绘制的路径蒙版，在后面操作环节方便的时候再将“不透明度”属性值调回来即可。

2．给路径蒙版描边并设置关键帧动画

执行“效果 > 生成 > 描边”命令，给路径蒙版添加“描边”特效，注意相关选项与参数的设置；然后通过设置“描边”特效的“结束”属性关键帧动画（在 0 秒时刻设置结束的第 1 个关键帧参数为 0%，在 5 秒时刻设置结束的第 2 个关键帧参数为 100%），产生描边路径动画效果，如图 4-32 所示。

图 4-30　“动态路径线条动画”实例完成效果

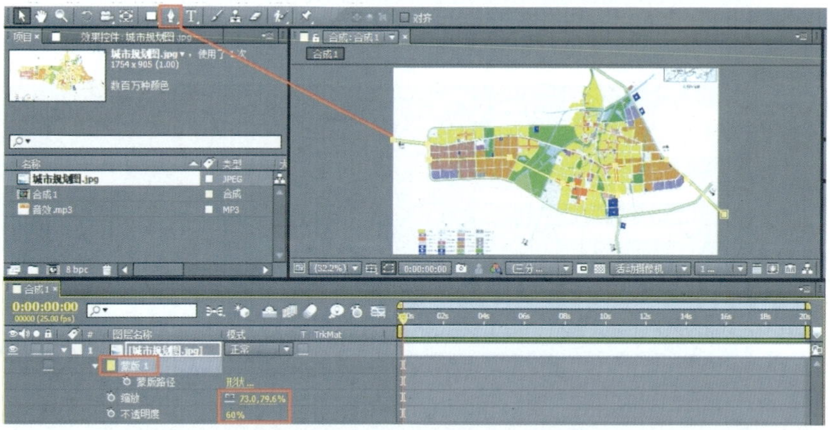

图 4-31　利用钢笔工具绘制路径蒙版

“记一笔”App
页面展示

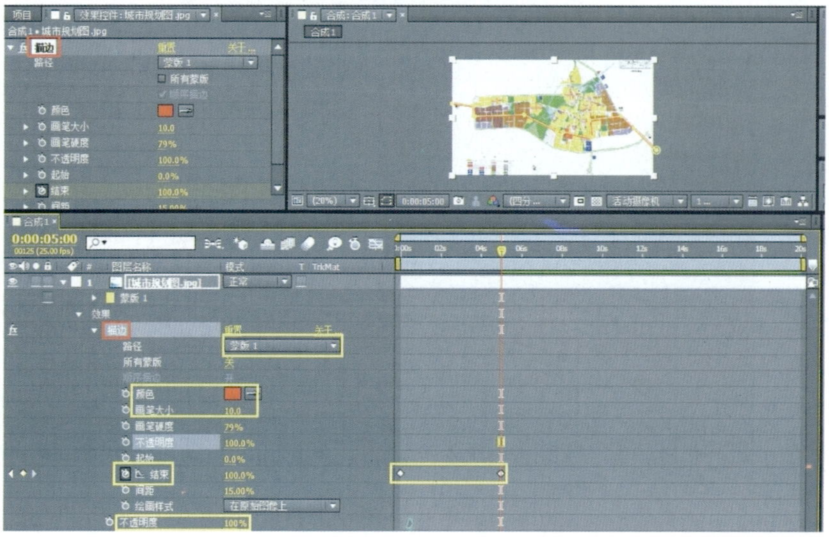

图 4-32　添加“描边”特效并设置关键帧动画

动画描边

3．设置“描边”的“不透明度”属性的关键帧动画

将时间指针移到7秒作为开始位置，设置“描边”的“不透明度”属性的关键帧动画（让“不透明度”属性参数在0%至100%之间交错变化），让描边的路径线条产生闪烁的效果，如图4-33所示。

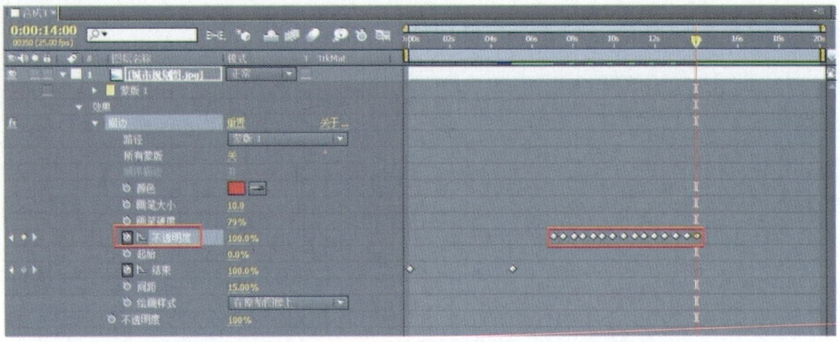

图4-33 设置“描边”的“不透明度”属性的关键帧动画

4.7.2 制作“箭头”蒙版动画

1．箭头的创建

执行“图层>新建>纯色”命令，新建一个纯色层放在图层1，注意要填充的纯色层的颜色就是将要做运动的“箭头”的颜色（如果要修改已经建立好的纯色层的颜色，执行“图层>纯色设置”命令），并将图层改名为“箭头纯色1”。然后选中该图层后，利用钢笔工具在该图层的中心位置绘制出一条闭合的箭头形状的蒙版（可以选择蒙版的各个控制点来修改蒙版的形状），同时还要利用向后平移（描点）工具将“箭头纯色1”层的中心点移到“箭头蒙版”的中心位置，如图4-34所示。

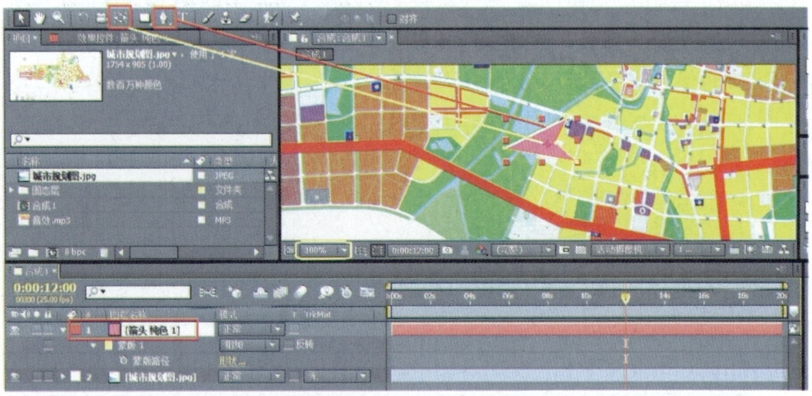

图4-34 箭头的创建与设置

2．设置箭头跟随描边线条运动

展开“箭头纯色1”层“位置”属性，通过设置“位置”属性的关键帧动画，让“箭头蒙版”跟随描边线条运动，注意一定要在描边线条方向变化的节点位置逐一设置“箭头纯色1”（箭头蒙版）层的“位置”关键帧，如图4-35所示。

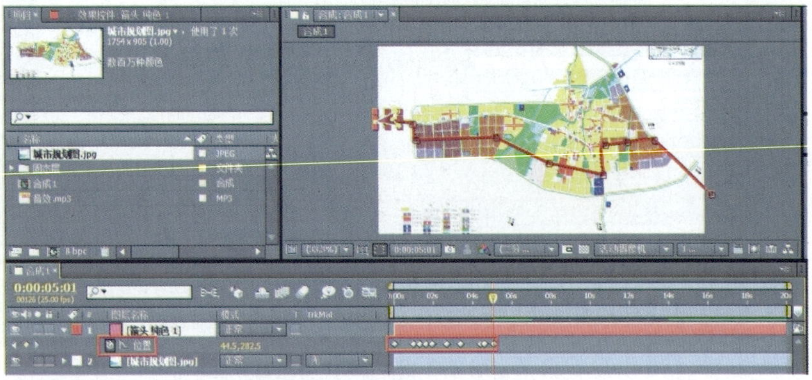

图4-35 设置箭头跟随描边线条运动

3．设置箭头根据路径变化产生方向变化

选中“箭头遮罩”（即“箭头纯色1”）图层，执行“图层>变换>自动定向>沿路径定向”命令，同时注意调整图层的旋转角度，如图4-36所示。

图4-36 设置箭头根据路径变化产生方向变化

4.7.3 制作文本路径动画

1．拷贝蒙版并调整

通过“图层 > 新建 > 文本”命令或直接利用文字工具新建空白文本图层后，将“城市规划图 .jpg”层上的“蒙版（遮罩）”拷贝到新建的空文本层上，然后调整好文本层图上“蒙版（遮罩）”的位置和大小（双击蒙版的任意控制点来选中整个蒙版后，按“Shift + 鼠标左键”来调节蒙版的整体大小及位置），如图 4-37 所示。

2．设置文字跟随路径线条运动

双击空文本图层，输入文字“地铁一号线”，然后设置文本路径的关键帧动画，使文字跟随路径线条运动，如图 4-38 所示。

4.7.4 制作点状描边动画

1．绘制闭合蒙版

新建文本图层，输入文字“主题公园”，注意调整好文字的位置等参数。然后选中“主题公园”文本图层，利用钢笔工具围绕“主题公园”文字所在区域绘制一个闭合蒙版，如图 4-39 所示。

2．设置描边的点状与关键帧动画效果

给“主题公园”文本图层添加“描边”特效，然后设置描边的点状与关键帧动画效果，如图 4-40 所示。

3．设置描边与蒙版动画后预览输出

首先选中“城市规划图 .jpg”的“描边”效果后按 Ctrl+D 快捷键复制出一个“描边”效果，然后选中第一个“描边”后进行相关参数和属性设置，让线条产生描边动画；接着给“箭头”图层添加“描边”效果后进行相关设置，使得箭头也产生描边动画；新建一个纯色层作为文本图层的底色层放在“图层 2”，将“图层 1”（主题公园）的“蒙版 1”拷贝到“图层 2”（主题公园底色）上进行相关设置后产生背景区域的蒙版动画，如图 4-41 所示。最后添加背景音乐并适当剪辑后，预览整体效果，满意后输出。

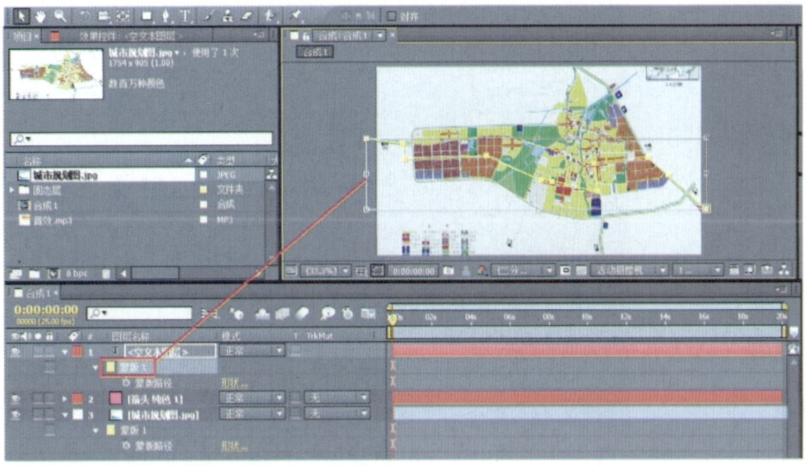

图 4-37　拷贝蒙版到空文本图层上后，调节其位置和大小

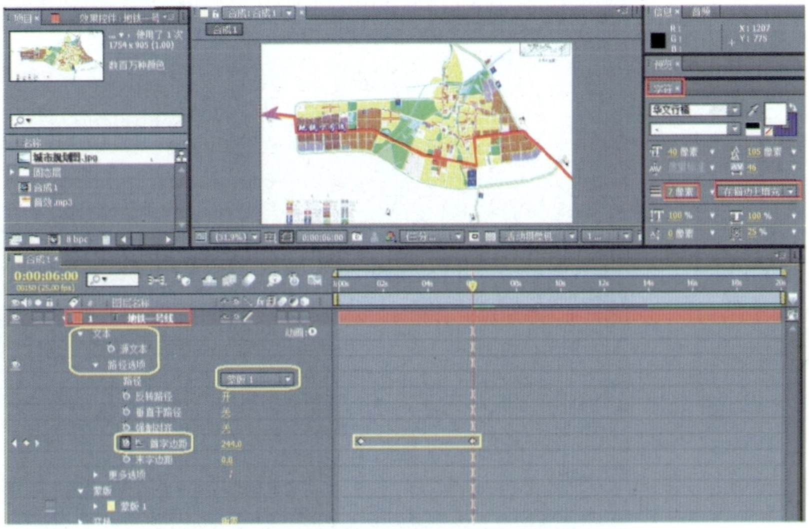

图 4-38　设置文字跟随路径线条运动

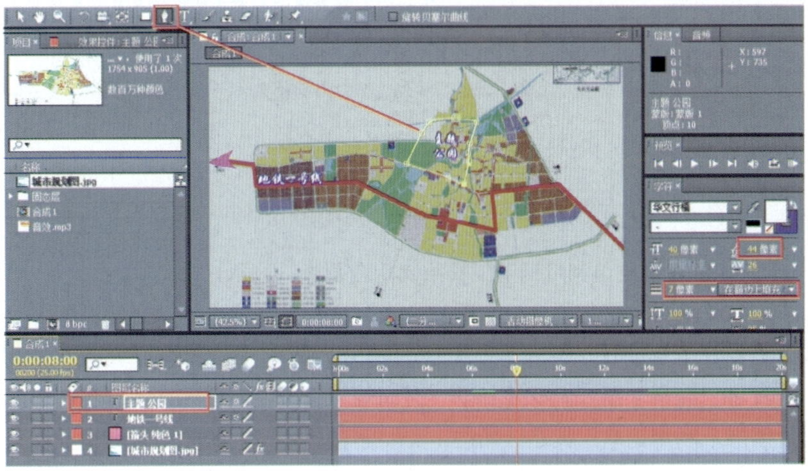

图 4-39　绘制闭合蒙版

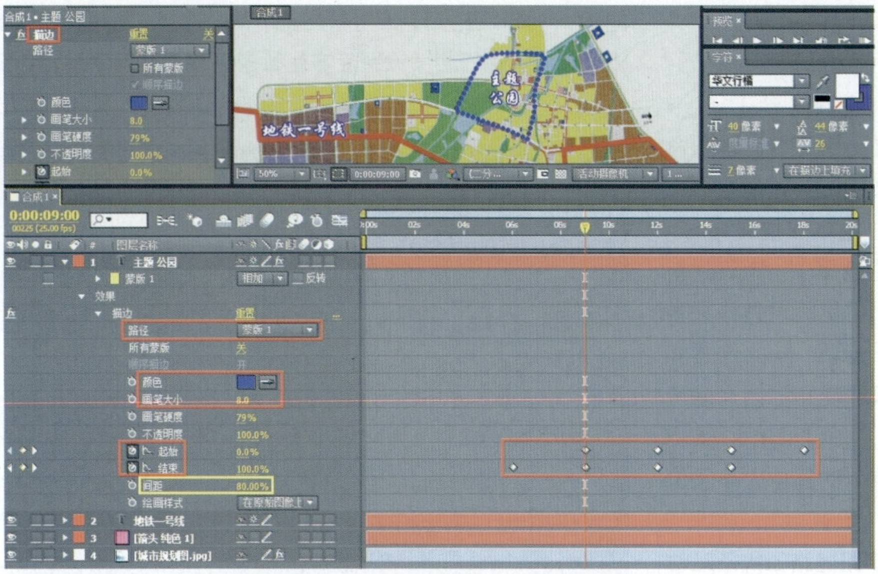

图 4-40 设置描边的点状与关键帧动画效果

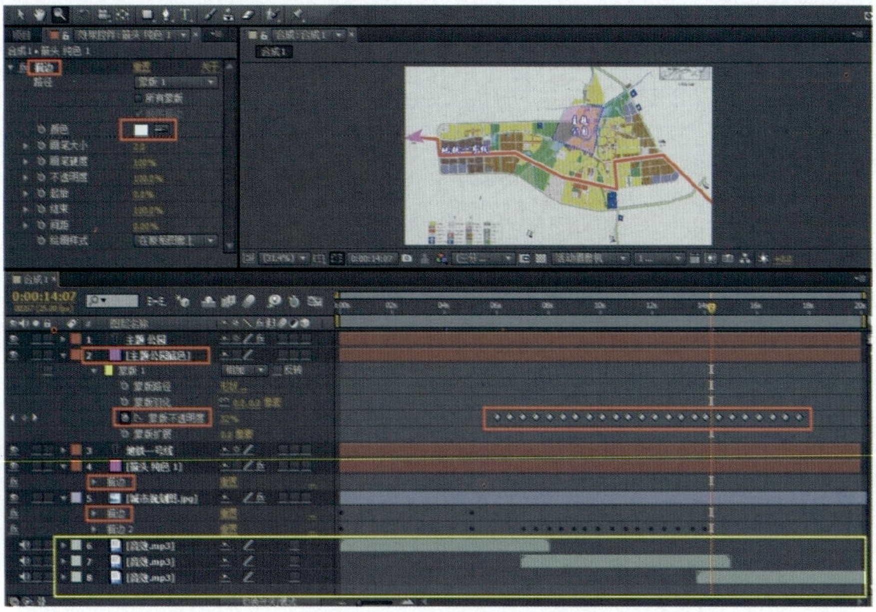

图 4-41 设置线条和箭头的描边及背景区域的蒙版动画

4.8 “线条流动”实例

“线条流动”实例完成效果，如图 4-42 所示。

4.8.1 设置蒙版（遮罩）路径的关键帧动画

1．创建合成与利用钢笔工具绘制闭合蒙版（遮罩）

在菜单栏中执行“合成 > 新建合成”命令，在弹出的“合成设置”对话框中注意选择预设模式为“HDV/HDTV 720 25”，持续时间为 20 秒。接着将“线条”图片素材添加至“时间轴”面板中，然后选中“线条”图片图层，利用钢笔工具在该图层上绘制闭合蒙版，注意要将时间指针移到开始位置，并单击“蒙版路径”前的码表按钮，在当前时刻添加一个关键帧，如图 4-43 所示。

2．沿线条的笔画顺序进行“蒙版路径”的关键帧动画设置

首先要移动时间指针至合适的时刻，然后灵活运用钢笔工具的快捷键 G 来增加蒙版的控制点和调整蒙版形状的变化，用户可以灵活处理具体操作，如图 4-44 所示。说明：绘制类似这种简单线条的蒙版路径及关键帧设置，都可以参照此方法。

图 4-42　“线条流动”实例完成效果

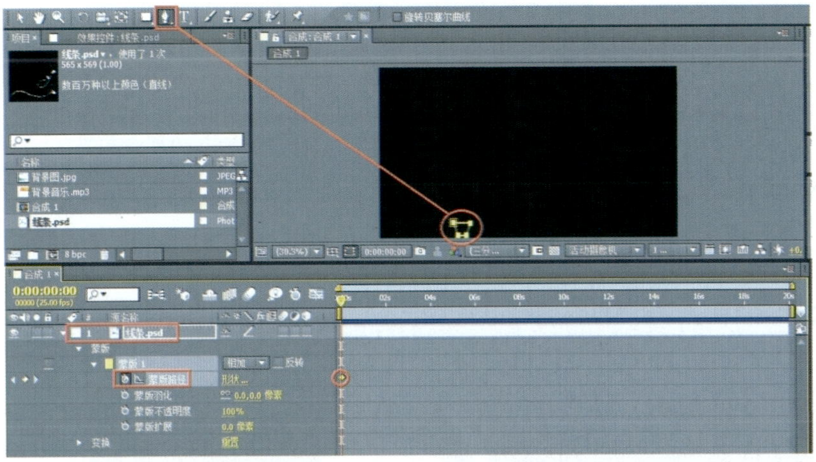

图 4-43　绘制闭合蒙版并添加关键帧

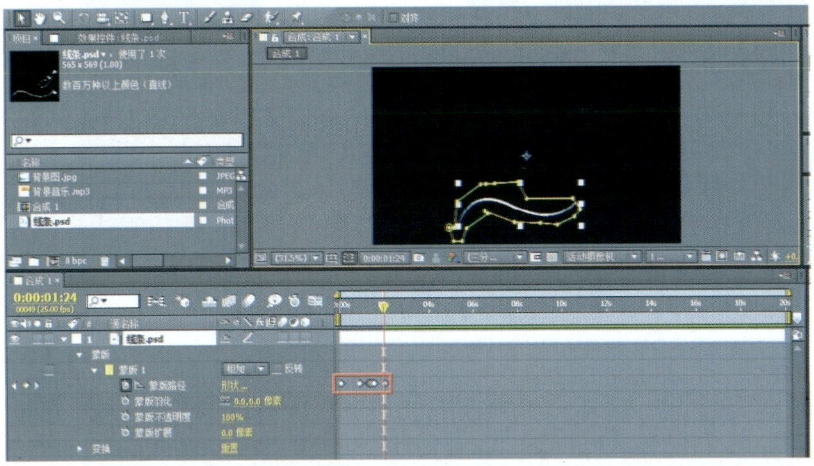

图 4-44　沿线条笔画顺序在不同时刻修改蒙版形状产生的多个关键帧

4.8.2　绘制线条（图案）复杂部分的蒙版路径及关键帧的处理技巧

1. 调节蒙版关键帧动画

绘制蒙版路径时遇到线条及线条两边花瓣时，这时要注意放大“合成”面板的显示比例，尽量做到细节不出纰漏，用户可以灵活处理具体操作，同时要随时增加蒙版的控制点来调节蒙版形状的变化，如图4-45、图4-46所示。

依此类推，继续沿着线条笔画顺序设置蒙版路径的关键帧，为了便于观察、调节蒙版形状变化时的线条路径，可以随时勾选蒙版的“反转”复选框，调节好后再取消勾选，如图 4-47 所示。

2. 蒙版形状和关键帧的变化

当遇到图案线条相交点时，要注意蒙版形状及关键帧的设置技巧，如图 4-48 所示。

依此类推，继续设置蒙版路径的关键帧变化，并继续注意设置穿过图案线条相交点时的蒙版路径（形状）的关键帧变化，如图 4-49 所示。

继续完成剩余蒙版路径（形状）的关键帧，全部完成后取消勾选蒙版的“反转”复选框，如图 4-50 所示。

4.8.3　设置多个线条图案动画效果

1. 设置多个线条图案动画效果

选中已做好蒙版路径关键帧动画的“线条”图层，按 Ctrl + D 快捷键三次，拷贝三个图层后，设置各图层的角度、比例和位置等（灵活把握具体参数，以实际效果为准），形成多个线条图案动画效果，如图 4-51 所示。各图层线条图案的编辑与排版效果由用户灵活设置，这里只是参考。

2. 设置三维图层的旋转与位置参数

加入背景图片，然后选择其中两个比例大的“线条”图层，开启这个图层“3D”开关，分别设置两个三维图层的旋转与位置参数，如图 4-52 所示。

依照上面的方法，同样设置两个比例小的“线条”图层转为三维图层后设置旋转与位置参数（灵活把握具体参数，以实际效果为准），如图 4-53 所示。

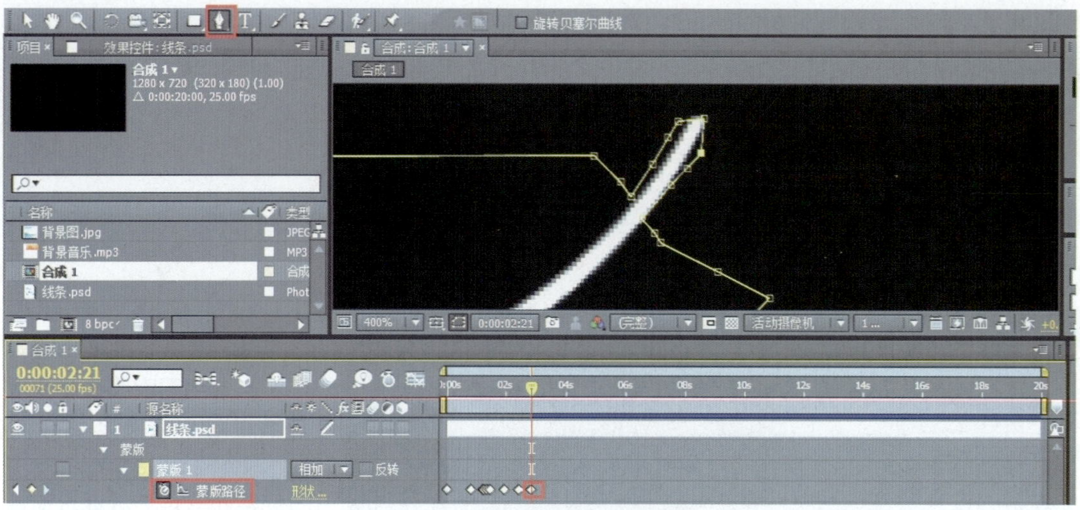

图 4-45　调节蒙版（线条）关键帧动画

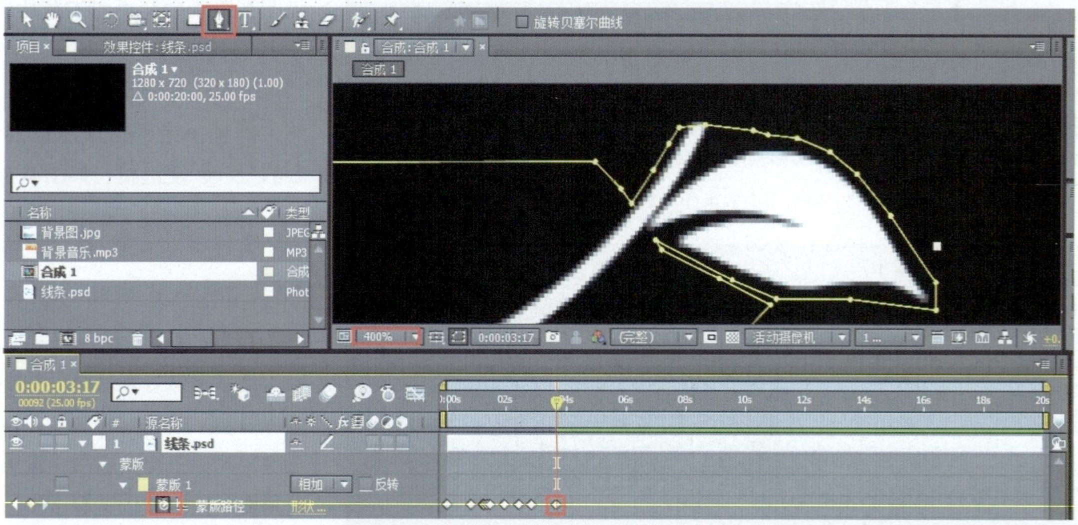

图 4-46　调节蒙版（花瓣）关键帧动画

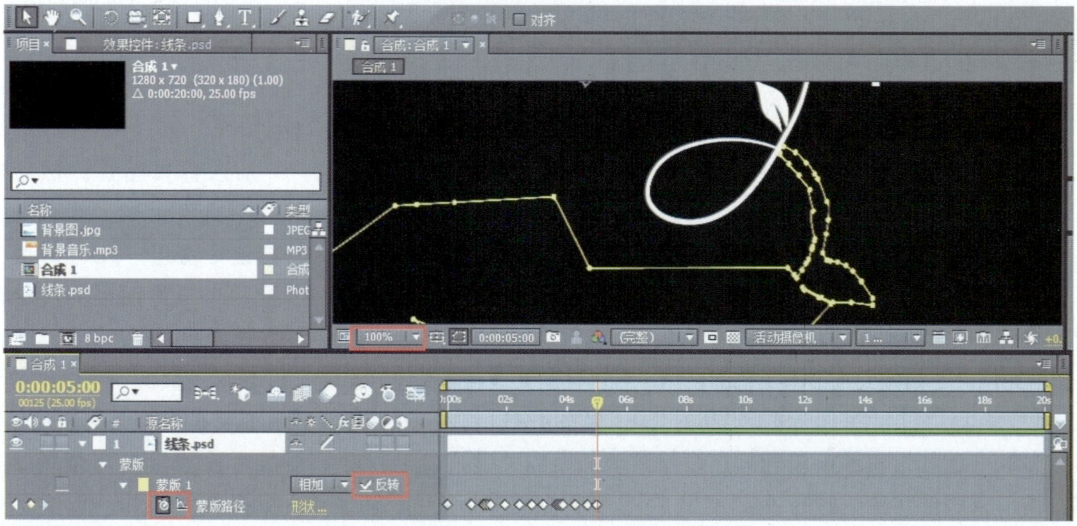

图 4-47　继续沿着线条笔画顺序设置蒙版路径的关键帧

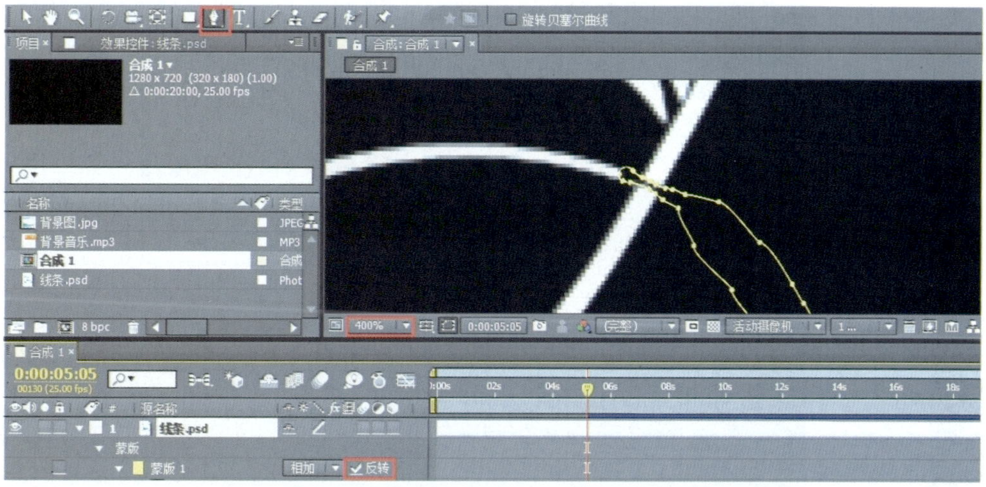

图 4-48　遇线条相交点时注意蒙版形状及关键帧设置

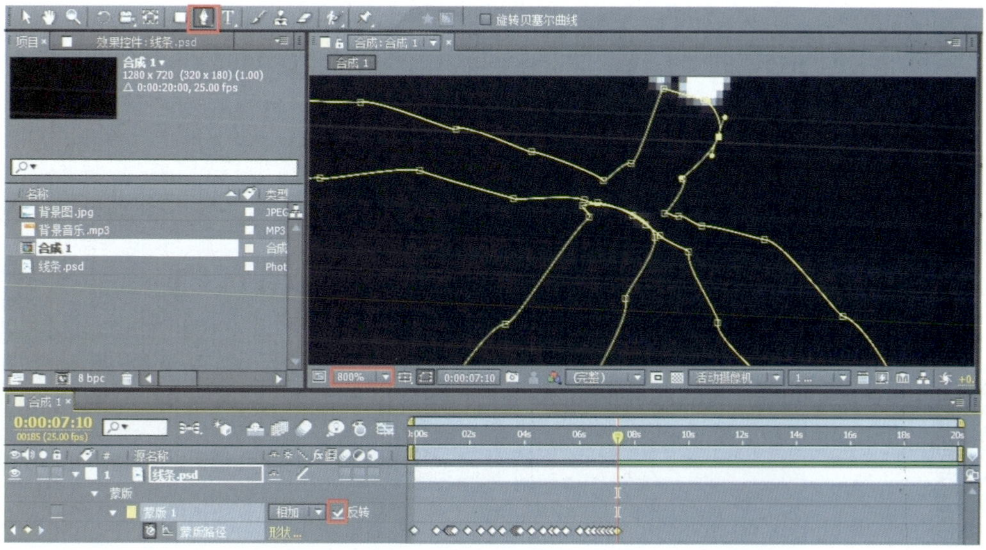

图 4-49　设置穿过图案线条相交点时的蒙版路径（形状）的关键帧

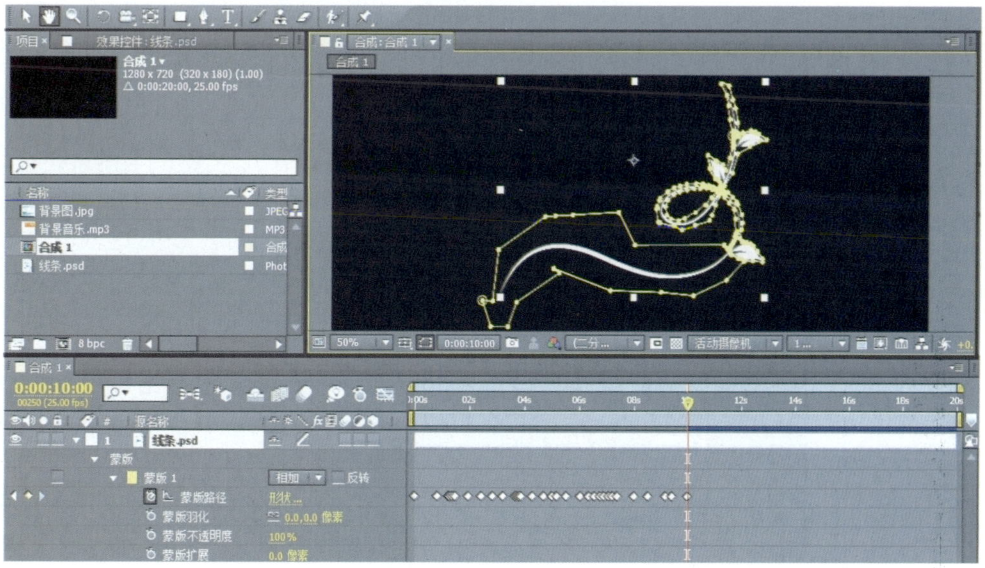

图 4-50　蒙版路径（形状）的关键帧动画基本完成

电影《私人订制》片头

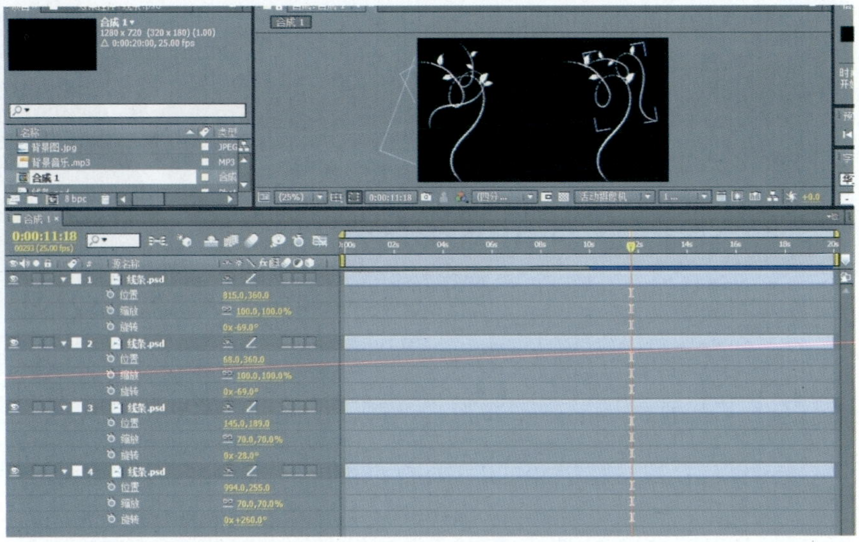

图 4-51　设置多个线条图案动画效果

线条流动

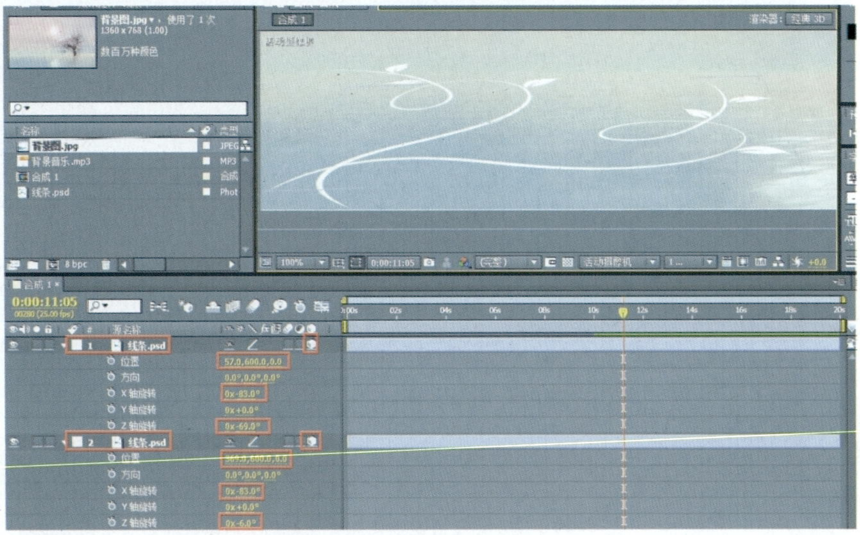

图 4-51　设置多个线条图案动画效果

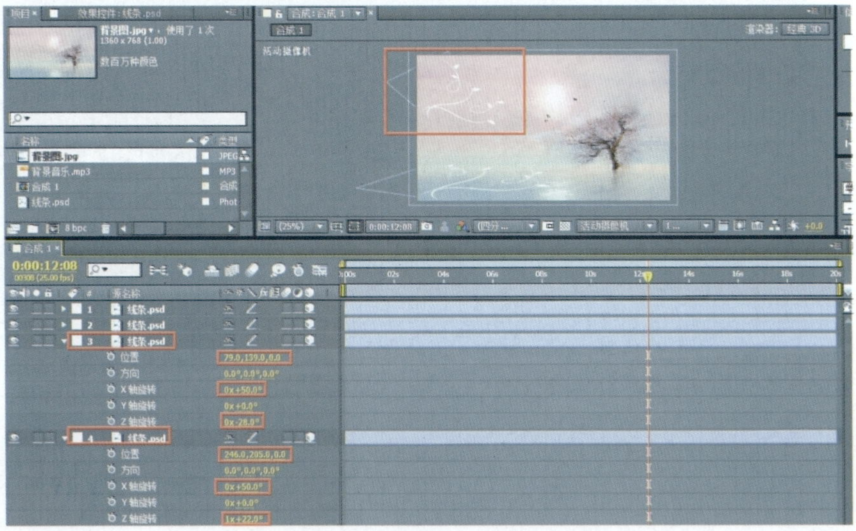

图 4-53　分别设置两个小比例三维图层的旋转与位置参数

3．渲染输出

加入背景音乐，设置渲染与输出（由于本案例线条只在前 10 秒有动画，所以渲染部分只选择前 10 秒，仅作参考），如图 4-54 所示。

4.9 “逐字逐行与随光渐显文字动画”实例

“逐字逐行与随光渐显文字动画”实例完成效果，如图 4-55 所示。

特别说明：由于本实例须用到“Starglow”星光效果插件特效，所以要先安装 Trapcode Suite（3D 动画与粒子插件套装）特效插件。本教材所需要用到的插件都已经拷贝在本书的配套网盘文件中，安装插件时请根据不同类型选择不同的安装方法，在教材的第 1 章中有提到插件的安装技巧。

4.9.1 制作逐字逐行显示文字

1．创建合成与文本层的建立

在菜单栏中执行“合成 > 新建合成”命令，在弹出的“合成设置”对话框中注意选择预设模式为“HDV/HDTV 720 25”，持续时间为 16 秒。导入素材后建立文本图层，注意文字的排版，如图 4-56 所示。

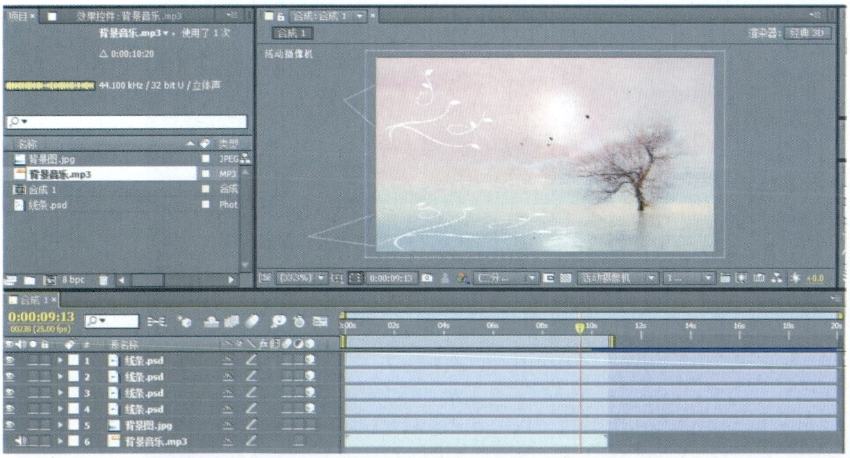

图 4-54　设置渲染与输出

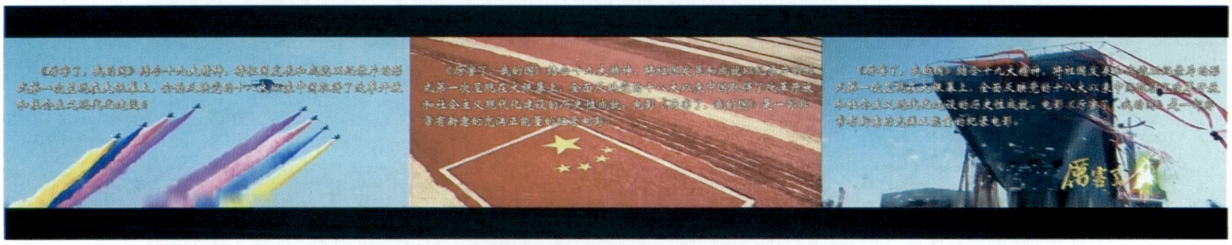

图 4-55　“逐字逐行与随光渐显文字动画”实例完成效果

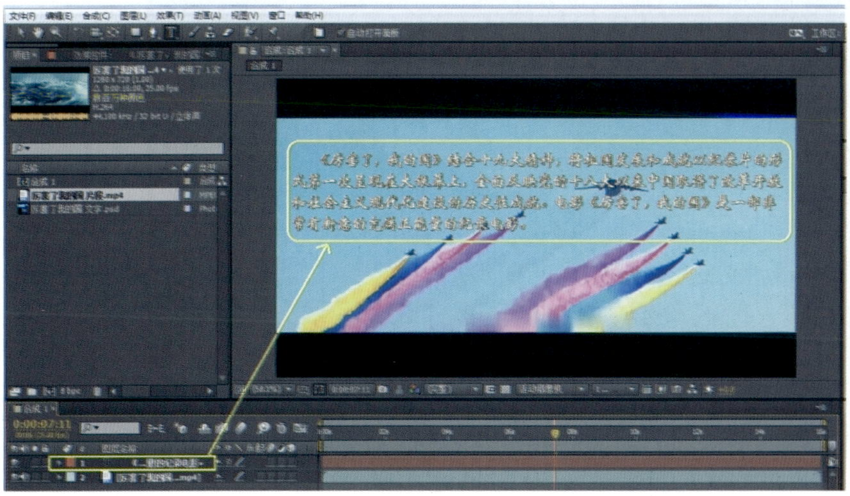

图 4-56　建立文本图层

2．设置蒙版（遮罩）路径的关键帧动画

要这四行文字产生逐字逐行显示文字的动画效果，必须分别给每行文字添加矩形蒙版（遮罩）并设置蒙版（遮罩）路径的关键帧动画，注意根据每行文字数量的多少来设置蒙版路径关键帧动画的快慢节奏，使得总体上产生的逐字逐行显示文字的速度统一，如图 4-57 所示。

4.9.2 制作随光渐显的文字效果

1．给第一层主题文字左边设置蒙版路径关键帧

将主题文字素材添加至图层 1，适当地调整其比例后，按 Ctrl + D 快捷键复制一层。接下来先关闭第二层（图层 2）主题文字图层的显示开关，选中第一层（图层 1）上的主题文字，单击“工具”面板中的矩形遮罩工具在“合成”面板为第一层（图层 1）画一个矩形蒙版（遮罩），放置在紧挨主题文字左边的开始位置，并设置在逐字逐行动画文字结束后的时刻，添加蒙版路径的关键帧和设置蒙版羽化，如图 4-58 所示。

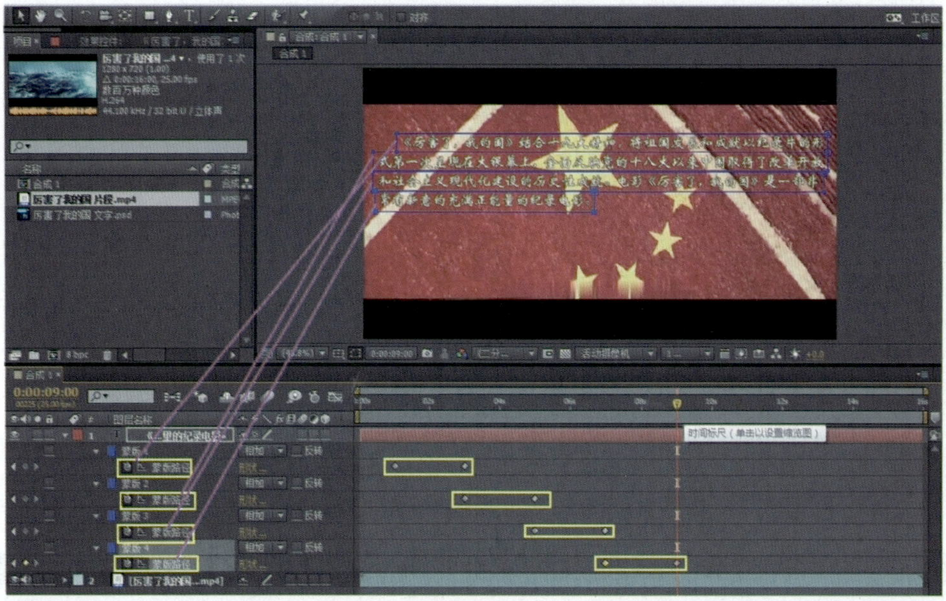

图 4-57　四行文字各自对应一个蒙版（遮罩）路径的关键帧动画

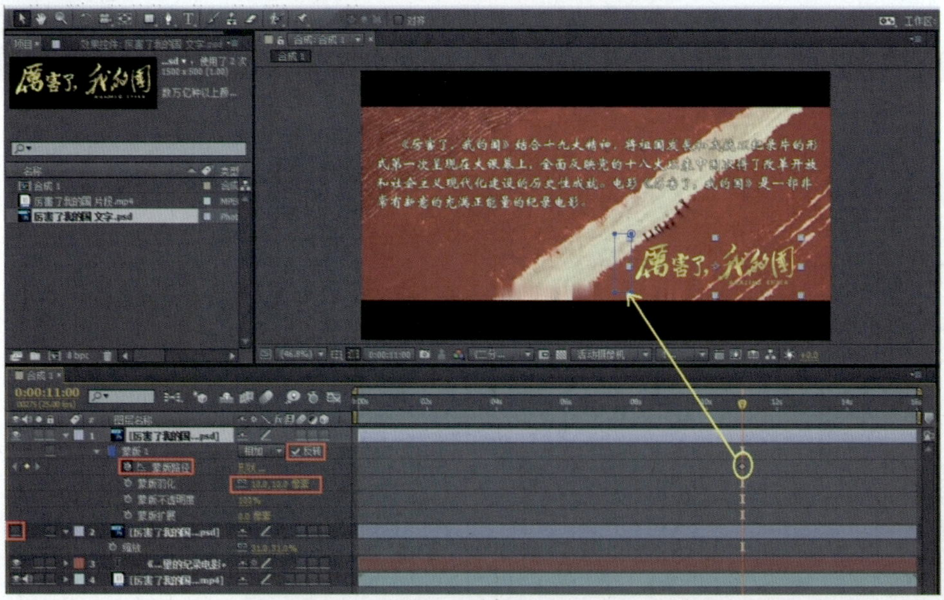

图 4-58　给第一层主题文字左边设置蒙版路径关键帧

2．将蒙版（遮罩）移到主题文字右边结束位置

将时间指针向右移动 2 秒，接着在“合成”面板双击蒙版（遮罩）任意边框上的控制点，将蒙版（遮罩）移到主题文字的右边结束位置（可按键盘上的左右方向键移动蒙版，同时为了便于观察可以勾选“蒙版”的“反转”复选框，等调整好后取消勾选），如图 4-59 所示。

3．设置主题文字星光闪过效果

取消勾选“蒙版”的“反转”复选框，接着继续选中第一层主题文字，然后执行“效果 > Trapcode > Starglow（星光效果）”命令，在“特效”面板中设置好参数后，就会产生亮光从左到右闪过的效果，如图 4-60 所示。

4．设置文字从左至右逐字显示效果

在“时间轴”面板中将第一层图层的显示开关关闭，同时将第二层图层的显示开关打开，然后选中第二层（图层 2），单击“工具”面板中的矩形遮罩工具，在“合成”窗口为第二层主题文字绘制一个矩形蒙版，并通过设置蒙版路径的关键帧使得主题文字产生从左至右逐字显示的效果（此时逐字显示的速度和节奏要跟第一层一致），注意同时设置蒙版的羽化，如图 4-61 所示。

5．渲染输出

将第一层的显示开关打开，把背景音效导入后渲染并输出，如图 4-62 所示。

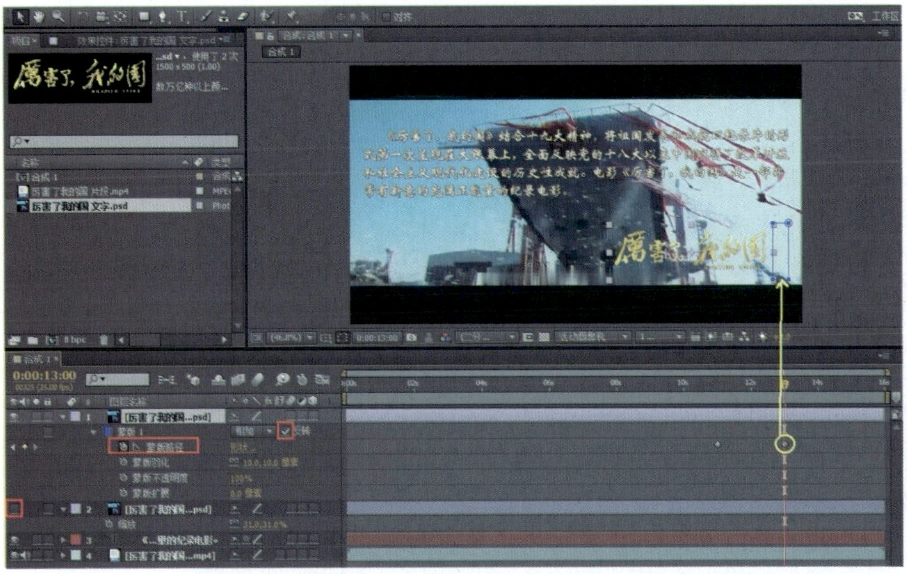

图 4-59　将蒙版（遮罩）移到主题文字右边结束位置

“新闻 30 分”
电视栏目片头
（文字动画与光）

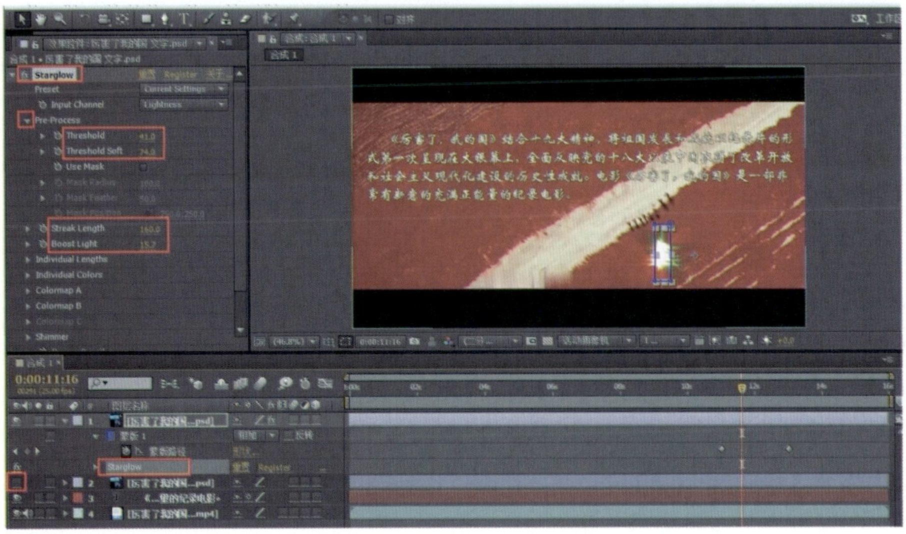

图 4-60　设置第一层主题文字星光闪过效果

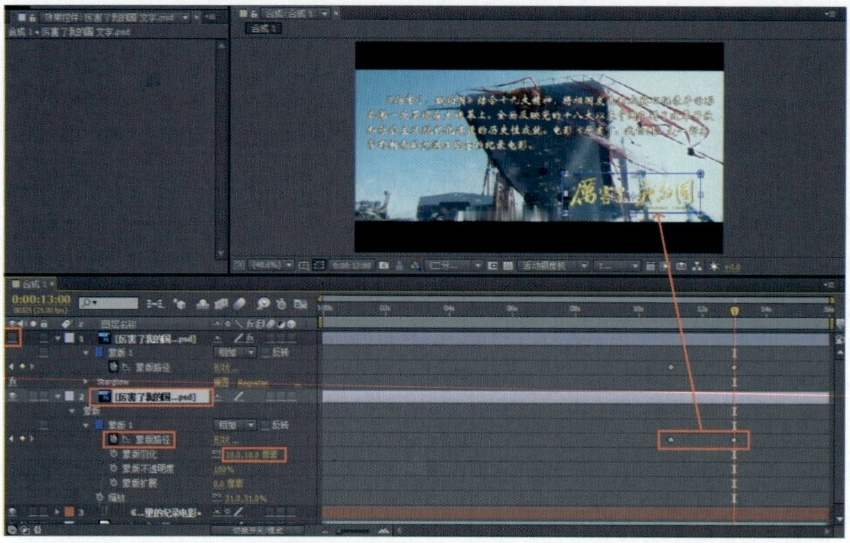

图 4-61　设置第二层主题文字产生从左至右逐字显示效果

图 4-62　设置音频与总体渲染

4.10 “扫光与过光”实例

“扫光与过光”实例完成效果，如图 4-63 所示。

4.10.1 制作扫光效果

1．创建合成

在菜单栏中执行“合成 > 新建合成”命令，在弹出的“合成设置”对话框中注意选择预设模式为“HDV/HDTV 720 25”，持续时间为 5 秒。导入素材后添加主题文字至“时间轴”面板后，选中“主题文字”并执行“图层 > 预合成”命令，在弹出的“预合成”对话框中选择“将所有属性移动到新合成”，如图 4-64 所示。

2．添加发光特效并设置关键帧动画

（1）选中预合成的“主题文字”图层，按 Ctrl + D 键复制一层，为了便于区分后面将要做的过光效果，这里可以修改主题文字图层的名称为“主题文字—扫光”。接着选中第一层（上面的那层），执行“效果 > TRAPCODE > Shine”命令给图层添加发光效果。然后将时间指针移到 1 秒位置（即要做文字扫光动画的中间时刻），按下键盘上的 E 键，在时间轴上调出“Shine”（发光）特效属性，调节光的位置、颜色、长度、强度，并设置相关属性的关键帧，如图 4-65 所示。

图 4-63　“扫光与过光”实例完成效果

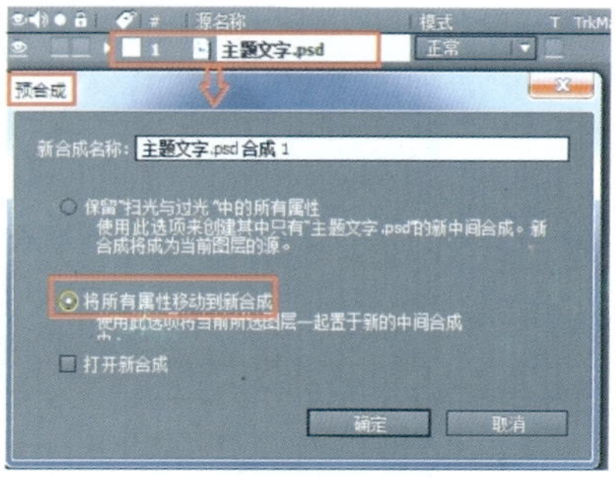

图 4-64　预合成设置

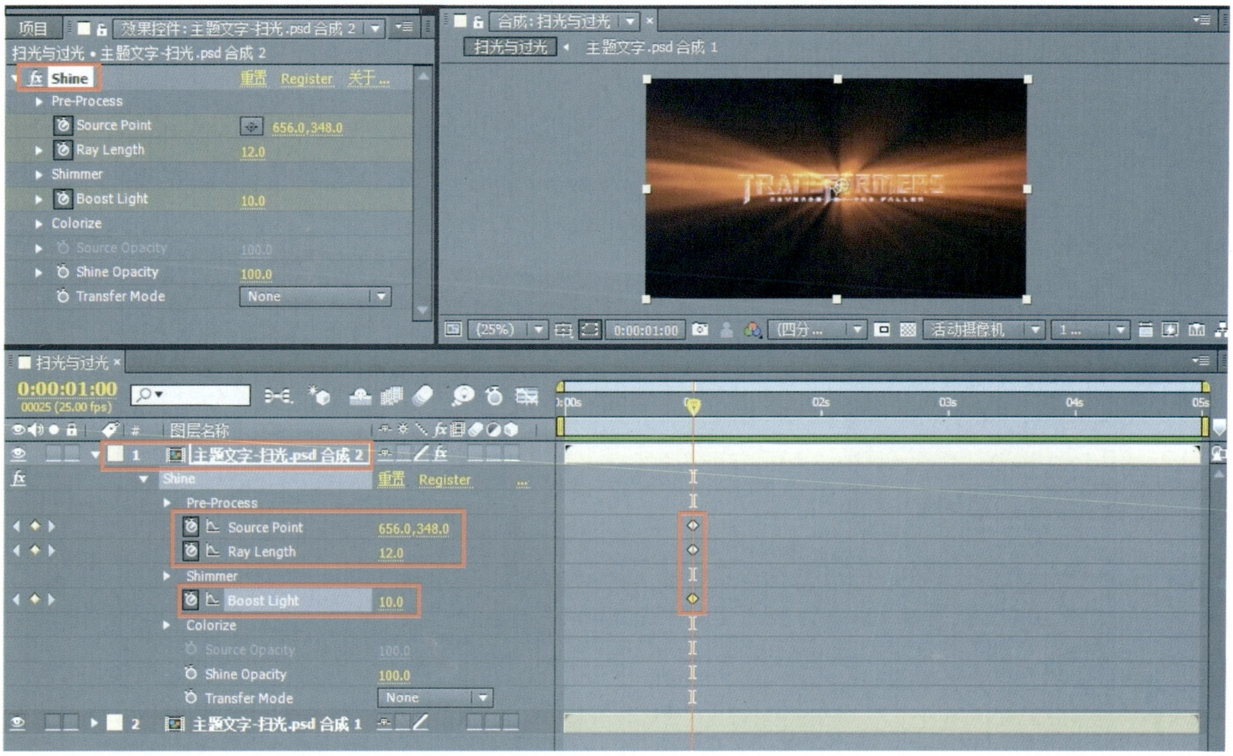

图 4-65　设置扫光在中间时刻相关属性的关键帧

（2）分别将时间指针移到要做发光动画开始（0 秒）和结束（2 秒）的位置，然后在这两个时刻设置位置属性关键帧，使得光从右向左扫过。接着设置光的长度、强度属性关键帧，使得这两个时刻没有光发出来。同时通过设置“Shine Opacity”（光的不透明度）属性关键帧使得光在开始出现淡入和在结束出现淡出效果，添加扫光音效，如图 4-66 所示。

4.10.2　制作过光效果

1．编辑图层和添加蒙版（遮罩）

（1）从“项目”面板中将“主题文字 .psd”添加至“时间轴”面板中，按下 Enter 键后修改其图层名称为“主题文字—过光 .psd”后，按 Ctrl + D 键复制一层。接着新建“纯色层”（在时间轴空白处右击，在弹出的快捷菜单中选择“新建 > 纯色”命令；也可以执行菜单“图层 > 新建 > 纯色”命令），并设置好纯色层的颜色（如果将要做的过光颜色为白色，就把纯色层设置为白色），命名为“过光蒙版”（也可以默认名称，用户自己能区分就行），然后将新建的纯色层移到两个“主题文字—过光 .psd”图层的中间，并对图层做基本的剪辑，如图 4-67 所示。

（2）添加蒙版（遮罩）并设置蒙版的形状。将时间指针移到要做过光效果图层的开始位置，直接利用矩形工具在“过光蒙版”纯色层上绘制蒙版并设置蒙版范围和角度变化（可以利用旋转工具对选择好的遮罩范围进行角度变化），如图 4-68 所示。

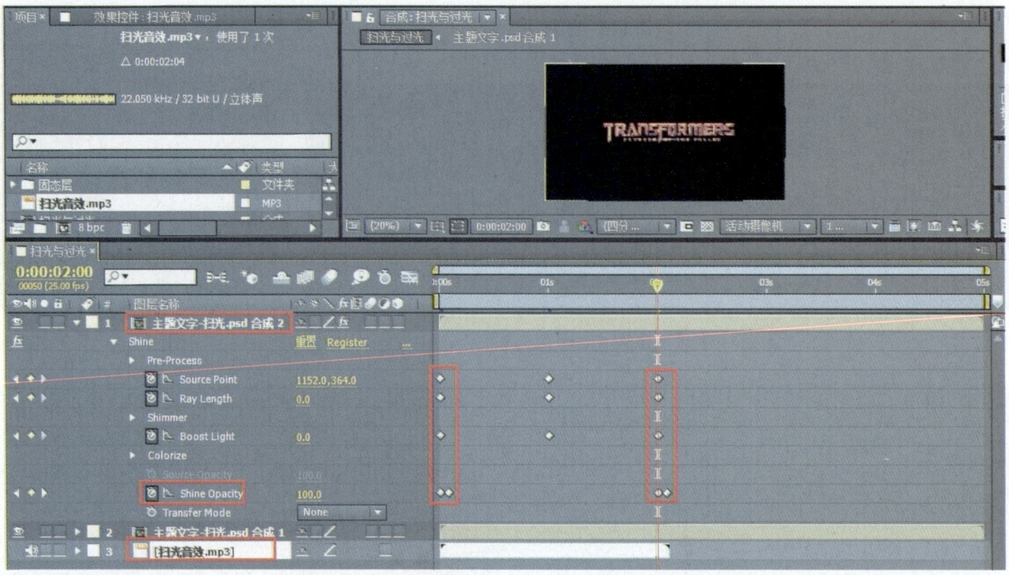

图 4-66　分别设置光在开始和结束时刻的关键帧

图 4-67　设置纯色层与图层的剪辑

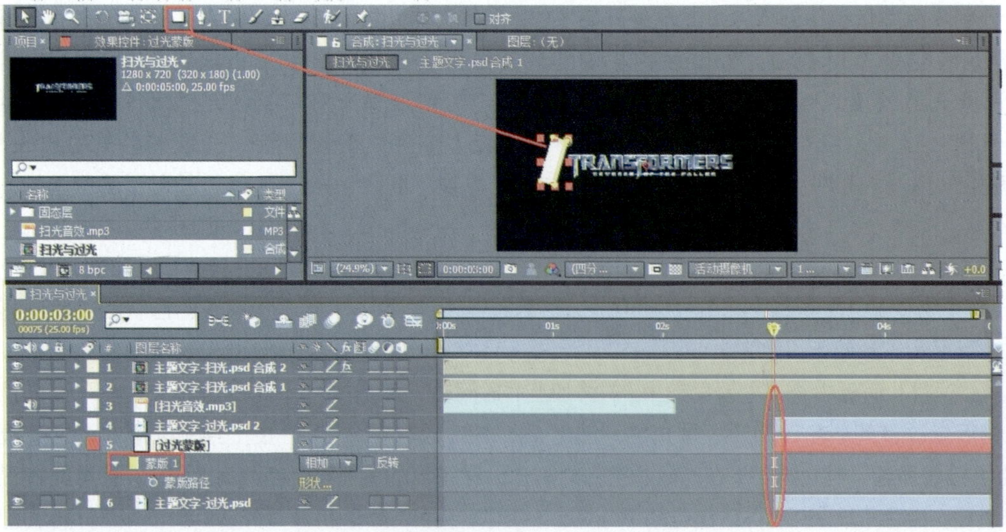

图 4-68　添加蒙版（遮罩）并设置蒙版的形状

说明：如果要移动蒙版（遮罩）或蒙版（遮罩）点，将鼠标放到约束框（框住遮罩的矩形框）中拖动。要旋转遮罩或遮罩点，将鼠标放到约束框附近，当鼠标变成双箭头形状时，拖动即可旋转。

2．设置过光动画效果

（1）将时间轴模式切换到“T- 轨道遮罩”模式，设置“过光蒙版”图层的轨道蒙版为“Alpha 遮罩”（使得“过光蒙版”图层与其上一层文字透明）。然后，通过设置“蒙版路径”属性关键帧实现蒙版从左向右移动，同时注意对上面两层发光的图层进行适当的剪辑，如图 4-69 所示。

（2）选中添加蒙版的纯色层，执行“效果 > 模糊和锐化 > 高斯模糊”命令，设置高斯模糊特效的参数。加入音效素材，选择范围渲染并输出，如图 4-70 所示。

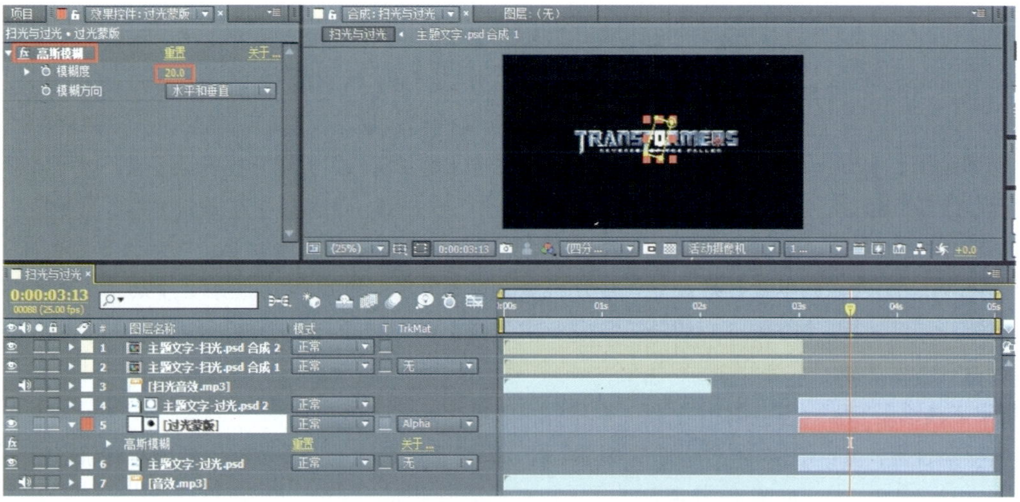

图 4-69　设置“蒙版”从左向右移动

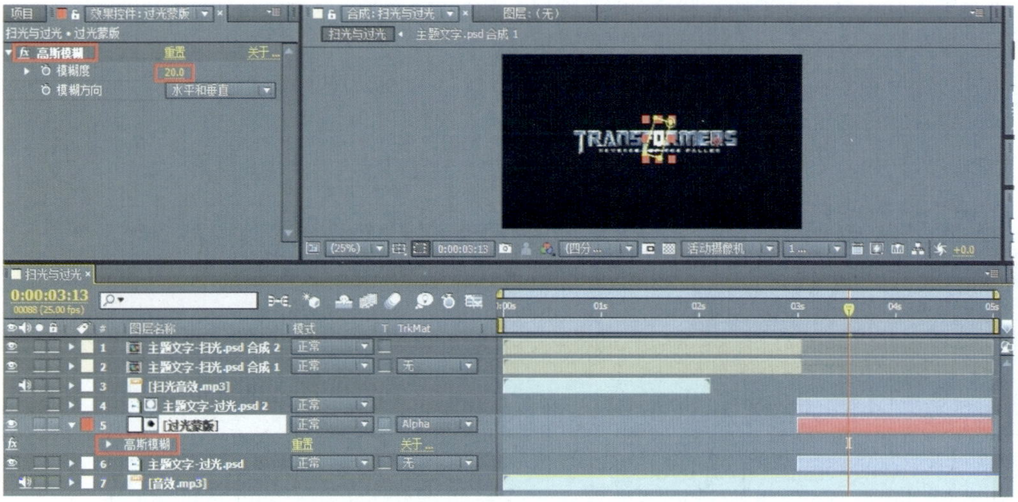

图 4-70　添加高斯模糊特效

“非诚勿扰”电视栏目片头

“人物访谈”电视栏目片头

“中文国际”新闻（过光）

灯光工厂效果

4.11 “遮罩与弹性脚本动画基础”实例

“遮罩与弹性脚本动画基础”实例完成效果，如图 4-71 所示。

说明：本实例需用到 AE 动效插件 Motion 2，请首先安装。

Motion 2 是一款 MG 动画的插件，里面有十一种常用功能，节省了我们做动效的时间，是一款方便易学的插件。Motion 2 可自定义表达式添加到您的项目，自由控制图形编辑器，让你快速制作渴望运动图形 MG 效果！

图 4-71 “遮罩与弹性脚本动画基础”实例完成效果

4.11.1 添加蒙版与设置缩放动画

1. 创建合成与基本编辑

在菜单栏中执行“合成 > 新建合成”命令，在弹出的“合成设置”对话框中注意选择预设模式为“HDV/HDTV 720 25”，持续时间为 4 秒。导入素材后进行基本编辑与设置，注意利用锚点工具移动“蘑菇图”的中心点至其根部位置，如图 4-72 所示。

2. 添加蒙版并设置缩放动画

复制“背景图”图层（快捷键 Ctrl+D）至图层 1，然后给图层 1 添加一个“矩形蒙版”，注意设置矩形蒙版的范围和羽化等；然后对图层 2（蘑菇图）设置 2 秒的缩放动画（由小到大），如图 4-73 所示。

4.11.2 添加 Motion 2 产生弹性动画

选中图层 2（蘑菇图）所有的缩放动画关键帧，然后执行菜单栏中的“窗口 > Motion 2.jsxbin”命令（即“窗口”菜单下拉的最下面，就可以看到脚本“Motion 2.jsxbin”了），在 Motion 2 面板中选择 EXCITE（弹性），这时 EXCITE 特效就加载到图层 2 的“缩放”属性上，注意调节 EXCITE 相关参数并加入音效后预览整体效果，如图 4-74 所示（注意，首次调出 Motion 2，需要“勾选”并继续）。

4.11.3 对 Motion 2 的主要功能的了解

经过上面的练习实验，有必要对 Motion 2 界面的主要功能有所了解，如图 4-75 所示。

1. EXCITE（弹性）

选择首尾两个关键帧，单击“EXCITE”按钮可以实现弹性效果——时间越短，回弹效果越强烈（要在没有调整过曲线时，可实现回弹效果）。

2. BLEND（缓和）

平均混合，单击 BLEND 按钮，使极端的帧数变缓和。

3. BURST（爆炸）

设定好参数、高度等数值，会实现出不同的爆炸效果。

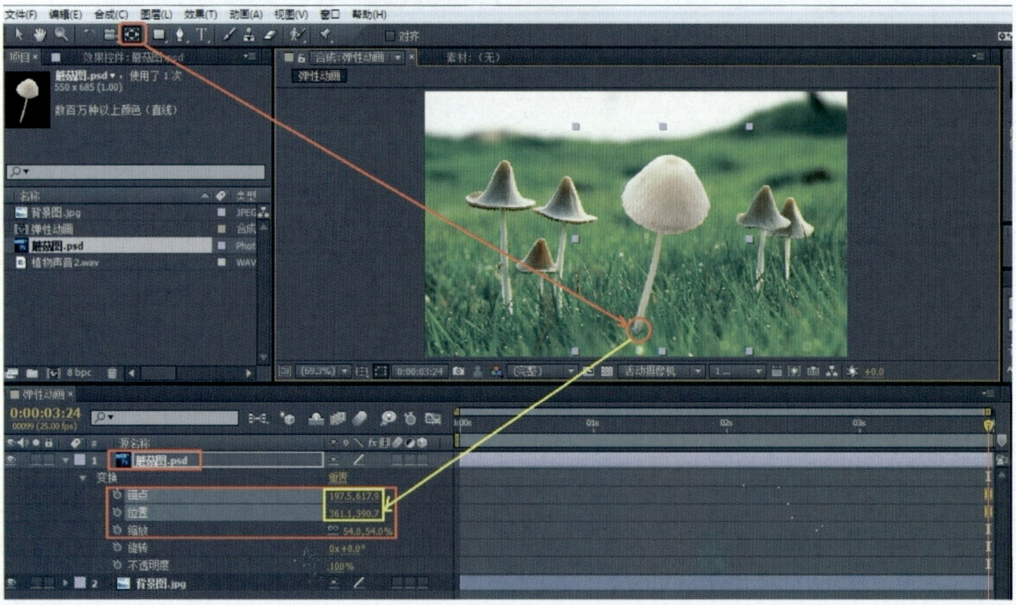

图 4-72 基本编辑与设置

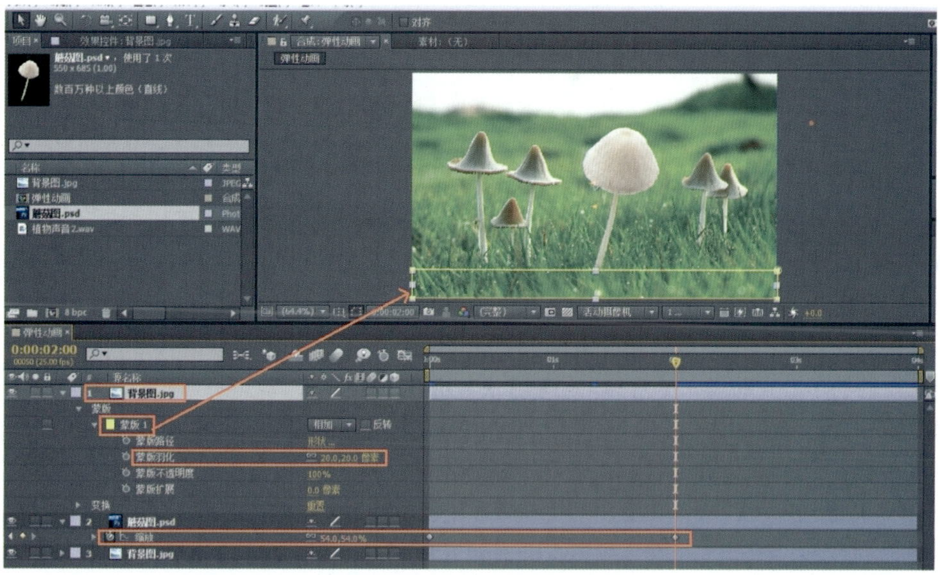

图 4-73　添加蒙版并设置缩放动画

图 4-74　添加 Motion 2 产生弹性动画

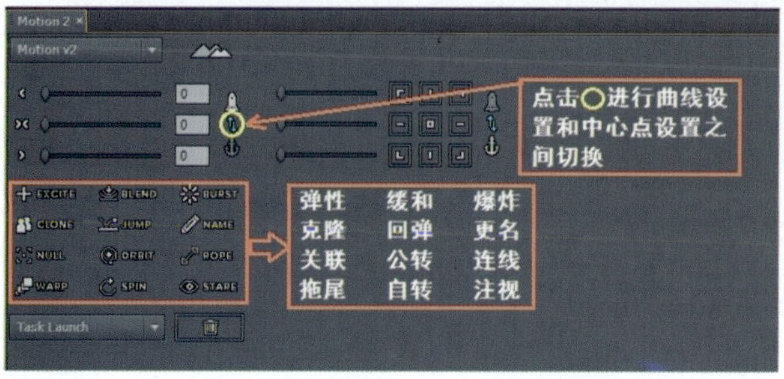

图 4-75　Motion 2 主要功能布局

4. CLONE（克隆）

这个工具非常常用，复制帧数是经常要做的操作，如果全选想要复制的所有帧数，单击 CLONE 按钮立刻就可以实现所有帧数的复制。

5. JUMP（回弹）

和 EXCITE 不同，JUMP 主要用于制作弹跳的效果。可以设置指定的高度，次数进行弹跳。

6. NAME（更名）

选择要改名字的图层，单击 NAME 按钮可快速为图层改名。

7. NULL（关联）

当多个物体已经做好位置变化时，想要同时移动位置，单击 NULL 按钮可以同时改变位置，并且不会破坏原有的路径变化。

8. ORBIT（公转）

设定一个图层为另外一个图层的中心点，可调整距离、移动、速度、方向等参数。

9．ROPE（连线）

选择想要连线的图层，单击 ROPE 按钮形成连线效果，线可以改变颜色。

10．WARP（拖尾）

使物体在移动时，有拖尾的效果，也可以做投篮的效果。可以调整参数的高度、个数等。

11．SPIN（自转）

图形可根据自己的中心点位置而旋转。只需要画一个图形，单击 SPIN 按钮便可实现自转。

12．STARE（注视）

图形 A 设置它的位移，图形 B 单击“STARE”展开—效果—旋转—StareTarget—图层中选择图形 A。图形 B 便可以始终指向图形 A。

4.12 “眨眼与摇动动画”实例

“眨眼与摇动动画”实例完成效果，如图 4-76 所示。

说明：本实例也需用到 AE 动效插件 Motion 2，请注意安装。

4.12.1 制作眨眼动画

1．创建合成与抠像

在菜单栏中执行“合成 > 新建合成”命令，在弹出的“合成设置”对话框中注意选择预设模式为“HDV/HDTV 72025”，持续时间为 4 秒。导入素材后进行基本编辑与设置。选中“龙猫 .jpg”，执行“效果 > 键控（抠像）> Keylight1.2”命令，在 Keylight 效果控制面板中，单击小吸管，然后在“合成“面板的“龙猫 .jpg”绿色区域单击一下，会看到绿色区域消失，如图 4-77 所示。

图 4-76 “眨眼与摇动动画”实例完成效果

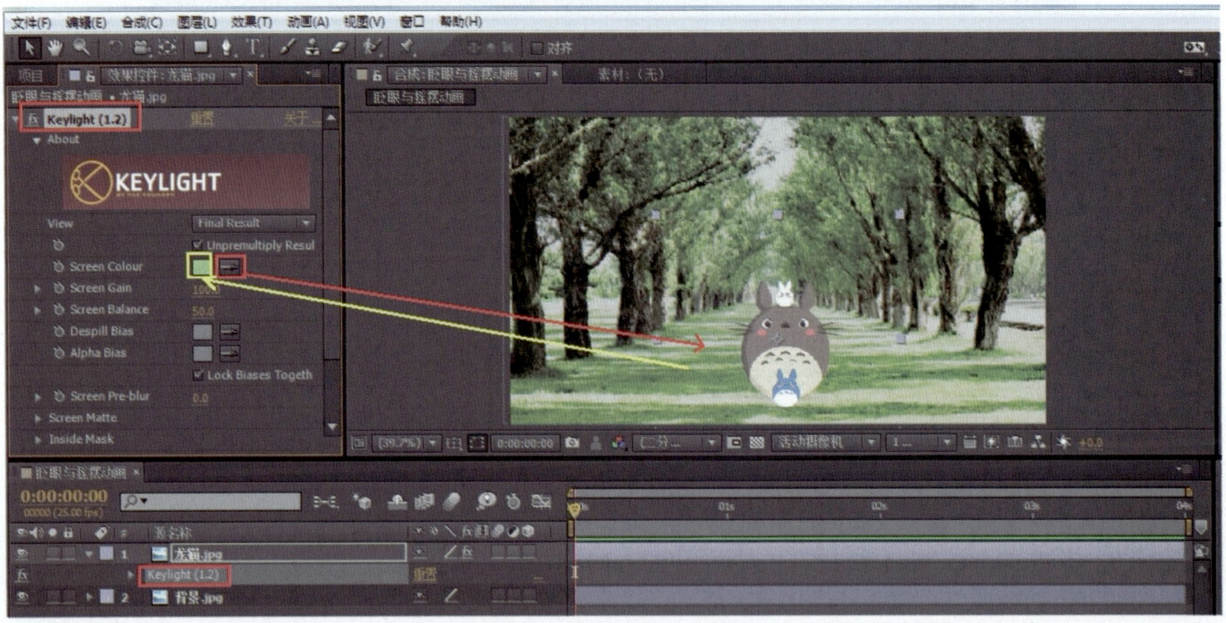

图 4-77 抠除主题图片绿色背景

2．单独将眼睛区域抠出来

复制一层“龙猫.jpg”到图层1，然后将图层1改名为“龙猫眼睛”(选中图层按Enter即可修改图层名称)；接着利用钢笔工具或椭圆蒙版工具将图层1(“龙猫眼睛”图层)的龙猫眼睛抠出来(抠图时注意放大合成窗口比例便于操作)，如图4-78所示。

3．利用仿制图章工具擦除眼睛区域

双击“图层2”(龙猫.jpg)至“图层”面板，然后利用仿制图章工具擦除“图层2”的眼睛区域(注意放大图“层窗”口比例便于操作)，如图4-79所示。

4．设置蒙版关键帧实现眨眼动画

回到“合成”面板，调出“图层1”(龙猫眼睛层)的“蒙版1”和“蒙版2”，并分别设置“蒙版1”和“蒙版2”的“蒙版路径”关键帧，实现眨眼动画，如图4-80所示。

4.12.2　制作摇摆动画

1．将耳朵区域抠出来

选中图层2(龙猫.jpg)复制2遍，将复制的2个“龙猫.jpg”图层分别放在图层1和图层2，然后将图层1改名为“龙猫左耳”，图层2改名为“龙猫右耳”，并分别将这2个图层上的“绘画”特效删除；接着利用锚点工具分别将“龙猫左耳”图层和“龙猫右耳”图层的中心点分别移到各自耳朵下端；再利用钢笔工具分别将图层1和图层2对应的龙猫耳朵抠出来(抠图时注意放大合成窗口比例便于操作)，如图4-81所示。

图4-78　将主题图片眼睛部分区域抠出来

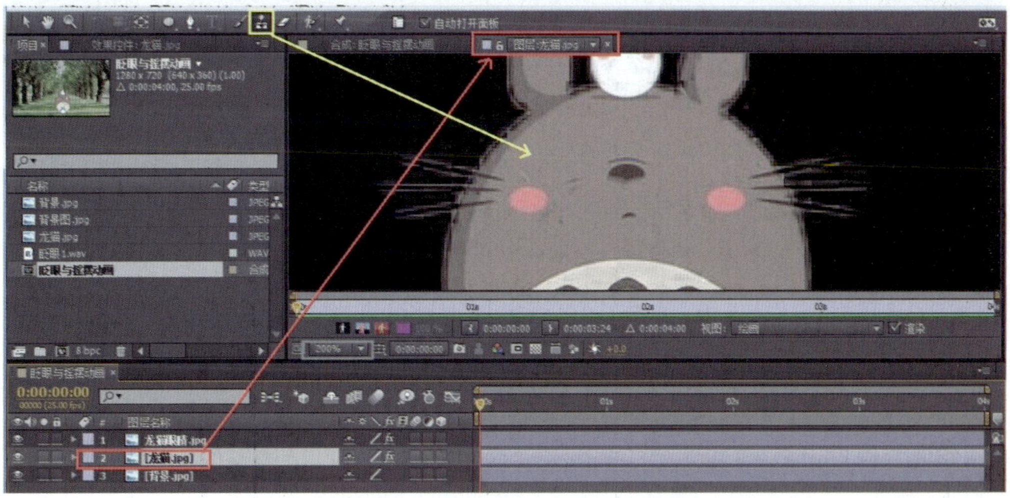

图4-79　在“图层”面板利用仿制图章工具擦除眼睛区域

图 4-80 设置“蒙版路径”关键帧实现眨眼动画

图 4-81 将“龙猫”耳朵区域抠出来

2. 抠除左耳朵区域

首先关闭“图层1”和“图层2”的显示，接着选中图层4（龙猫.jpg），单独对其执行“预合成”（即执行“图层>预合成>将所有属性移动到新合成”命令）操作后，然后将“图层1”的“蒙版1”拷贝至新图层4（龙猫.jpg合成1）上后，此时在“合成”面板中将“图层4”上的“蒙版1”移至该图层的左耳区域并进行适当的调节，注意勾选蒙版的“反转”复选框，如图4-82所示。

3. 抠除右耳朵区域

选中图层4（龙猫.jpg合成1），单独对其执行“预合成”（即执行“图层>预合成>将所有属性移动到新合成”命令）操作后，然后将“图层2”的“蒙版1”拷贝至新图层4（龙猫.jpg合成1）上后，此时在“合成”面板中将“图层4”上的“蒙版1”移至该图层的右耳区域并进行适当的调节，注意勾选蒙版的“反转”复选框，如图4-83所示。

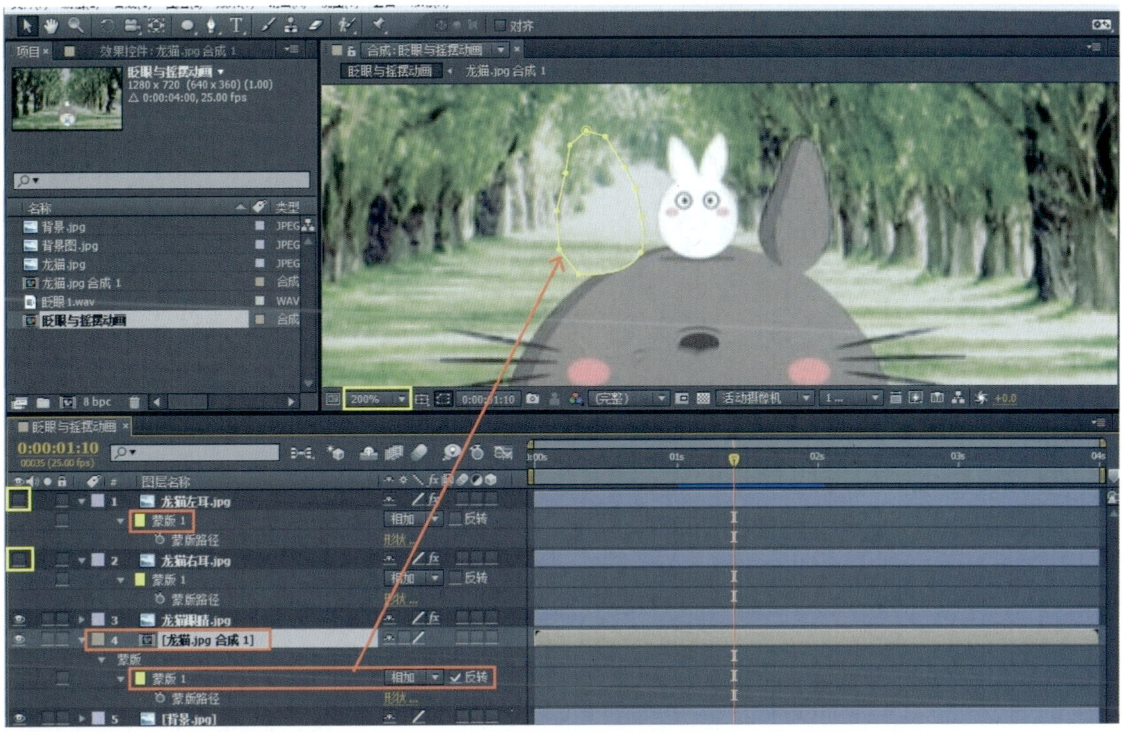

图 4-82 抠除左耳朵区域

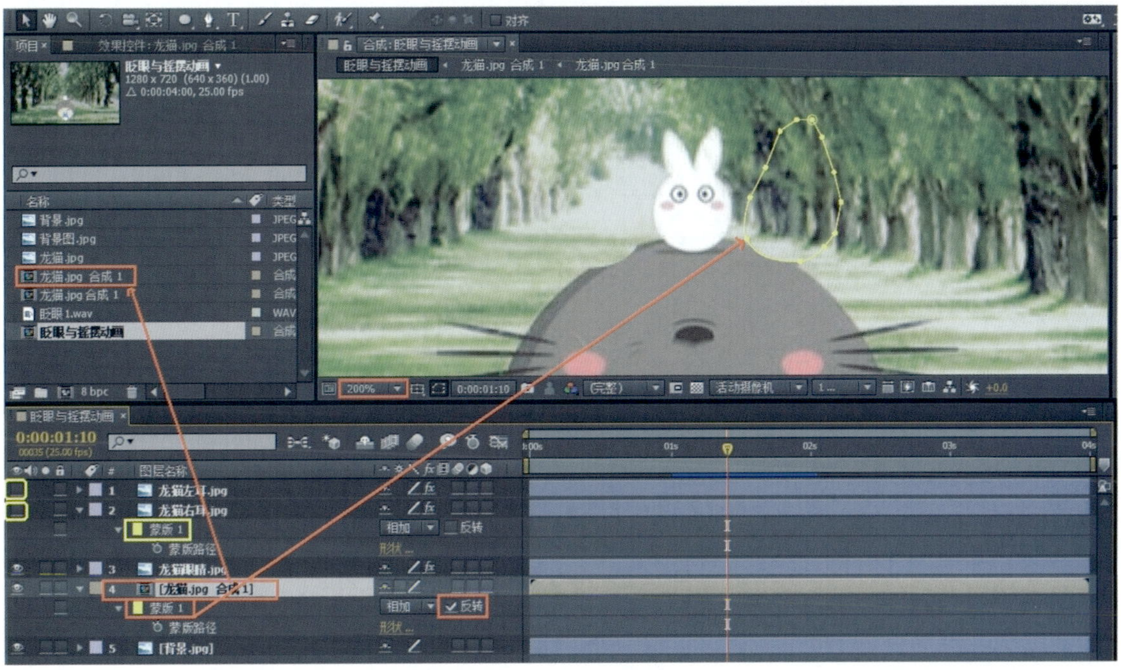

图 4-83 抠除右耳朵区域

4. 制作两只耳朵的摇摆弹性动画

打开“图层 1”和“图层 2”的显示，然后分别设置“图层 1”和“图层 2”的“旋转”关键帧产生左右摇摆动画后；接着选中两个图层的“旋转”的所有关键帧，然后执行菜单栏中的“窗口 > Motion 2.jsxbin”命令，在 Motion 2 面板中选择 EXCITE（弹性），这时 EXCITE 特效就分别加载到“图层 1”和“图层 2”的“旋转”属性上产生了弹性动画，注意调节 EXCITE 相关参数并加入音效后预览整体效果，如图 4-84 所示。

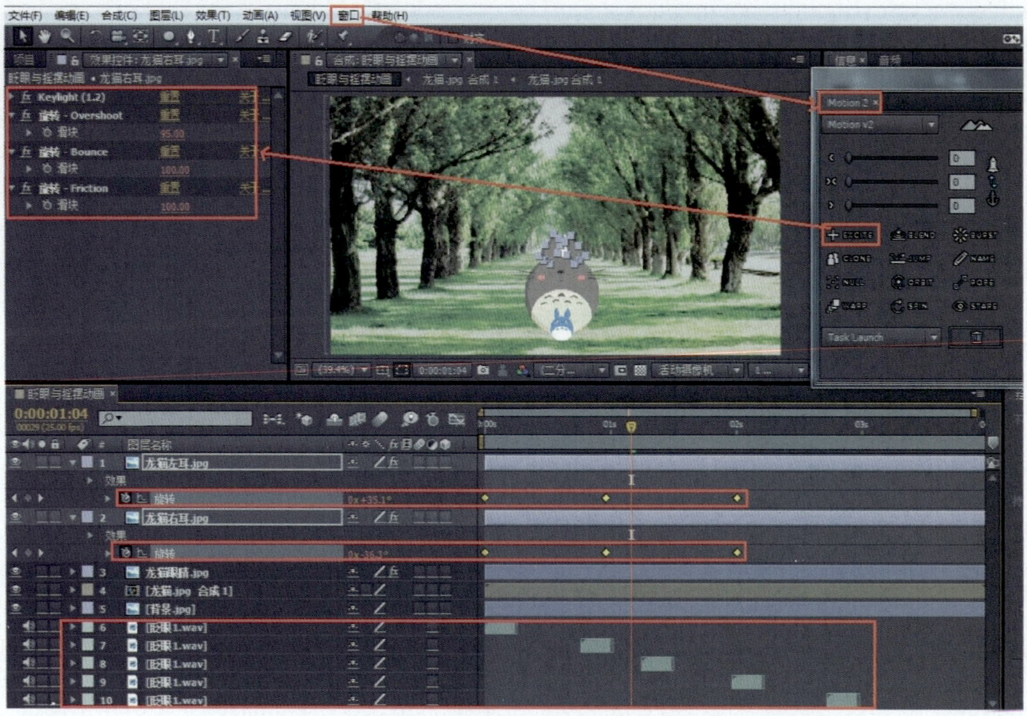

图 4-84　制作两只耳朵的摇摆弹性动画

复习与思考

1. 简述图层的模式、种类及其特点。
2. 图章工具与画笔工具的使用技巧是什么?
3. 蒙版（遮罩）的移动、修改和旋转等常规操作技巧是什么?
4. 蒙版（遮罩）关键帧的设置技巧是什么?
5. Motion 2 的主要功能有哪些?

第5章 跟踪、稳定与摇摆器

本章简介

本章主要介绍了运动跟随、稳定跟踪、摇摆器的基础知识与基本操作，旨在使学生熟练掌握画面的稳定、一点跟踪、四点跟踪原理和方法以及摇摆器的应用技巧，为以后的操作奠定基础。

学习目标

1. 掌握运动跟踪的设置技巧。
2. 掌握跟踪区域的选择技巧。
3. 掌握透视边角定位跟踪的应用技巧。
4. 掌握运用稳定跟踪对素材进行平稳处理的技巧。
5. 掌握摇摆器的应用技巧。

5.1 对“跟踪”的理解

跟踪（Tracking）是一个非常强大而特殊的动画功能，可以对动态素材中的某个或某几个指定的像素点进行跟踪处理，然后将跟踪结果作为路径依据，进行各种特效处理。

在 AE 中，实现跟踪有两种方法，分别是运动跟踪和稳定跟踪。

运动跟踪一般用于将跟踪路径应用在其他层上，使一个层跟踪另一个层上的某个或某几个像素等情况。运动跟踪器以在第一帧中选择的区域中的像素为标准，来记录后续帧的运动。对于不同类型的运动，需要采取不同的追踪方式，有时需要定义一个或多个追踪区域才能够完成。例如，利用位置追踪将灯光合成到轻轨机车的照明灯上，追踪的特征区域就设置为车头的照明灯。

稳定跟踪一般应用在防止画面摇晃和抖动上。例如，我们可以对飞机的翅膀进行跟踪，并加上烟雾特效。

无论是运动跟踪还是稳定跟踪，一定要在图层窗口中进行处理。

5.2 “火焰跟踪”实例

“火焰跟踪”实例完成效果，如图 5-1 所示。

说明：由于本实例须用到“DE Fire（火焰插件）”效果，所以要先将该插件安装好。

5.2.1 创建合成与设置火焰特效

在菜单栏中执行“合成 > 新建合成”命令，在弹出的“合成设置”对话框中注意选择预设模式为“HDV/HDTV 720 25”，持续时间为 5 秒。将“飞机”素材添加至时间轴上，接着选中“飞机”素材图层，执行菜单栏中的“效果 > Digieffects Delirium v2.5 > DE Fire”命令，然后设置“DE Fire（火焰）”相关参数和关键帧动画（使火焰慢慢变大），如图 5-2 所示。

说明：这里不要设置“DE Fire（火焰）”的位置，默认即可。通过设置“DE Fire（火焰）”的“Preroll Frames、Fire Amount（产生火焰的数量）、Min Size、Max Size、Min Opacity、Max Opacity”的关键帧（关键帧可以从后往前设置），使火焰从无到有，从小到大，体现火焰燃烧强度的变化。

5.2.2 设置火焰的跟踪运动效果

1. 设置跟踪区域

将时间指针移到开始位置，执行菜单栏中的“动画 > 跟踪运动”命令后，系统弹出“跟踪器”控制面板，“合成”面板也自动切换到“层”面板模式。然后使用工具箱中的选择工具，在层预览窗口中定位好要跟踪的区域（跟踪区域的选择应是明显的目标，并且与周围图像有较大的对比，例如有不同的颜色、亮度以及饱和度）。同时，要注意在定位跟踪区域将层面板图像放大（按主键盘上的“句号”即“。”键可以放大层面板；按“逗号”即“，”键则缩小层面板），以精确地定义要跟踪区域。还要注意在“跟踪器”面板中设置“运动目标（编辑目标）”为“火焰点”，即“DE Fire/Burn Point”，如图 5-3 所示。

图 5-1 “火焰跟踪”实例完成效果

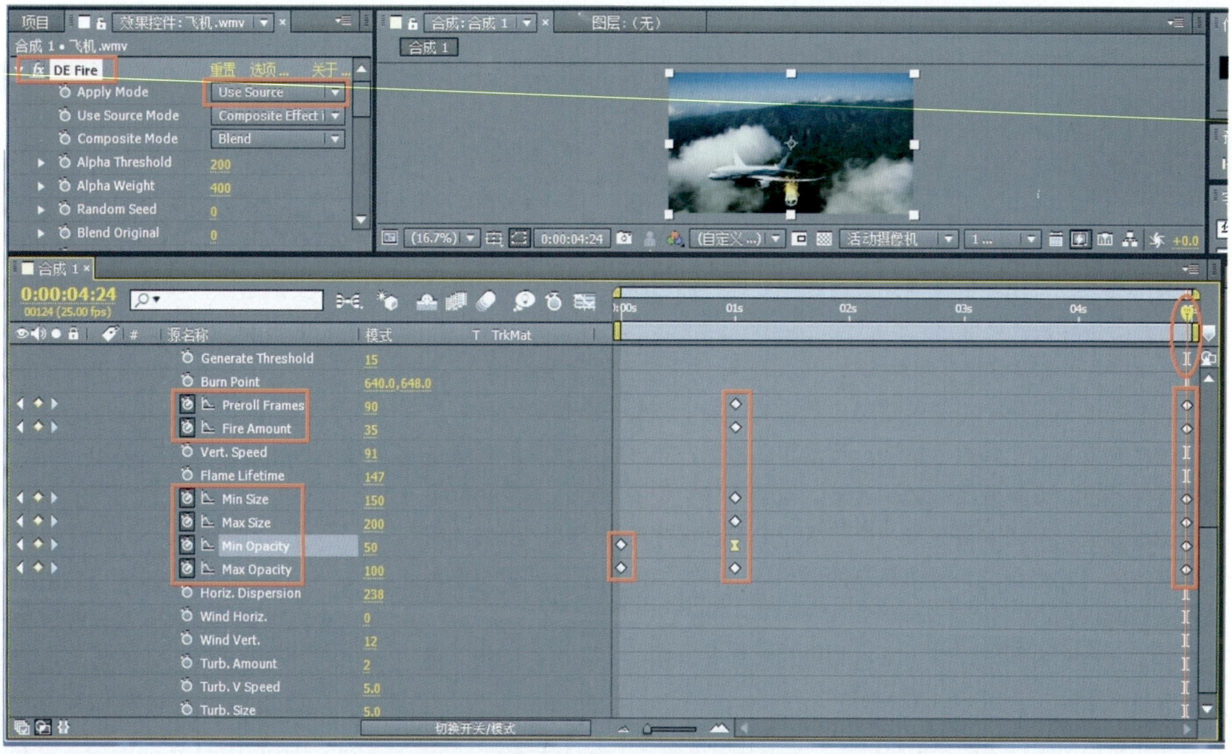

图 5-2 设置“DE Fire（火焰）”的关键帧动画

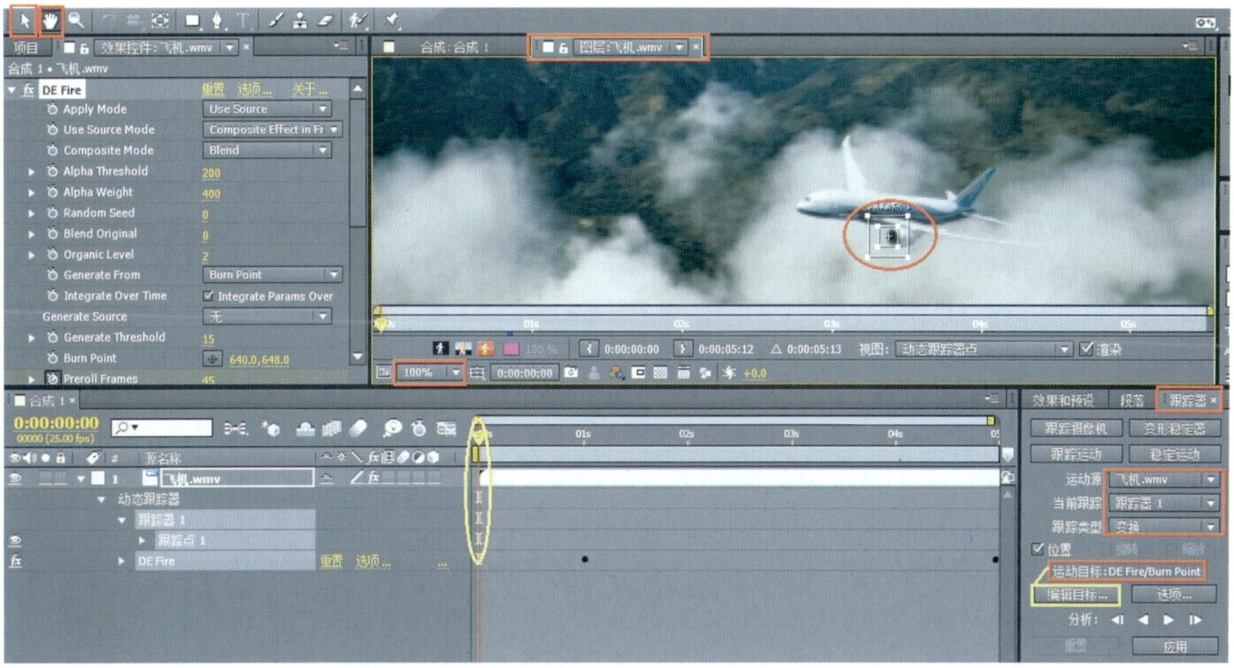

图 5-3 “跟踪器”面板的设置及层窗口设置的跟踪区域

（1）对“定义一个追踪范围”的理解。追踪范围由两个方框和一个十字线组成，以十字线为追踪点。追踪点与其他层的轴心点或效果点相连。当追踪完成后，结果将以关键帧的方式记录到图片层的相关属性。追踪点在整个追踪过程中不起任何作用，它只是用来确定其他层在追踪完成后的位置情况。追踪点不一定要在特征区域内，可以拖动它到任何地方。

里面的方框为特征区域，它用于定义追踪目标的范围。系统记录当前特征区域内对象的明度和形状特征，然后在后续帧中以这个特征进行匹配追踪。对影像进行运动追踪，要确保特征区域有较强的颜色或亮度特征，与其他区域有高对比度反差。在一般情况下，前期拍摄过程中，要准备好追踪特征物体，以使后期达到最佳的合成效果。

外面的方框为搜索区域，较小的搜索区域可以提高追踪的精度和速度。但是搜索区域一般最少需要包括两帧追踪物件的位移移动的范围。所以被追踪素材的运动速度越快，两帧之间的位移越大，搜索区域的大小也要相应地增大。

（2）对“跟踪器”的说明。

1）运动源：选择运动追踪的目标层。

2）当前跟踪：当前使用的追踪器。

3）跟踪类型：下拉菜单中有五个选项，分别为稳定、变换、平行边角定位、透视边角定位及原始。

4）“位置、旋转、缩放”这三个选项只在使用稳定和变换追踪的时候才可以使用。

5）“编辑目标”按钮。

①图层：指定连接跟踪点的层。

②效果控制点：效果点控制选项。

6）“选项”按钮（见图 5-4）。

①轨道名称：可以输入产生跟踪的数据名称。

②跟踪器增效工具：默认情况下使用“内置”。

③通道：跟踪使用的通道。在跟踪的过程中，我们要根据特征区域和其他区域选择明显的通道来进行跟踪。RGB 追踪图像的红色、绿色、蓝色通道；明亮度（Luminance），在跟踪区域比较亮度值；饱和度（Saturation），以饱和度为基准进行跟踪。

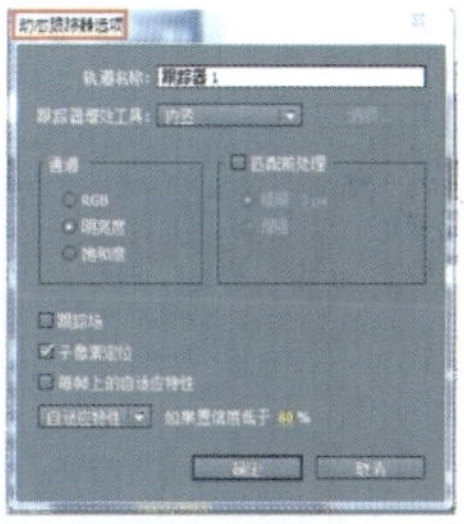

图 5-4 “选项”按钮

④匹配前处理：跟踪前处理。模糊（Blur），是指定追踪进行模糊的像素值，这个模糊不会对素材的清晰度产生影响，它只是用于跟踪，产生较明显的特征区域以便于追踪；增强（Enhance），锐化图像的边缘，增加跟踪的准确度。

⑤跟踪场：勾选此项，如果追踪素材为交错场，则可以在交错视频的两个视频场中追踪运动。

⑥子像素定位：勾选此项，进行子像素匹配。在特征区域中将像素分成更小的部分，在帧间进行匹配，这样可以获得更高的追踪精度。

⑦每帧上的自适应特性：是否适配全部帧特征。

⑧如果置信度低于：用于精度百分比低于指定的宽容度时，系统使用推测运动跟踪隐藏对象的运动宽容度，来计算其被物体遮挡时运动的位置。

2．分析与应用跟踪效果

（1）当所有的参数设置完毕，单击“跟踪器”面板中“分析”跟踪效果的“向前分析”按钮，进行分析（模拟）跟踪。查看跟踪结果，如果基本满意，可以单击“应用”按钮，将追踪的结果应用到效果点上。如果不满意，可以单击追“跟踪器”面板下方的“重置”按钮，重新进行设置追踪。直到满意时，单击“应用”按钮，在弹出的对话框中选择“X 和 Y”，然后单击“确定”按钮，这时在“时间轴”面板会显示相应的关键帧，如图 5-5 所示。

（2）在跟踪分析时，如果发现跟踪错误，可以使用工具箱中的选择工具，在“图层”面板中调节跟踪区域，即在跟踪错误处采用单帧跟踪的方法来进行精确的跟踪（按“单帧分析”按钮进行单帧的跟踪分析），逐帧分析完后再次单击“应用”按钮，使跟踪点定位好要跟踪的区域，如图 5-6 所示。如果后面再次出现偏移，按照上面的方法，重新设置跟踪区域即可。

（3）添加音效后渲染与输出，如图 5-7 所示。

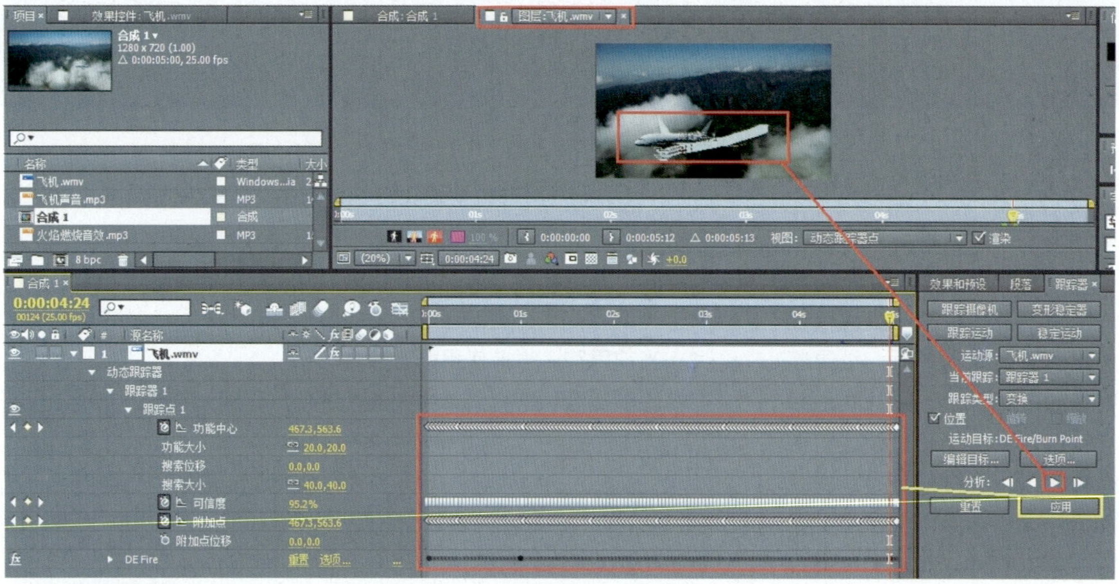

图 5-5　模拟与应用跟踪效果

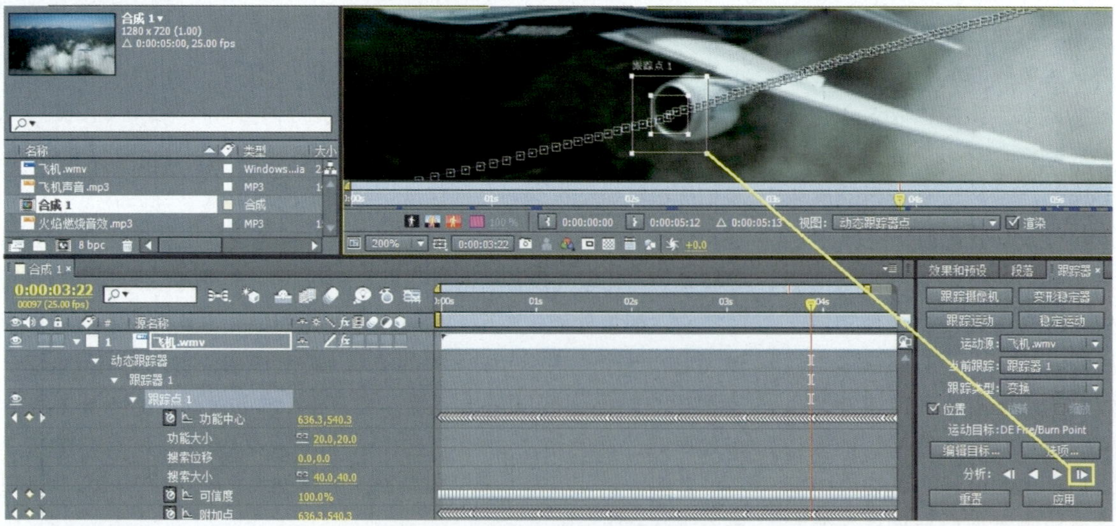

图 5-6　逐帧分析修正跟踪的区域

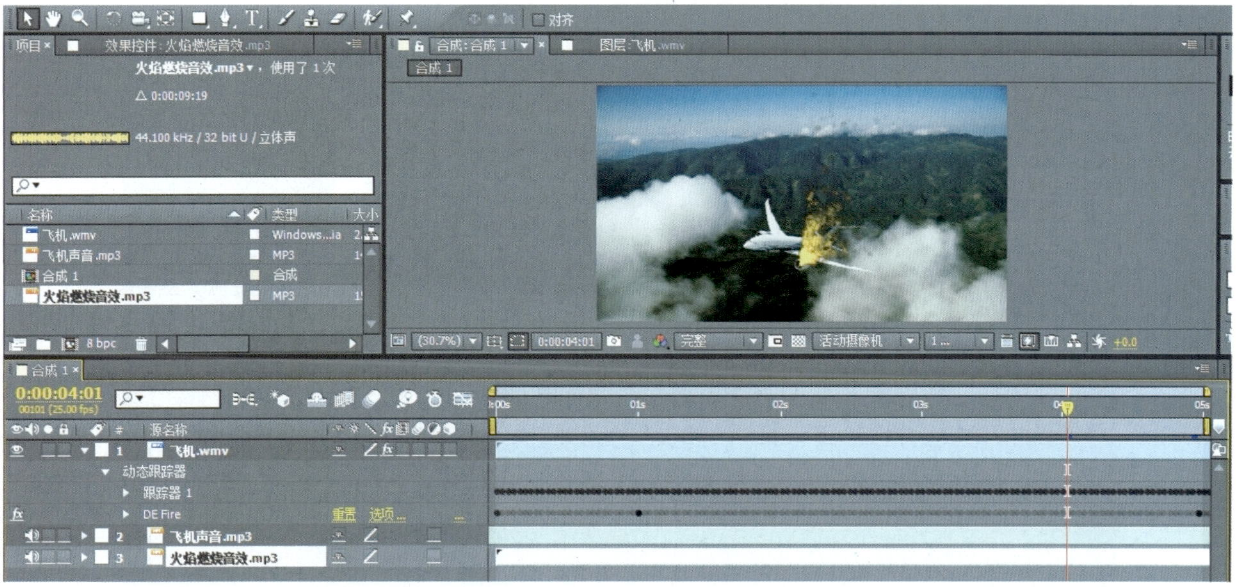

图 5-7 添加音效后渲染与输出

5.3 “透视边角定位跟踪”实例

5.3.1 对“透视边角跟踪”的理解

透视边角跟踪可以在被跟踪的素材上设定四个跟踪区域，同时跟踪素材上四个点的像素变化，在跟踪完成后，自动为跟踪时选定的层增加一个“边角定位”特效，然后将追踪结果记录到“边角定位”特效相应的效果点上。由于是用四个点控制跟踪时选定的层，因此可以产生透视效果。运用透视跟踪可以制作出多种实用的动态效果。“透视边角定位跟踪”实例完成效果，如图 5-8 所示。

5.3.2 创建合成与设置透视边角定位跟踪

1．设置四个跟踪点的位置

在菜单栏中执行“合成 > 新建合成”命令，在弹出的“合成设置”对话框中注意选择预设模式为“HDV/HDTV 720 25”，持续时间为 4 秒。将“相册”素材添加至时间轴上，接着选中“相册”图层，从窗口菜单中调出“跟踪器”面板，单击“跟踪器”面板中的“跟踪运动”按钮，为当前图层添加“跟踪器 1”，这时会自动切换到“图层”面板。然后设置“跟踪类型”为“透视边角定位”，接着在“图层”面板设置四个跟踪点的位置，调整“特征框”和“搜索框”的大小，如图 5-9 所示。

2．分析透视边角定位跟踪

将时间指针定位在开始位置，单击“向前分析”按钮进行跟踪与分析，完成后在时间轴中产生四种跟踪点的关键帧，如图 5-10 所示。

5.3.3 应用透视边角定位跟踪效果

1．指定连接跟踪点的层

在“项目”面板中，将“相框视频 .wmv”文件拖入“时间轴”面板中。回到“跟踪器”面板，单击“编辑目标”按钮，在弹出的对话框中，设置跟踪结果的目标对象为“相框视频 .wmv”，如图 5-11 所示。

图 5-8 “透视边角定位跟踪”实例完成效果

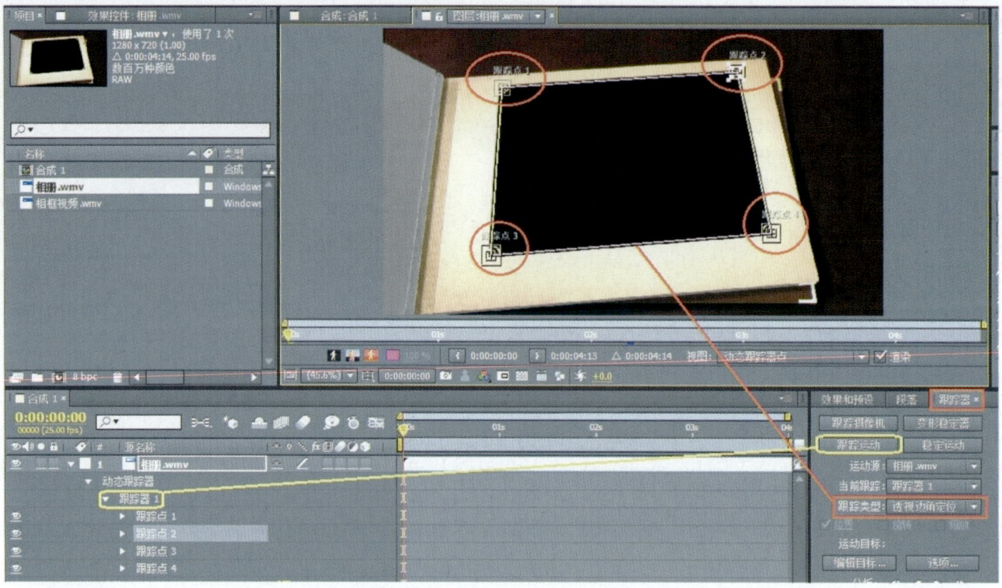

图 5-9 设置四个跟踪点的位置

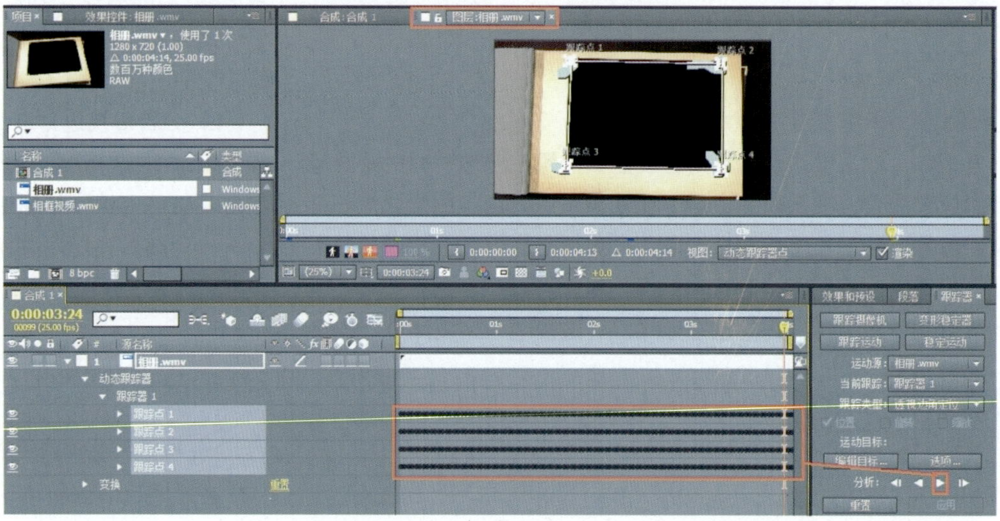

图 5-10 跟踪与分析

图 5-11 指定连接跟踪点的层

2．应用跟踪效果

将时间指针定位在开始位置，单击“应用”按钮，将跟踪结果应用到目标图层“相框视频.wmv”。此时，系统自动为目标图层添加“边角定位”特效，并将数据转化为图层的位置属性和4个控制点的位置关键帧，如图5-12所示。

3．调整输出

适当地调整“相框视频.wmv”的“锚点”和“缩放”参数后，满意预览效果后输出，如图5-13所示。

5.4 “稳定跟踪”（防止画面抖动）实例

5.4.1 对“稳定跟踪”的理解

在实际的拍摄过程中，由于摄像机的抖动引起画面的抖动，这样会影响画面的观赏效果。在After Effects CC中，可以借助“稳定运动”（Stabilize Motion）来对其进行平稳处理。

稳定运动的工作原理是：首先侦测出特征点的起始位置和相对于其他点的起始角度，然后分析出后续帧的特征点的位置和角度，再为层的特征点和角度添加关键帧，这些关键帧的运动方向和旋转角度都和特征点的运动方向、旋转角度相反，这样就“抵消”了画面的跳动和旋转。由此可见，画面的第一帧是整个画面稳定的基础，因此需要保证画面的第一帧是我们需要的效果。

“稳定跟踪”（防止画面抖动）实例完成效果，如图5-14所示。

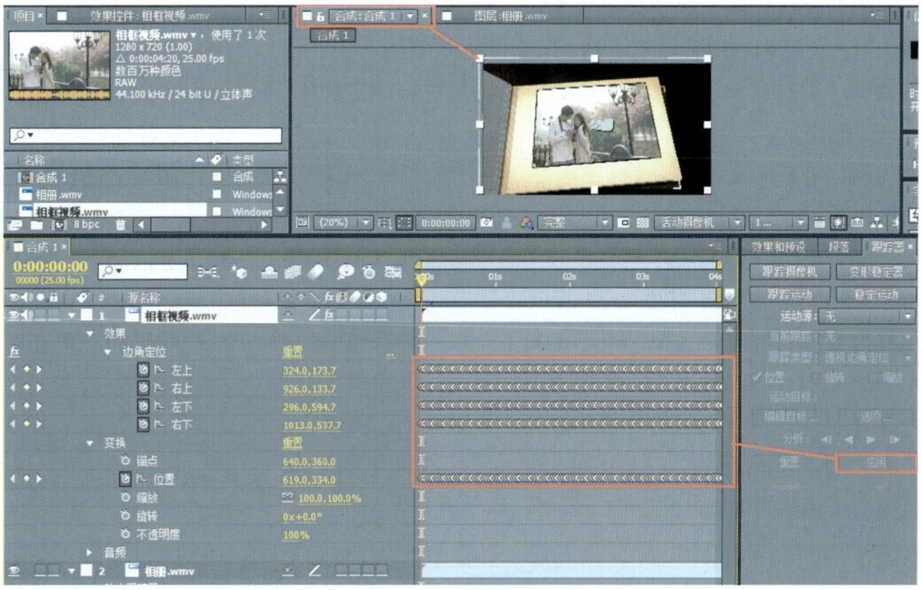

图5-12　应用跟踪效果

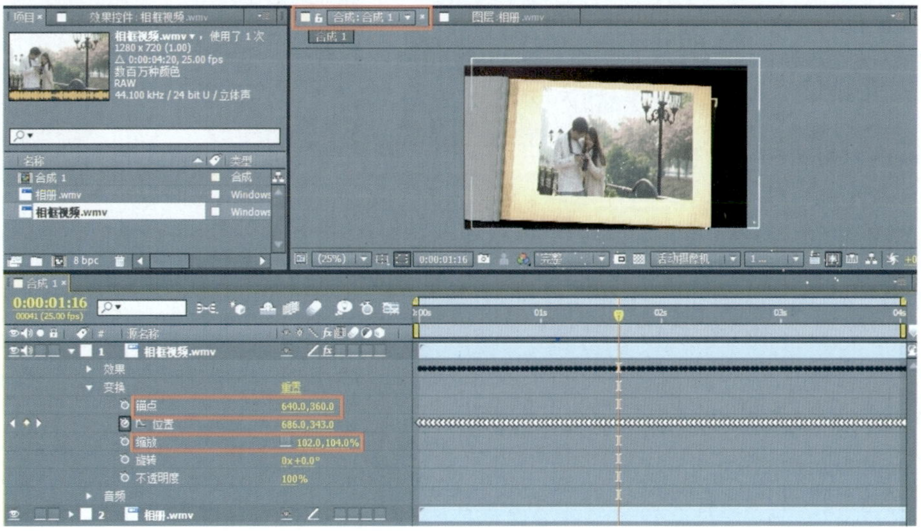

图5-13　预览与输出

图 5-14　“防止画面抖动”实例完成效果

5.4.2　创建合成与设置稳定运动

1．设置稳定运动

在菜单栏中执行“合成 > 新建合成”命令，在弹出的“合成设置”对话框中注意选择预设模式为“HDV/HDTV 720 25”，持续时间为 9 秒。导入“抖动镜头”素材，拖入“时间轴”面板中。从窗口菜单中调出“跟踪器”面板，单击“跟踪器”面板中的“稳定运动”按钮，给图层添加运动稳定控制，具体设置（勾选位置和旋转）如图 5-15 所示。

说明：需要选择“编辑目标”层，因为是对自身图层进行稳定操作，所以目标层就是本身图层。

2．设置特征区域

将时间指针移动到素材的第 1 帧位置，然后设置即将跟踪的两个特征区域（选择跟踪点，选择一个色彩、形状、对比度较大的跟踪点），在“图层”面板上会出现跟踪点，即两个方框，如图 5-16 所示。

说明：外面的大方框，即搜索区域，用于定义下一帧的跟踪范围。搜索区域的大小与要跟踪对象的运动速度（晃动速度）有关，调得太大，影响精确度（对象运动越快，两帧之间的位移就越大）。里面的小方框，即特征区域，用于定义跟踪的特征范围。AE 记录当前特征区域内对象的明暗度和形状特征，在后续帧画面中以此特征进行匹配，实现跟踪。

5.4.3　分析与应用稳定运动

1．进行模拟跟踪

将时间指针移动到素材第 1 帧位置，单击“向前分析”按钮，对目标点进行追踪。如果中间点产生偏移，找到偏移的时间，在“图层”面板中将跟踪区域的入点设置到该点，在面板中重新调整跟踪区域位置。单击“■”按钮继续跟踪，直到满意为止，如图 5-17 所示。

2．应用跟踪效果

如果觉得模拟跟踪结果满意，单击“应用”按钮，在弹出的对话框中选择“X 和 Y”，然后单击“确定”按钮，将正确的追踪结果应用到目标图层。接着按小键盘上的 0 键，可以看到，现在的素材播放起来已经非常平稳，但是画面的边缘由于图层的旋转和移动露出部分空白，需要放大图层进行调整。选中图层，按 S 键，展开图层的缩放属性，设置“缩放”参数，如图 5-18 所示。

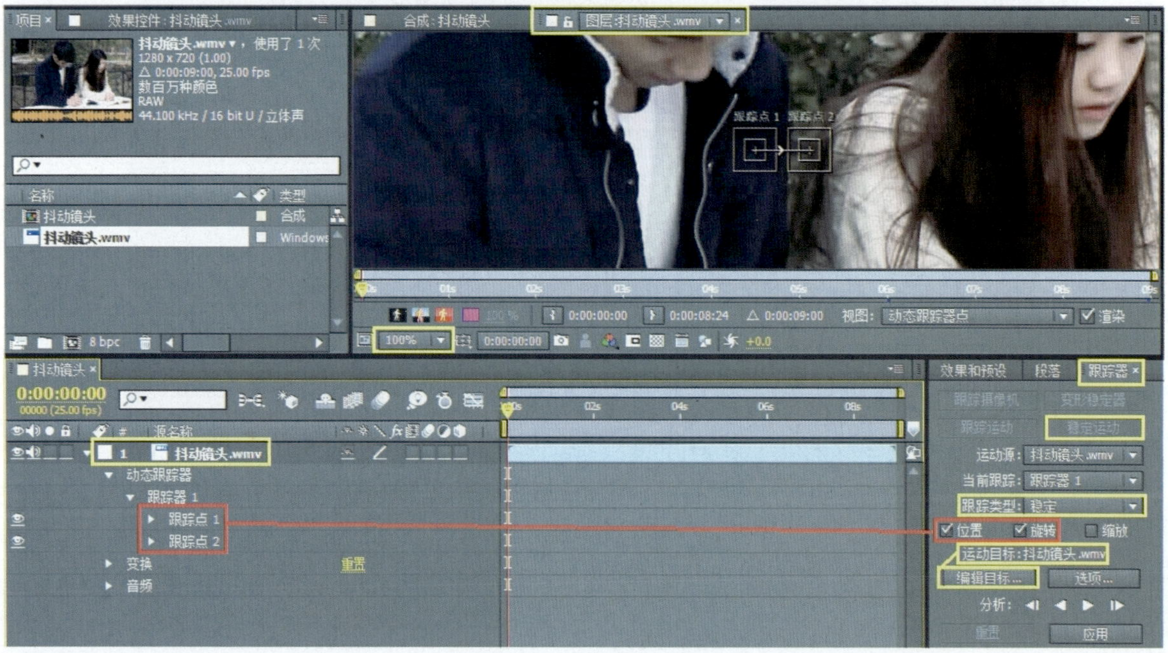

图 5-15　设置稳定运动

图 5-16　设置跟踪的两个特征区域

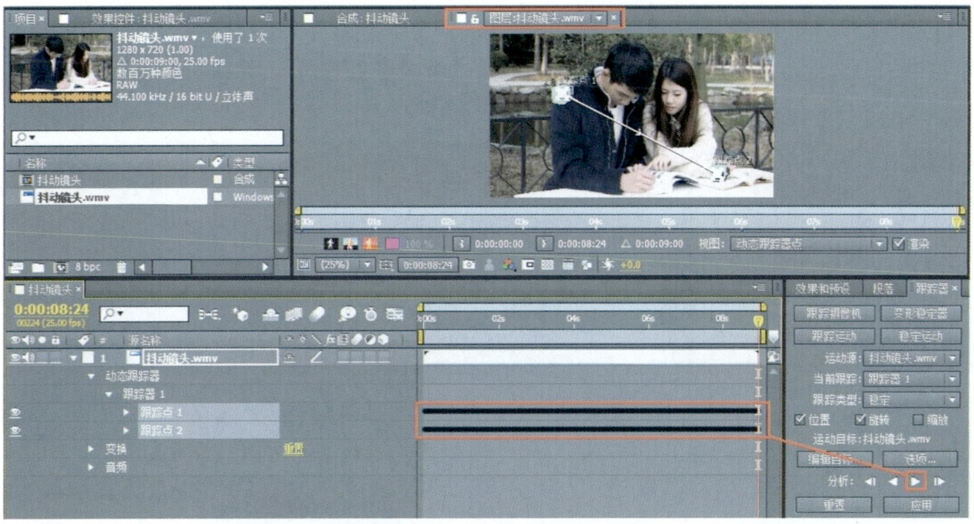

图 5-17　进行模拟跟踪

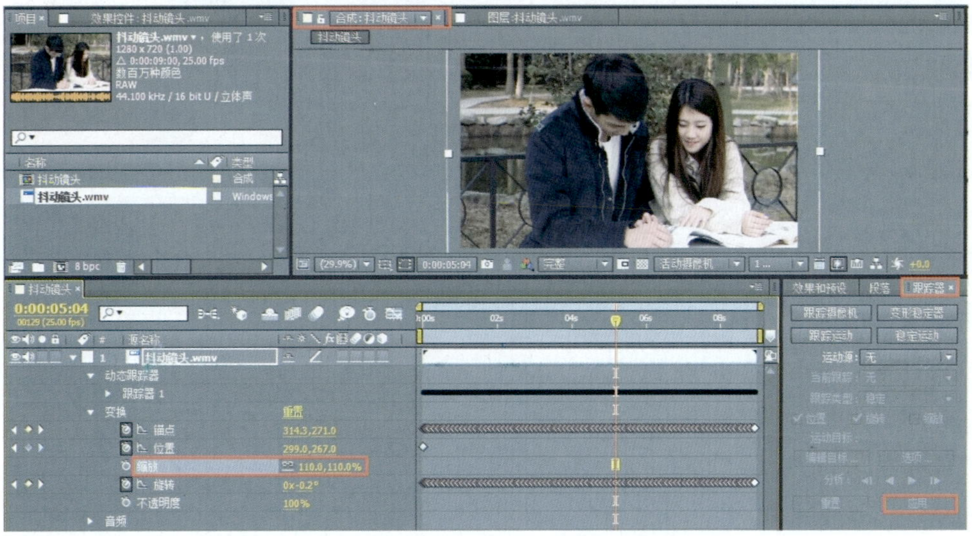

图 5-18　应用跟踪效果与设置“缩放”参数

运动与跟踪在后期合成中具有重要的作用和意义。当我们需要把一些难以拍摄的元素与实际拍摄的画面合成时，或者当我们拍摄了一段素材，却因为镜头很抖而无法使用时，运用跟踪和稳定器对素材进行一些处理，既可以让需要的元素与实拍画面保持同步运动，又可以得到我们需要的画面稳定的素材，这是非常实用的工具。

5.5 “父子关系——运动跟踪”实例

这里所说的父子关系是图层的父子关系，即将对一个图层所做的变换赋予另一图层，被赋予变换的图层称为子图层。在图层间建立父子关系后，对父图层所做的修改将带动子图层相应属性值（除不透明度外）的同步改变。

“父子关系——运动跟踪”实例完成效果，如图 5-19 所示。

5.5.1 建立空对象图层与设置跟踪运动

执行菜单栏中的“合成 > 新建合成”命令，在弹出的“合成设置”对话框中注意选择预设模式为“HDV/HDTV 720 25”，持续时间为 4 秒。导入“跟踪视频”素材并拖入“时间轴”面板中。接着执行“图层 > 新建 > 空对象”命令，建立一个虚拟图层。选中“跟踪视频”层，从窗口菜单中调出“跟踪器”面板，单击“跟踪器”面板中的“跟踪运动”按钮，勾选“位置”选项（因为这个视频只是位置发生变化）。接着选择一个合适的跟踪目标（鼻梁），设置运动目标（把视频中的跟踪目标传递给谁，就是选择空白对象图层），单击“向前分析”按钮（必须先将时间指针放到最开头）。模拟跟踪效果满意后单击“应用”，如图 5-20 所示。

图 5-19 “父子关系——运动跟踪”实例完成效果

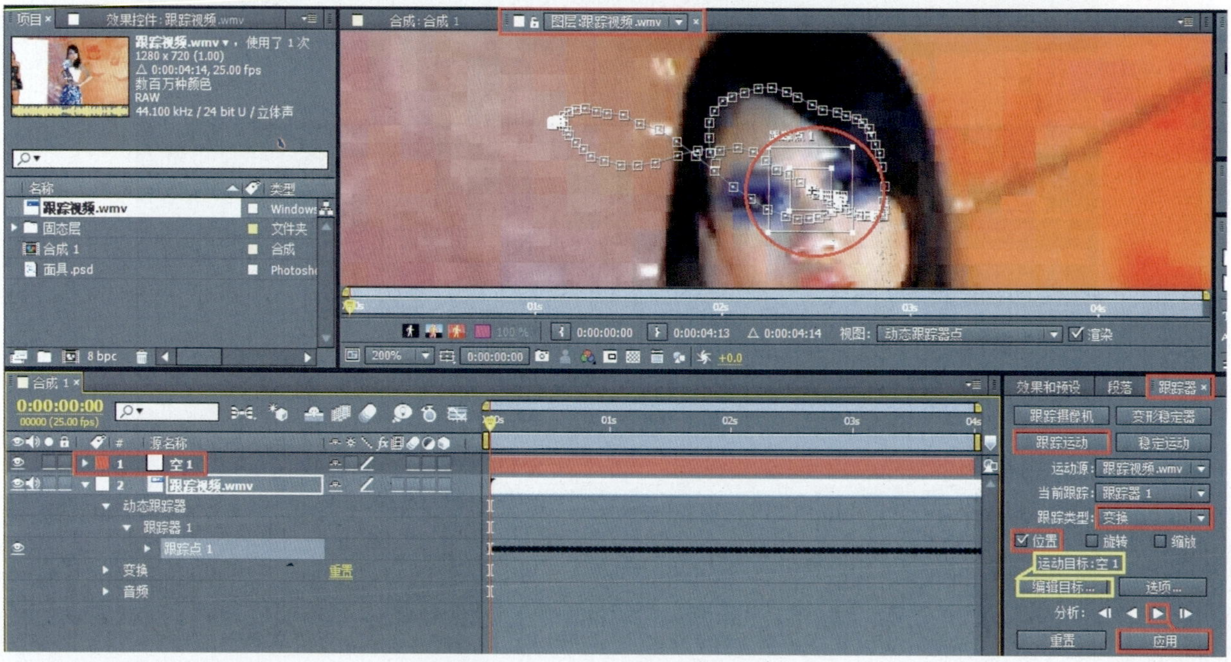

图 5-20 建立空对象图层与设置跟踪运动

5.5.2　指定图层的父子关系

将“面具”素材放到合适的位置，然后把“空 1”图层和“面具”图层建立父子关系，具体操作如下：按“Shift + F4”调出父级界面（Shift + F4 键用来切换父级界面的显示、隐藏），在“面具”图层上单击父级下的拾取链，拖到空白图层上，空白图层是父亲，文字层是儿子。然后适当地调整“面具”层的“位置”和“旋转”等参数与属性关键帧，这样就会出现“面具”跟踪眼睛运动的效果，如图 5-21 所示。

5.6　“随机画面与滚动选择文字”实例

本实例是应用摇摆器对轨道蒙版制作不规则的运动来建立随机画面效果。轨道蒙版通过两个层来实现，一个是遮罩层，另一个是用来填充遮罩层。

“随机画面与滚动选择文字”实例完成效果，如图 5-22 所示。

5.6.1　制作随机画面效果

1. 新建合成并调整

执行菜单栏中的“合成 > 新建合成”命令，在弹出的“合成设置”对话框中注意选择预设模式为“HDV/HDTV 720 25”，持续时间为 40 秒。导入素材至“项目”面板。接着执行“图层 > 新建 > 纯色”命令，建立一个白色的纯色层，命名“随机 1”；调整“随机 1”图层的宽度后，设置其位置关键帧，使其产生从左向右移动的动画效果，如图 5-23 所示。

2. 建立多个随机运动的图层

选中“随机 1”图层复制出多个图层，分别将复制出的图层逐个调整其开始与结束时的位置关键帧参数，从而建立多个随机运动的图层以增强画面的动感效果，如图 5-24 所示。

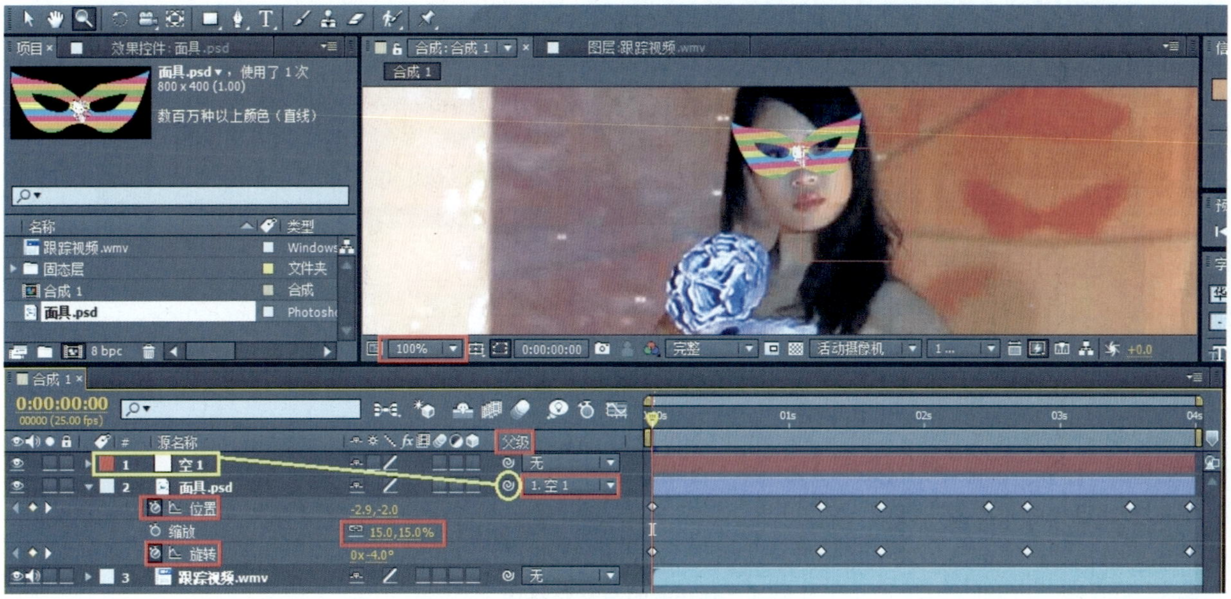

图 5-21　指定图层的父子关系并设置跟踪效果

图 5-22　“随机画面与滚动选择文字”实例完成效果

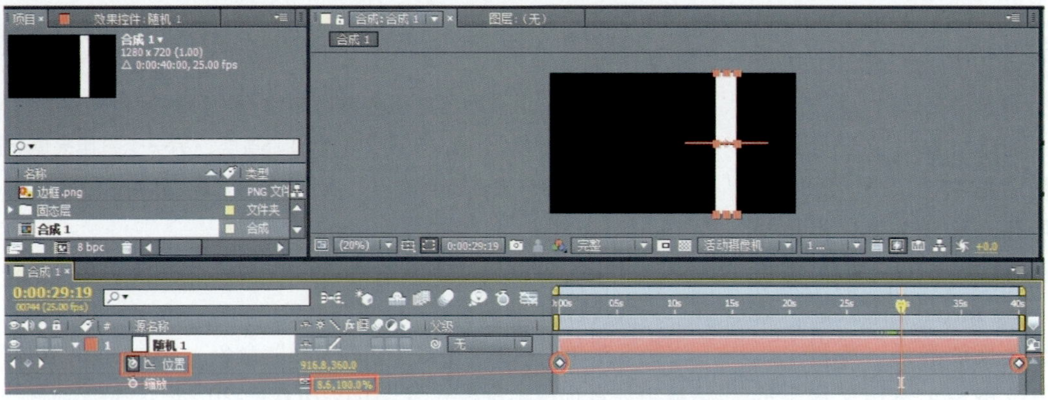

图 5-23　设置随机（纯色）层产生从左向右移动的动画效果

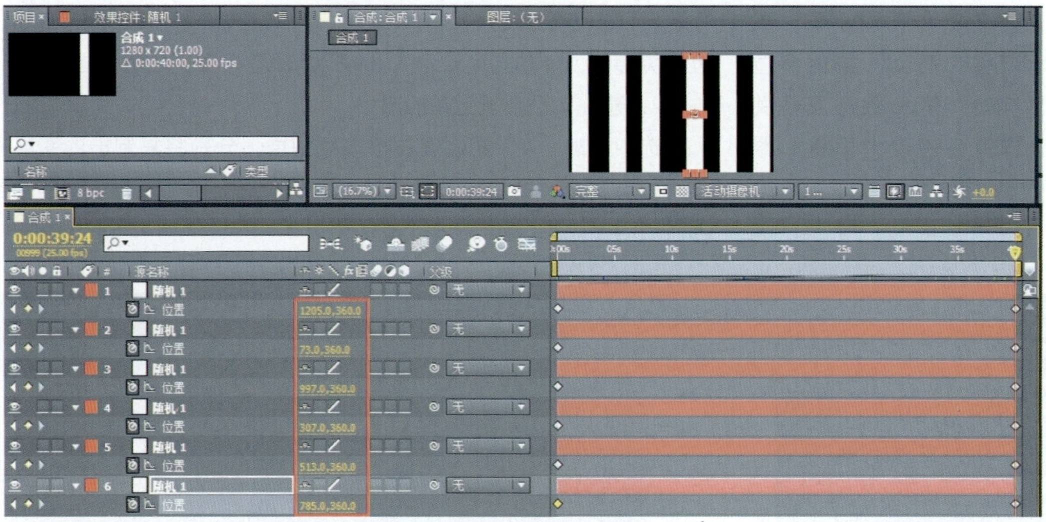

图 5-24　建立多个随机运动的图层

3．建立随机运动

选中第 1 个图层上“随机层”的两个首尾位置关键帧，执行菜单栏中的“窗口 > 摇摆器”命令，调出“摇摆器”面板，设置“摇摆器”的相关参数后单击“应用”按钮，图层 1 产生左右快速摇摆的效果，如图 5-25 所示。

按照上面的方法，继续给后续的“随机”图层逐一设置“摇摆器”效果，“摇摆器”的相关参数可以灵活设置，不必一定统一，如图 5-26 所示。

说明：摇摆器的主要作用是对设置两个以上动画关键帧的特效进行随机插值，使原来的动画属性产生随机性的偏差，从而模仿出自然的动画效果。

4．图层的叠加与轨道蒙版设置

选中所有做好摇摆器动画的“随机”图层，执行“图层 > 预合成”命令，重组所有的“随机”图层后得到默认的新图层“预合成 1”；导入相关的图片和视频素材，并调整好相关素材的比例、位置等；设置轨道蒙版，具体如图 5-27 所示。

5.6.2　建立滚动选择文字

1．制作遮幅与文字排版

新建“纯色”图层，利用矩形工具绘制蒙版，制作出上下遮幅的效果，然后利用文字工具分别建立横排和竖排文字——“舞动青春活力无限”，注意设置文字的排版技巧，如图 5-28 所示。

2．设置文字效果

利用“摇摆器”对“竖排文字”做上下滚动的效果，注意设置“竖排文字”上下滚动后停下来的文字是“活”字，如图 5-29 所示。

3．调整输出

对做了滚动效果的“竖排文字”层执行“图层 > 预合成”命令，即重组该图层后利用矩形工具给该图层绘制蒙版（遮罩），并设置蒙版的羽化。预览整体效果，满意后输出，如图 5-30 所示。

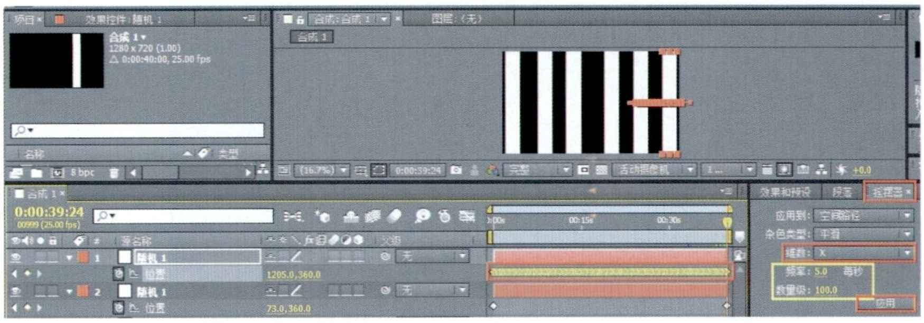

图 5-25　设置“摇摆器”使图层产生快速摇摆的效果

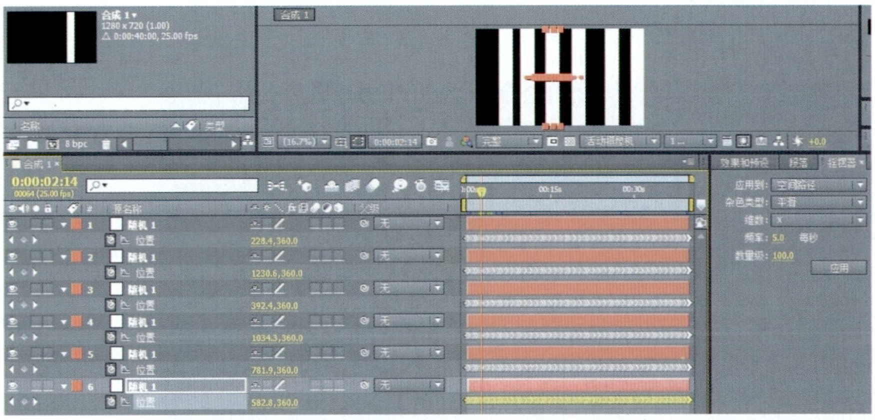

图 5-26　给后续的“随机”图层逐一设置“摇摆器”效果

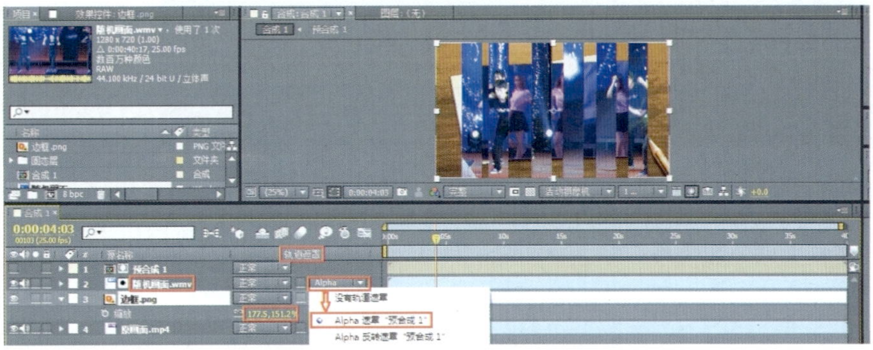

图 5-27　图层的叠加与轨道蒙版设置

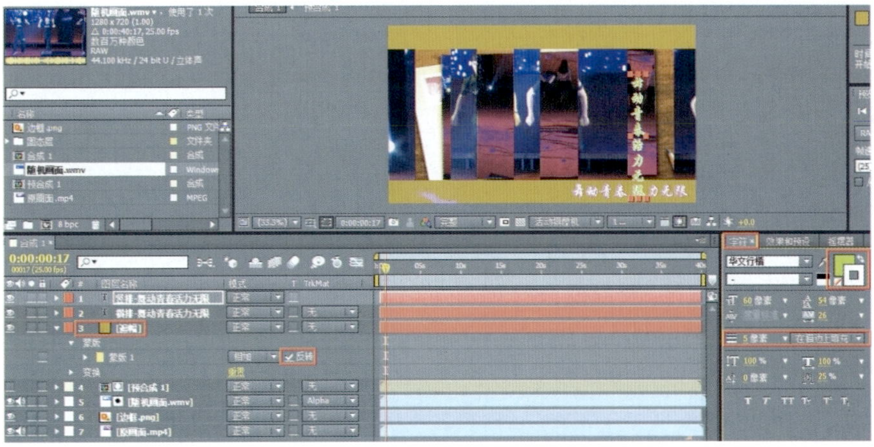

图 5-28　制作遮幅与文字排版

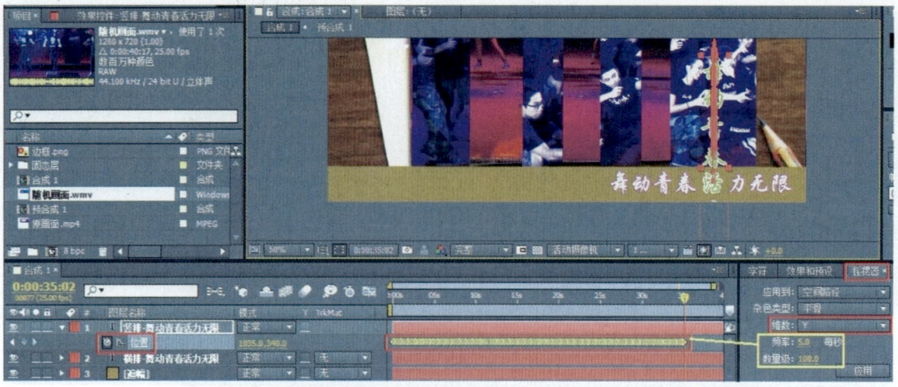

图 5-29　利用“摇摆器”对“竖排文字”做上下滚动的效果

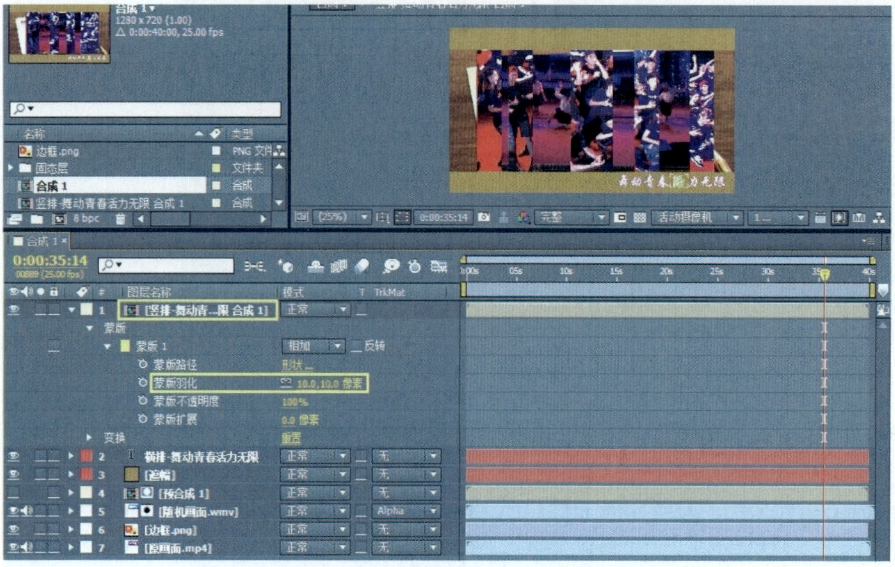

图 5-30　设置蒙版羽化与输出

复习与思考

1. 简述“跟踪器”面板各项参数的含义和作用。
2. 简述跟踪的定义与分类。
3. 如何定义一个追踪范围?
4. 如何利用稳定跟踪对素材进行平稳处理?
5. 简述“摇摆器”面板各项参数的作用。

第6章
滤镜特效的应用

本章简介

本章主要介绍了 After Effects CC 软件的滤镜特效及其操作方法，旨在使学生熟练掌握各种滤镜特效的应用，特别是滤镜动画的设置技巧。

学习目标

1. 了解滤镜特效的类型。
2. 掌握滤镜特效的应用与滤镜动画的设置技巧。
3. 熟练掌握图层的预合成与合成嵌套技巧。
4. 熟练掌握蒙版动画的设置技巧。
5. 熟练掌握图层与特效的关键帧动画设置技巧。

6.1 “模仿无线电波发射”实例

“模仿无线电波发射”实例完成效果，如图 6-1 所示。

6.1.1 无线电波特效的应用与设置

执行菜单栏中的“合成 > 新建合成”命令，在弹出的“合成设置”对话框中注意选择预设模式为“HDV/HDTV 720 25”，持续时间为 10 秒。将图片素材添加至时间轴上，接着新建纯色层，命名为“电波”。选中“电波”纯色层，执行菜单栏中的“效果 > 生成 > 无线电波”命令，然后设置“无线电波”特效相关参数和关键帧动画（电波发射动画），如图 6-2 所示（注意设置电波产生点的位置、扩散、寿命等）。

图 6-1　“模仿无线电波发射”实例完成效果

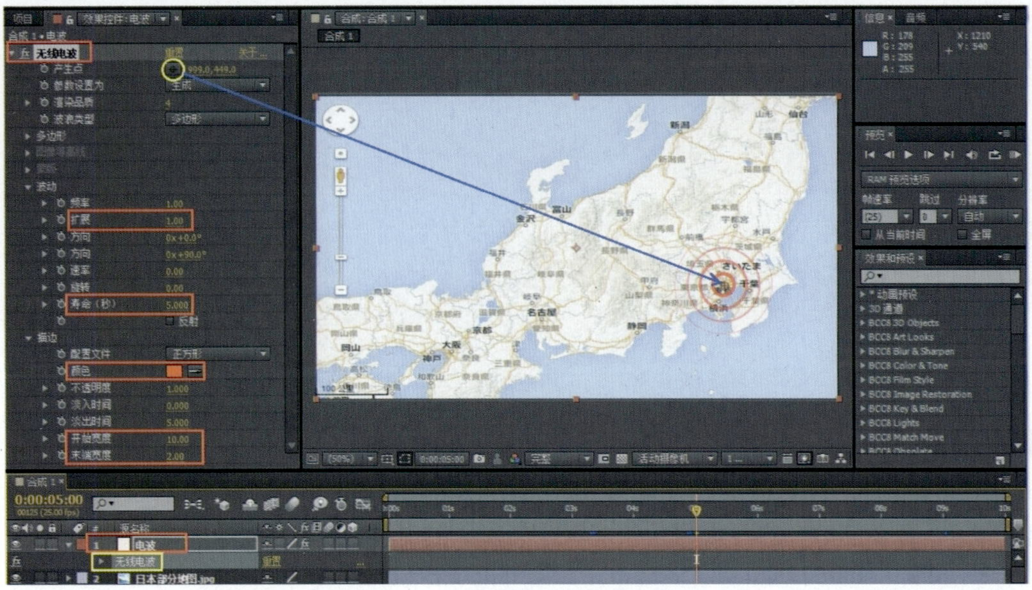

图 6-2 无线电波特效的应用与设置

旧新闻“云南普洱发生地震”

6.1.2 电波音效处理

先将“电波声”素材添加至时间轴上，然后选中“电波声”图层，执行“图层 > 时间 > 启用时间重映射”命令，在时间轴上调整音频“时间重映射”结束关键帧的位置（至 10 秒处）。接着再执行“效果 > 音频 > 延迟”命令，设置“延迟”特效的相关参数，满意预览整体效果后并输出，如图 6-3 所示。

6.2 “声音图像化”效果制作

6.2.1 “波形图像化”实例

（1）“波形图像化”实例完成效果如图 6-4 所示。

（2）执行菜单栏中的“合成 > 新建合成”命令，在弹出的“合成设置”对话框中注意选项预设模式为“HDV/HDTV 720 25”，持续时间为 30 秒，新建合成以“波形图像化”命名。将“背景图片 1.jpg”和“小苹果 .mp3”添加至时间轴上，接着选中“背景图片 1.jpg”图层，执行“效果 > 生成 > 音频波形”命令，给图片图层添加一个“音频波形”特效，注意相关参数设置并预览效果，如图 6-5 所示。

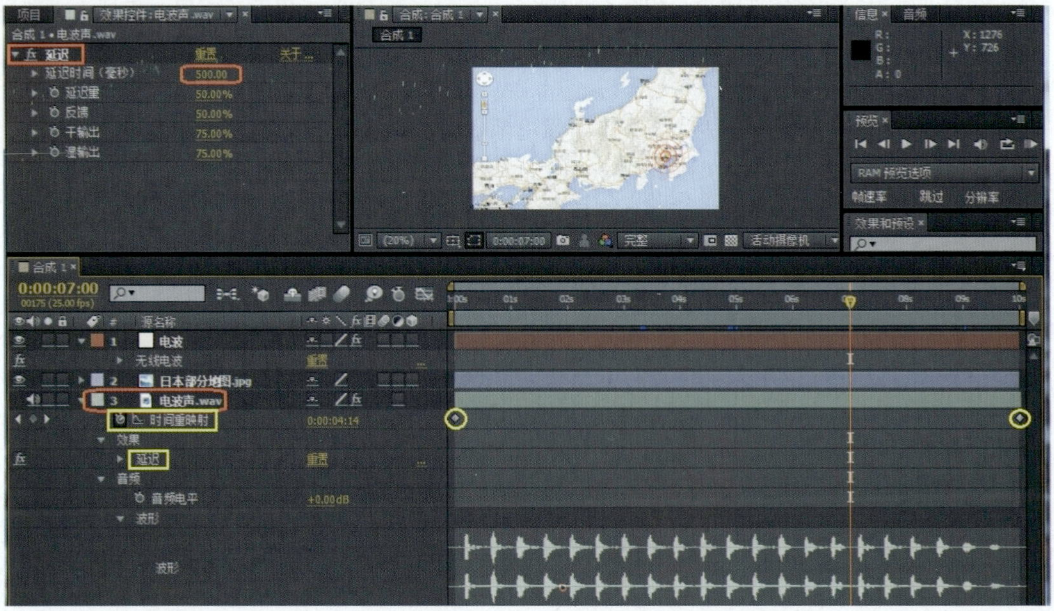

图 6-3 电波音效处理

图 6-4　“波形图像化”实例完成效果

图 6-5　“音频波形”特效的设置

“音乐天空”电视栏目片头

6.2.2 “声音波形化”实例

（1）“声音波形化”实例完成效果，如图 6-6 所示。

（2）执行菜单栏中的“合成 > 新建合成”命令，在弹出的“合成设置”对话框中选择预设模式为“HDV/HDTV 720 25”，持续时间为 30 秒，新建合成以“声音波形化”命名。将“背景图片 1.jpg”和“小苹果 .mp3”添加至时间轴上，接着选中“背景图片 1.jpg”图层，执行“效果 > 生成 > 音频频谱”命令，给图片图层添加一个“音频频谱”特效，注意相关参数设置并预览效果，如图 6-7 所示。

6.3 “气泡上升动画”实例

“气泡上升动画”实例完成效果如图 6-8 所示。

6.3.1 泡沫特效的应用与设置

1．新建合成

执行菜单栏中的“合成 > 新建合成”命令，在弹出的“合成设置”对话框中选择预设模式为“HDV/HDTV 720 25”，持续时间为 10 秒，新建合成以“气泡 1”命名。导入素材至“项目”面板，然后新建名称为“气泡”的纯色层，执行“效果 > 模拟 > 泡沫”命令，给纯色层添加“泡沫”特效，注意相关参数的设置（气泡产生的位置、大小、速率等），如图 6-9、图 6-10 所示。

图 6-6　“声音波形化”实例完成效果

图 6-7　“音频频谱”特效的设置

图 6-8　“气泡上升动画”实例完成效果

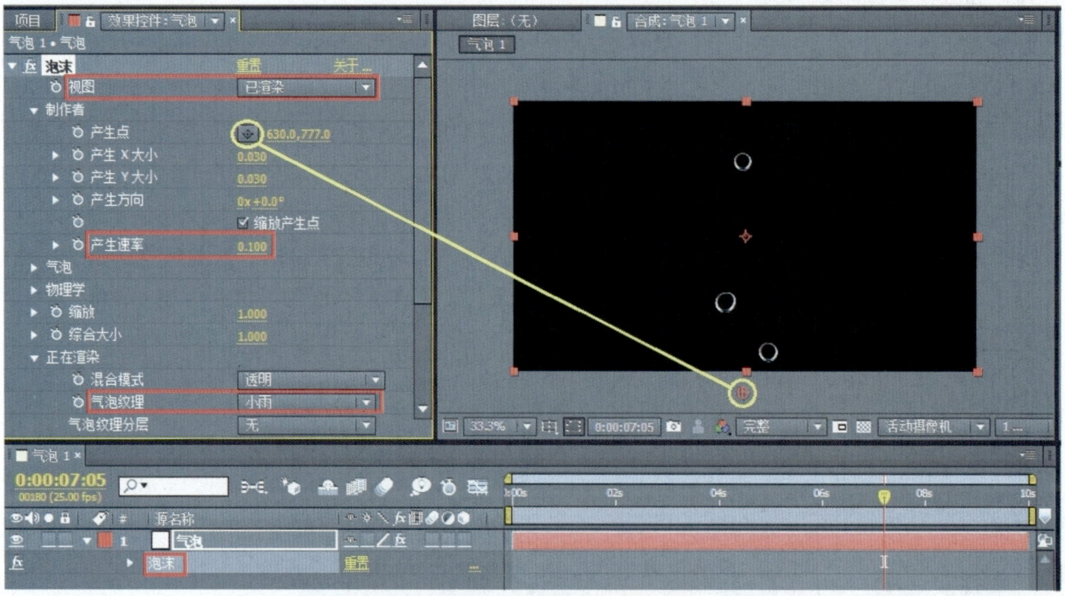

图 6-9　设置气泡的视图、产生点、产生速率及纹理模式

图 6-10　设置气泡的大小、大小差异以及初始速度

2．设置“苹果标志”随气泡一起运动

选中“气泡”图层，按 Ctrl + D 键复制一层气泡后，将“苹果标志 .psd”素材添加至图层 1，然后设置“苹果标志”在气泡里面随着气泡一起运动，如图 6-11 所示。

3．新建合成并调整

执行菜单栏中的“合成 > 新建合成”命令，在弹出的“合成设置”对话框中选择预设模式为“HDV/HDTV 720 25”，持续时间为 10 秒，新建合成以“气泡 2”命名。将“气泡 1”合成里的“气泡”图层拷贝至“气泡 2”合成中。依照上面的方法，设置“设计师字 .psd”在“气泡 2”合成中随气泡一起运动，注意并修改气泡的速率、尺寸大小、初始速度和随机种子数等参数，如图 6-12、图 6-13 所示。

6.3.2　设置图层的亮度与对比度及合成的嵌套

1．添加“亮度和对比度”特效

分别给“气泡 1”合成和“气泡 2”合成里边的气泡用户自定义层添加“亮度和对比度”特效，执行“效果 > 颜色校正 > 亮度和对比度”命令，并设置“亮度和对比度”的参数，如图 6-14 所示。

2．合成嵌套

执行菜单栏中的“合成 > 新建合成”命令，在弹出的“合成设置”对话框中选择预设模式为“HDV/HDTV 720 25”，持续时间为 10 秒，新建合成以“气泡”命名。从“项目”面板中将“气泡 1”和“气泡 2”合成拖入“气泡”合成中，这样就完成了合成的嵌套。然后将“时尚效果图”添加到图层上，预览效果并输出，如图 6-15 所示。

图 6-11　设置“苹果标志”在气泡里面随着气泡一起运动

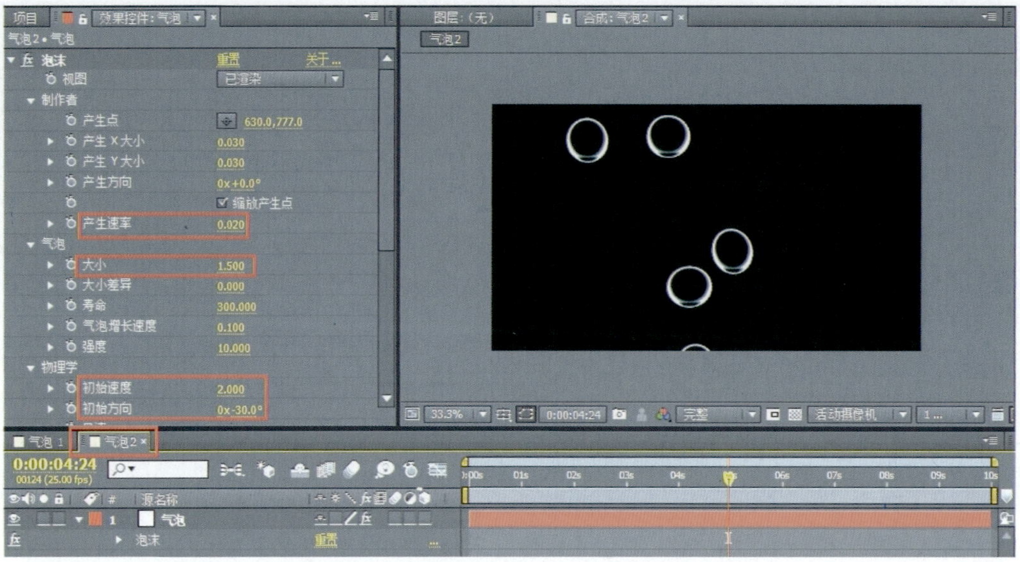

图 6-12　修改气泡的产生速率、大小、初始速度及初始方向

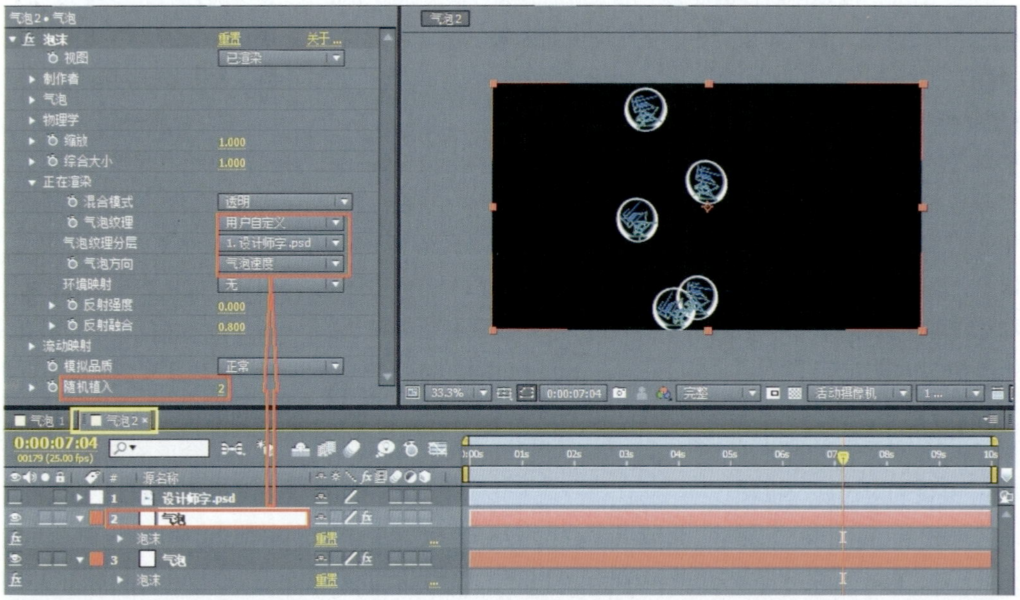

图 6-13　设置“设计师字”随着气泡一起运动（同时修改两个图层气泡的随机植入值）

图 6-14　设置“亮度和对比度”的参数

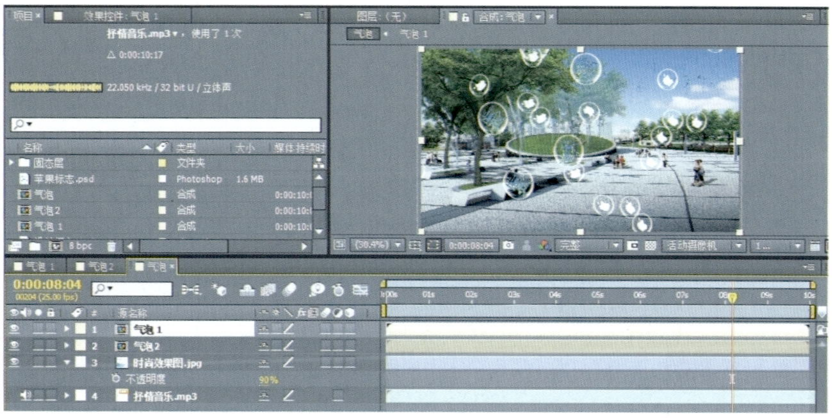

图 6-15　合成的嵌套与预览效果

旅游电视栏目包装

瑞虎白宝面膜广告

6.4 “3D 描边与流光”实例

“3D 描边与流光”实例完成效果如图 6-16 所示。

说明：由于本实例须用到“3D Stroke”（三维描边）插件特效，所以要先安装 Trapcode Suite（3D 动画与粒子）特效插件，如果之前安装过就不要再重复安装。

6.4.1　将文本创建成蒙版

1．将文本创建成蒙版

执行菜单栏中的“合成 > 新建合成”命令，在弹出的“合成设置”对话框中注意选择预设模式为“HDV/HDTV 720 25”，持续时间为 10 秒。导入素材，然后新建文字图层，输入“中华”两字。选中文本图层，执行“图层 > 从文本创建蒙版”命令，系统自动产生一个新的纯色（固态）层，并且在该图层上产生由文本轮廓转化的蒙版，如图 6-17 所示。

图 6-16　“3D 描边与流光”实例完成效果

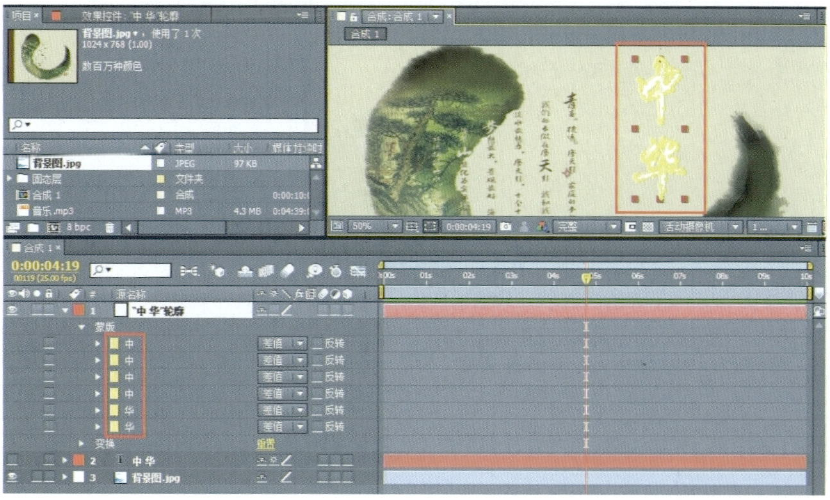

图 6-17　将文本创建成蒙版

2. 拷贝蒙版至文本图层

新建空白的文本图层，命名为“流光”，单独将“(中华轮廓)纯色层”上所有蒙版都选中后拷贝至“流光”文本图层上，然后将“(中华轮廓)纯色层”的视图显示关闭，如图6-18所示。

6.4.2　设置三维描边动画

选中“流光”文字层并开启图层的3D开关，执行“效果>Trapcode >3D Stroke”命令，这样“流光”文字层就被添加了三维描边特效，注意设置相关参数和关键帧动画，如图6-19、图6-20所示。

6.4.3　设置“发光”效果

继续选中“流光”文字层，执行“效果>风格化>发光”命令，注意“发光”特效的相关设置，满意后预览并输出，如图6-21所示。

6.5　“流动路径光效”实例

“流动路径光效”实例完成效果如图6-22所示。

说明：本实例须用到“Light Factory(灯光工厂)”特效插件和“Trapcode Suite(3D动画与粒子)”特效插件，请注意安装。

广州塔

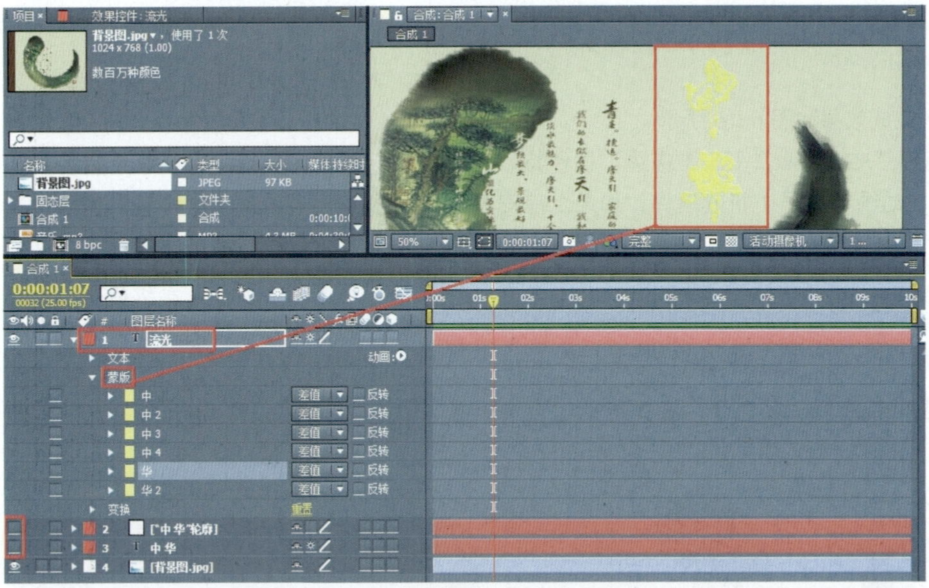

图6-18　拷贝蒙版至“流光”文本图层

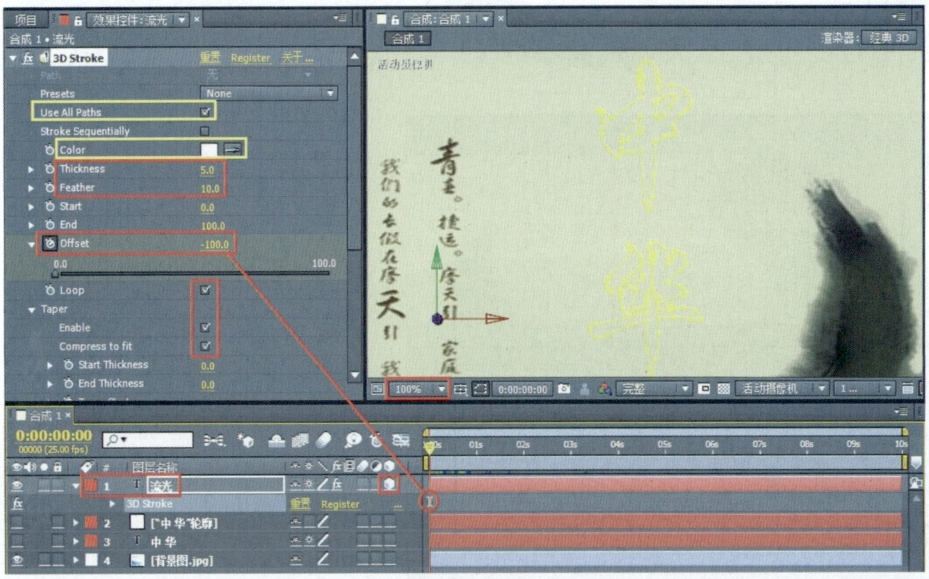

图6-19　设置3D Stroke相关参数和开始时刻的Offset关键帧值

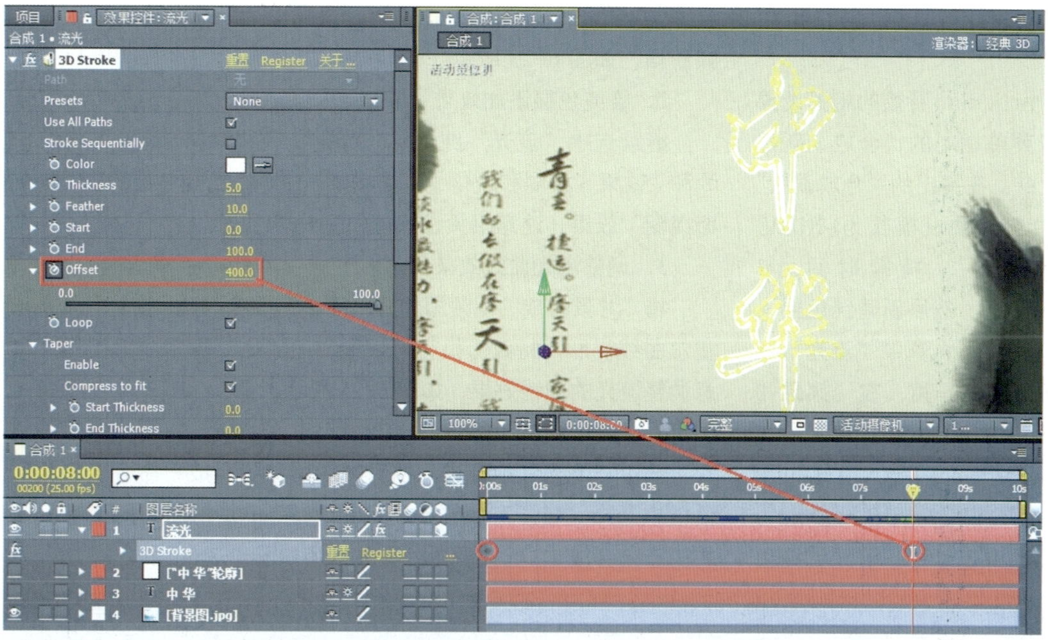

图 6-20　设置 3D Stroke 的 Offset 在结束时刻的关键帧值

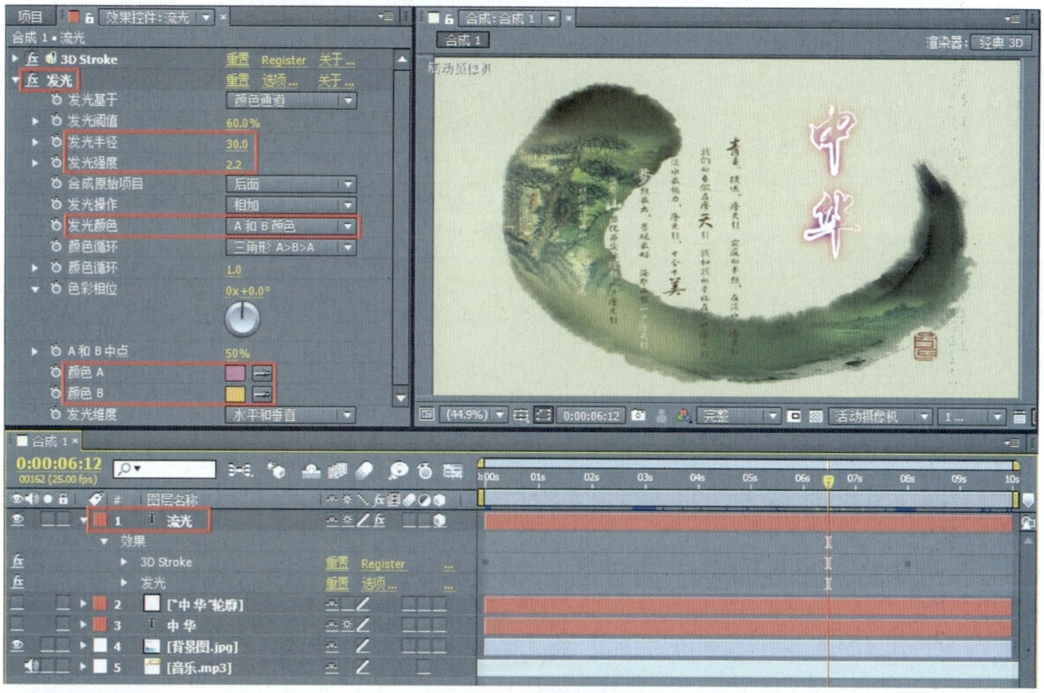

图 6-21　设置“发光”效果

图 6-22　“流动路径光效”实例完成效果

6.5.1 制作流动光效

1．Particular 特效的相关设置

执行菜单栏中的“合成 > 新建合成”命令，在弹出的“合成设置”对话框中选择预设模式为“HDV/HDTV 720 25”，持续时间为3秒。导入素材，然后新建纯色层，命名为“流光”。选中“流光”纯色层，开启3D开关，在“效果和预设”面板中选中“动画预设 > Trapcode Particular ffx > Trapcode HD Presets > t2_organicLines_hd”命令，然后双击，给“流光”纯色层添加 t2_organicLines_hd 效果。注意 Particular 特效的相关设置和关键帧动画，如图 6-23 所示。

2．给纯色层添加效果

继续选中“流光”纯色层，分别执行“效果 > Trapcode > Shine”命令和“效果 > 模糊和锐化 > 高斯模糊”命令，给纯色层添加“Shine”和“高斯模糊”效果，注意相关设置，如图 6-24 所示。

3．调整流光曲线效果

将“背景合成”视频添加至时间轴，接着再给“流光”纯色层添加“贝塞尔曲线变形”特效（执行“效果 > 扭曲 > 贝塞尔曲线变形”命令），注意调整流光的曲线效果，如图 6-25 所示。

4．绘制蒙版

选中“流光”纯色层，执行“图层 > 预合成”命令（在“预合成”对话框中选择“将所有属性移动到新合成”），然后利用钢笔工具给新合成的“流光合成 1”绘制蒙版，具体参考如图 6-26 所示。

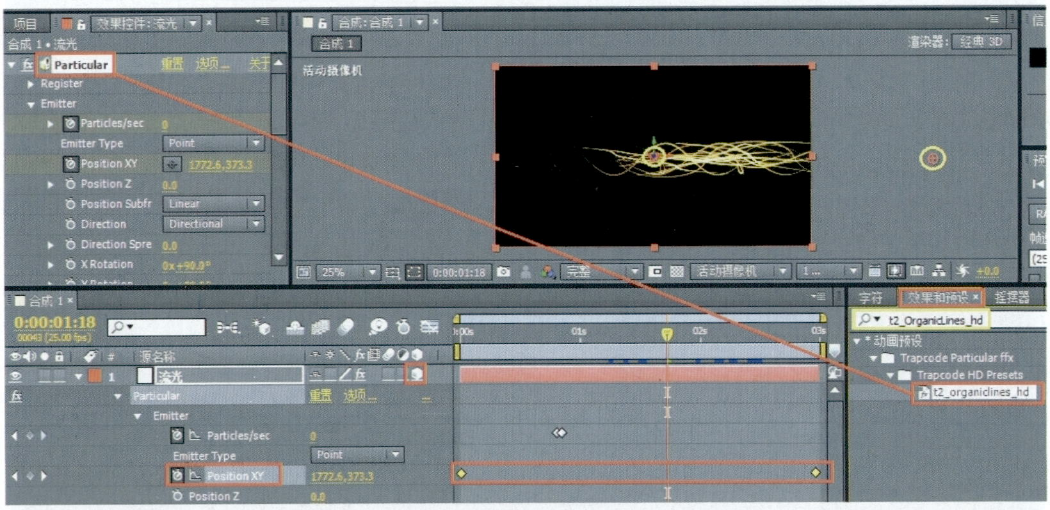

图 6-23 Particular 特效的相关设置和关键帧动画

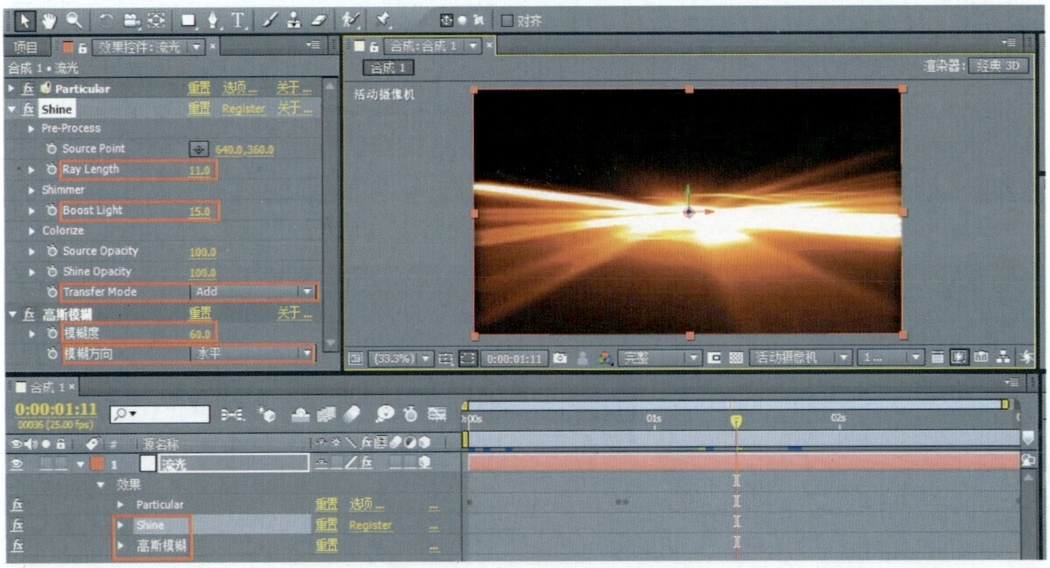

图 6-24 设置“Shine”和“高斯模糊”相关参数

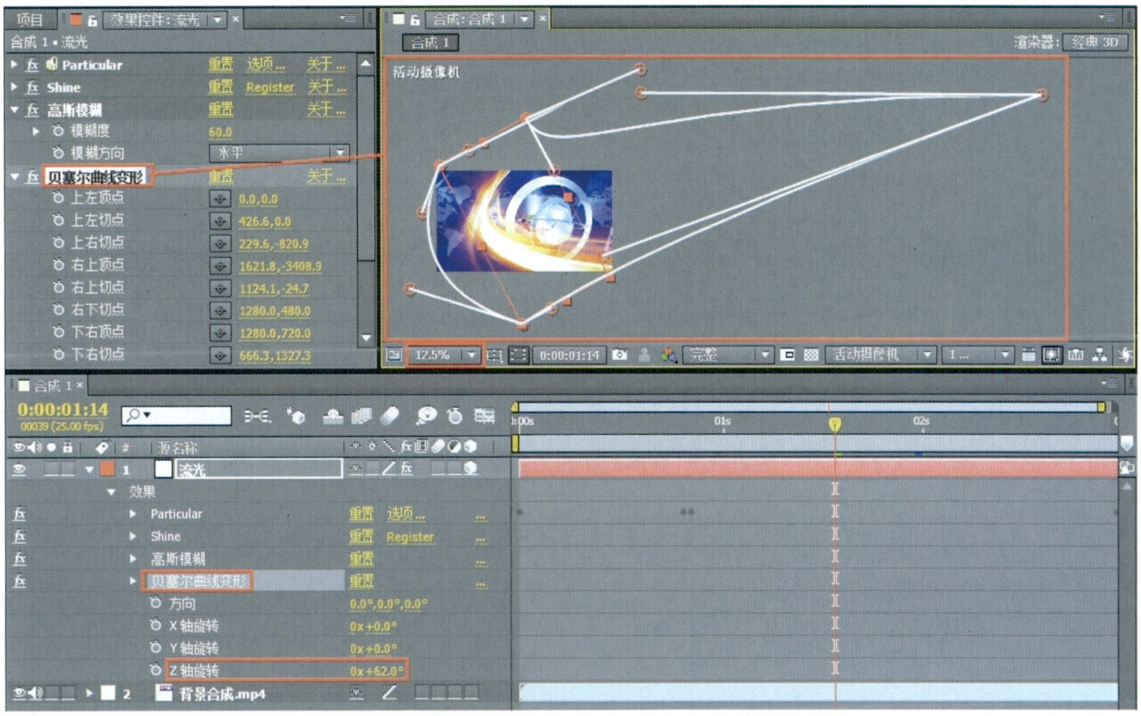

图 6-25　利用“贝塞尔曲线变形”调整流光的曲线效果

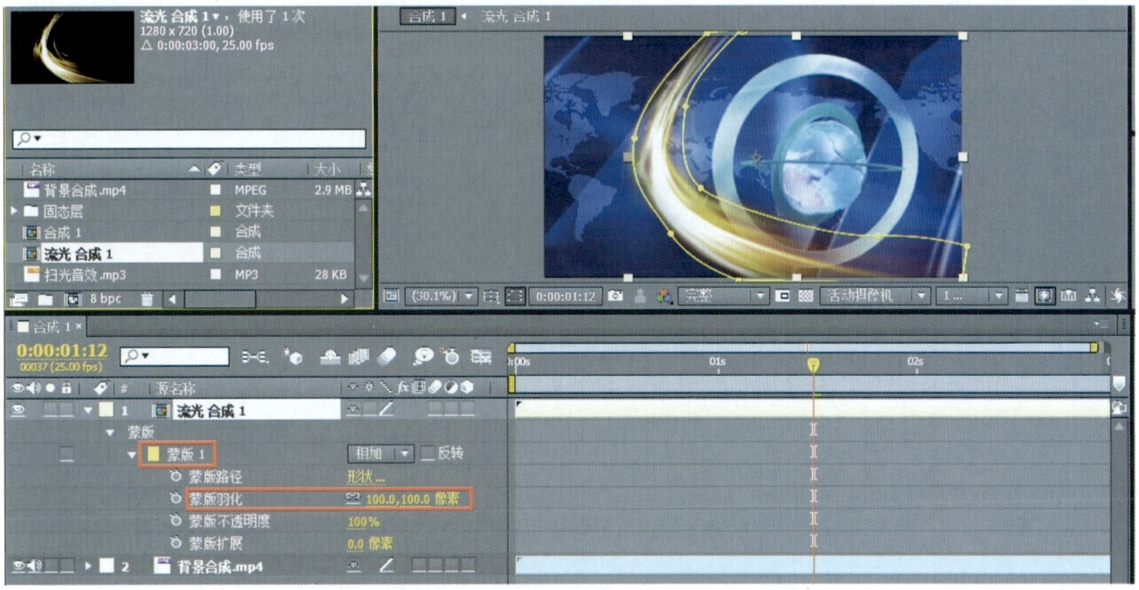

图 6-26　利用钢笔工具绘制蒙版

6.5.2　设置灯光沿着流动光路径运动

1. 选择灯光类型

选中“背景合成”图层，添加 Light Factory 特效（执行“效果 > Knoll Light Factory > Light Factory”命令），注意选择 Light Factory 中的灯光类型，如图 6-27 所示。

说明：Light Factory（灯光工厂）特效不能添加在加了 3D 粒子层的图层上。

2. 调整相关参数并输出

设置灯光沿着流动光路径运动，注意 Light Factory 的相关参数和关键帧的设置，如图 6-28 所示。

加上音效后预览效果，满意后输出，如图 6-29 所示。

图 6-27　选择 Light Factory 中的灯光类型

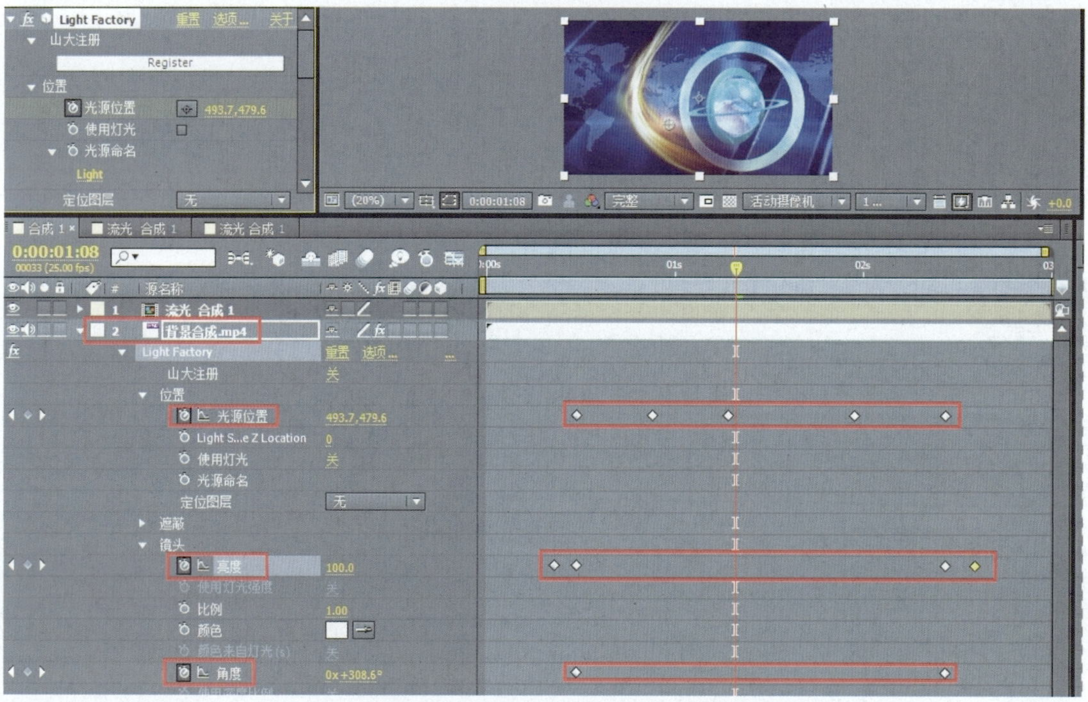

图 6-28　设置 Light Factory 的相关参数和关键帧动画

图 6-29　预览效果

6.6 “新闻片头”实例

“新闻片头”实例完成效果如图 6-30 所示。

说明：本实例须用到 Trapcode Suite（3D 动画与粒子）特效插件，所以要先安装 Trapcode Suite（3D 动画与粒子）特效插件。

6.6.1 合成背景

1．新建合成并设置相关参数

执行菜单栏中的“合成 > 新建合成”命令，在弹出的“合成设置”对话框中注意选择预设模式为“HDV/HDTV 720 25”，持续时间为 6 秒。导入素材，注意设置相关图层的参数和关键帧动画以及颜色平衡（执行“效果 > 颜色校正 > 颜色平衡”命令）的调节，如图 6-31 所示。

2．设置“背景视频”图层在 4 ~ 6 秒这段时间是静帧的

选中“背景视频”图层，执行“图层 > 时间 > 启用时间重映射”命令，设置参考如图 6-32 所示。

6.6.2 设置文字动画效果

1．新建文字层并设置

新建文字层，输入文字“中国新闻”，注意设置文字的类型、大小和填充颜色等，然后给文字加“斜面 Alpha”特效（执行“效果 > 透视 > 斜面 Alpha”命令），然后设置文字，使其有金属透视的质感效果，如图 6-33 所示。

2．设置文字动画效果

注意设置文字的缩放、位置关键帧动画，同时设置文字随着动画节奏产生 Shine（发光）效果，如图 6-34 所示。

图 6-30　“新闻片头”实例完成效果

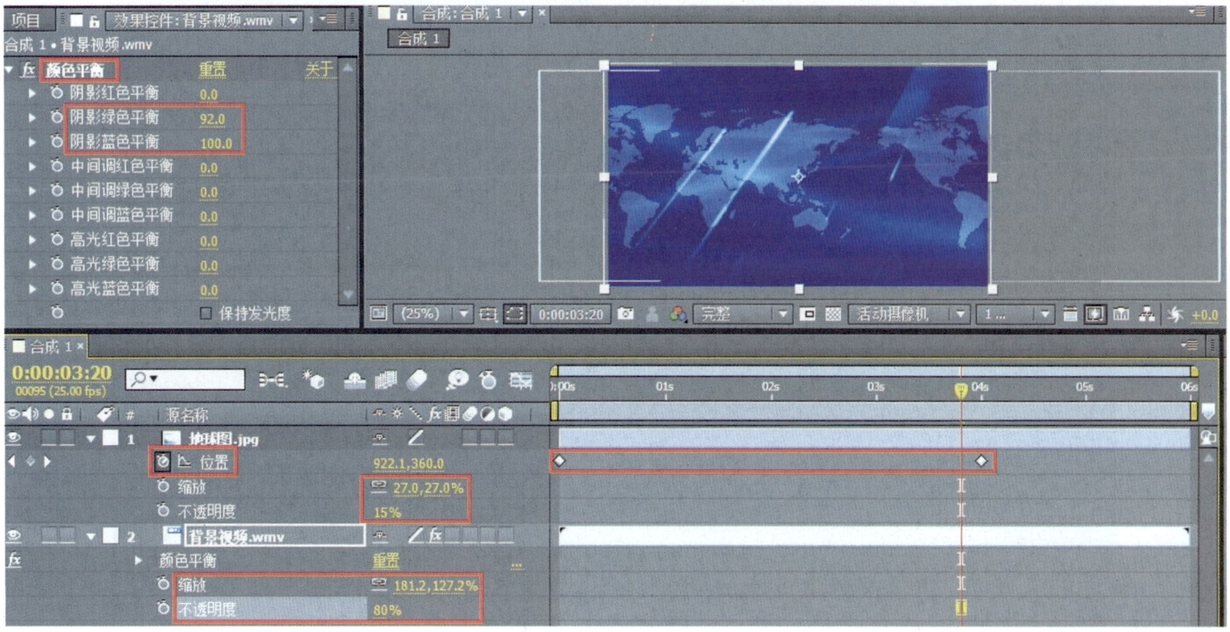

图 6-31　设置背景合成

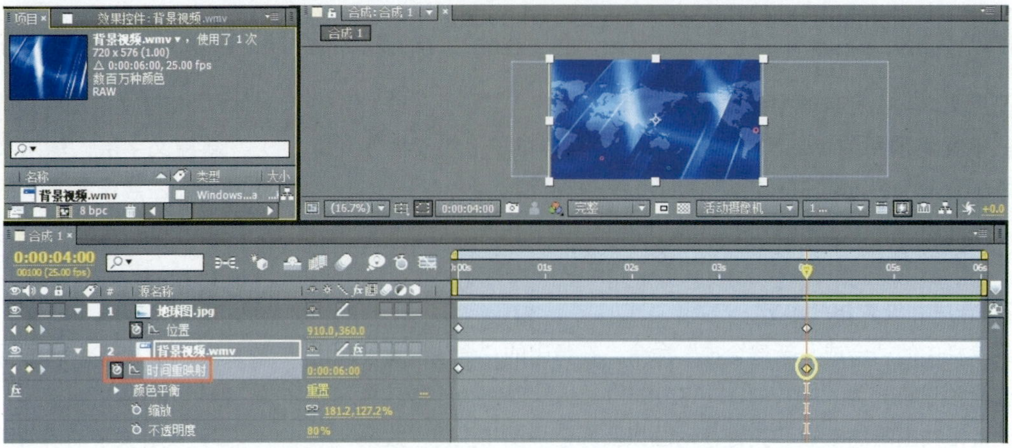

图 6-32　设置“背景视频”图层在 4 ~ 6 秒这段时间是静帧的

图 6-33　设置文字有金属透视的质感效果

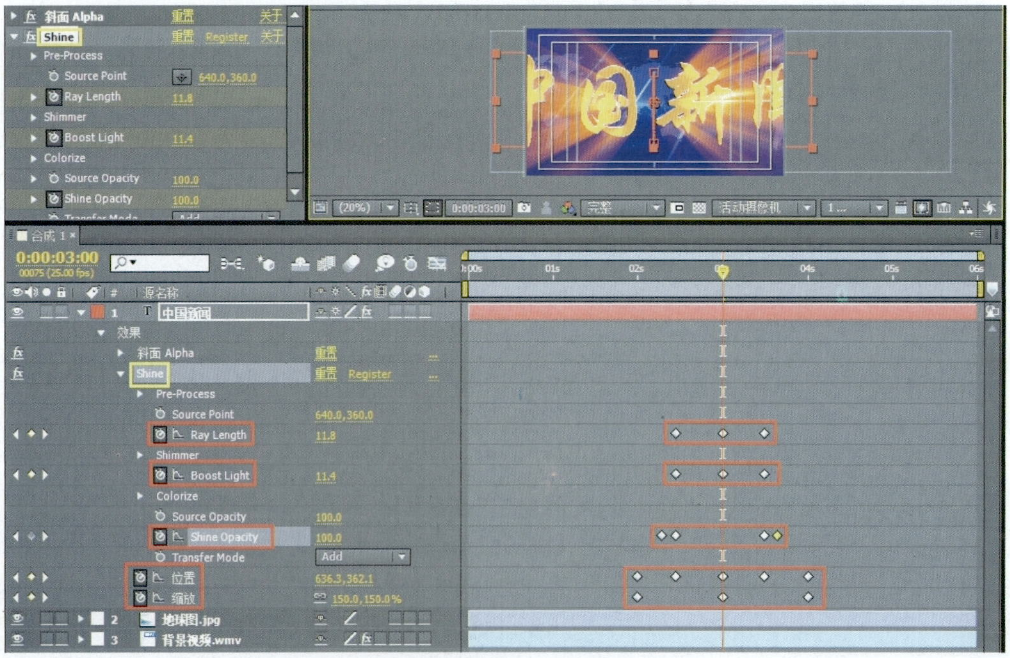

图 6-34　设置文字动画效果

6.6.3　设置 3D 粒子特效

1．设置 3D 粒子特效

新建纯色层，命名为“粒子”，将“粒子”纯色层放在图层 2 并进行适当的剪辑。选中“粒子”纯色层，在“效果和预设”面板中执行“动画预设 > Trapcode Particular ffx > Trapcode HD Presets > t2_wipestardots_hd”命令，然后双击，实现 t2_wipestardots_hd 效果。注意 Particular 特效的相关设置，如图 6-35 所示。

2．预览并输出

加入背景音效，预览效果与输出，如图 6-36 所示。

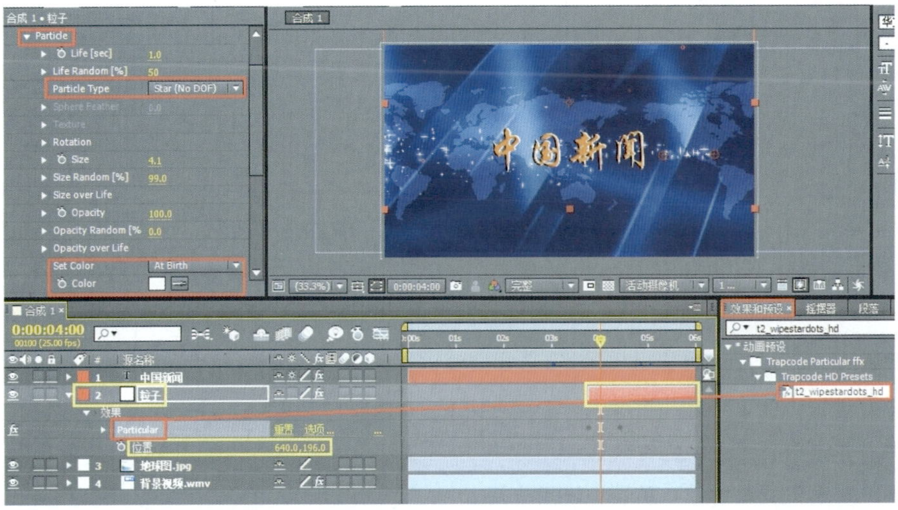

图 6-35　设置 3D 粒子特效

图 6-36　预览效果与输出

“环球财经连线”
（流动线条）

复习与思考

1．After Effects CC 自带了哪些滤镜特效？

2．滤镜特效的关键帧动画设置技巧有哪些？

3．图层的预合成与合成嵌套有何区别与联系？

4．怎样设置静帧？怎样将文本转换成蒙版轮廓？

5．灯光工厂特效与 3D 粒子特效的作用及应用技巧有哪些？

第7章 抠像与调色

本章简介

本章主要介绍了 After Effects CC 的抠像与调色技术，旨在使学生熟练掌握抠像与调色技术，制作出精美的画面。

学习目标

1. 了解键控特效的类型及作用。
2. 熟悉常用的抠像与调色特效。
3. 进一步熟悉蒙版的基本属性和设置方法。
4. 了解影视后期颜色校正编辑的用途。
5. 掌握各个颜色校正命令的功能与设置技巧。

7.1 对“抠像”的理解

“抠像”即“键控技术”，是影视制作领域被广泛采用的技术手段。有时演员会在绿色或蓝色构成的背景前表演（见图 7-1），但这些背景在最终的影片中是见不到的，这就是运用了键控技术，用其他背景画面替换蓝色或绿色，即“抠像”。

当然，“抠像”并不是只能用蓝或绿，只要是单一的、比较纯的颜色就可以，但与演员的服装、皮肤的颜色反差越大越好，这样键控比较容易实现。如果是实时的“抠像”，就需要视频切换台或者支持实时色键的视频捕获卡。

图 7-1　拍摄时将蓝幕或绿幕作为背景

7.2 常用的抠像技术

7.2.1 Keylight 抠像实例

Keylight 是一个屡获殊荣并经过产品验证的蓝绿屏幕抠像插件。Keylight 易于使用，并且非常擅长处理反射、半透明区域和头发。由于抑制颜色溢出是内置的，因此抠像结果看起来更加像照片，而不是合成。这么多年以来，Keylight 不断地改进，目的就是使抠像能够更快和更简单。同时，它还向深度挖掘工具，以适应处理最具挑战性的镜头。Keylight 作为插件集成一系列工具，包括 erode、软化、despot 和其他操作，以满足特定需求。另外，它还包括不同颜色校正、抑制和边缘校正工具来形成更加精细的微调结果。Keylight 抠像实例完成效果，如图 7-2 所示。

1．Keylight 抠蓝色

执行菜单栏中的“合成 > 新建合成”命令，在弹出的“合成设置”对话框中选择预设模式为“HDV/HDTV 720 25”，持续时间为 3 秒。将素材添加至时间轴上并进行适当的编辑（注意导入序列帧动画素材的方法，第 2 章讲过），接着选中蓝屏背景素材图层，执行“效果 > 键控 > Keylight1.2”命令，然后设置 Keylight 的相关参数，如图 7-3 所示。

说明：在 Keylight 效果控制面板中，单击小吸管，鼠标箭头会变成吸管状，然后在“合成”面板的蓝色区域单击一下（或者单击颜色方块，弹出“颜色”对话框，用 HSL 或 RGB 方式指定一个颜色），会看到蓝色区域消失。

2．Keylight 抠绿色

执行菜单栏中的“合成 > 新建合成”命令，在弹出的“合成设置”对话框中选择预设模式为“HDV/HDTV 720 25”，持续时间为 3 秒。将素材添加至时间轴上并进行适当的编辑（注意导入序列帧动画素材的方法），接着选中绿屏背景素材图层，执行“效果 > 键控 > Keylight1.2”命令，然后设置 Keylight 的相关参数和绘制蒙版范围，如图 7-4 所示。

图 7-2　Keylight 抠像实例完成效果

图 7-3　Keylight 抠蓝色

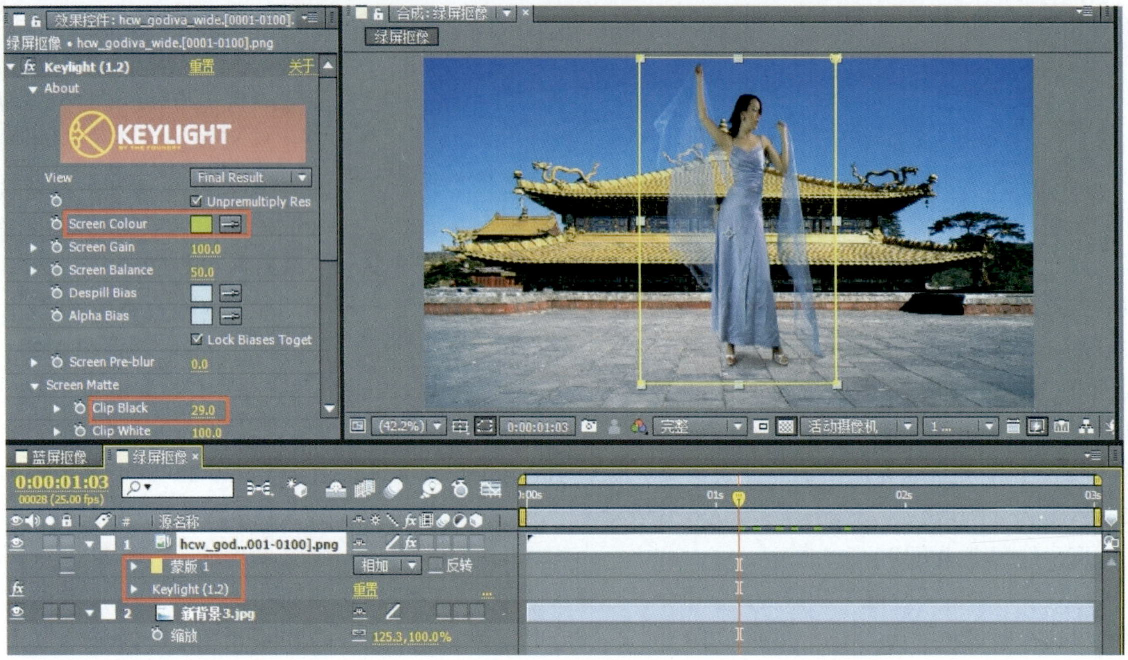

图 7-4　Keylight 结合蒙版抠绿色

7.2.2　“颜色键”抠像实例

1．“颜色键”（Color Key）的作用

单一的背景颜色，可称为键控色。当选择一个键控色（即吸管吸取的颜色），应用颜色键（Color Key），被选颜色部分就会变为透明。同时可以控制键控色的相似程度，调整透明的效果。还可以对键控的边缘进行羽化，消除“毛边”的区域。

2．应用“颜色键”抠像

新建合成，持续时间为 3 秒。将素材添加至时间轴上并进行适当的编辑，接着选中需要抠像的素材层，执行“效果 > 键控 > 颜色键”命令，然后设置“颜色键”的相关参数，如图 7-5 所示。

说明：在“颜色键”效果控制面板中，“颜色容差”用于控制颜色容差范围，值越小，颜色范围越小；“薄化边缘”用于调整键控边缘，正值扩大遮罩范围，负值缩小遮罩范围；“羽化边缘”用于羽化键控边缘，产生细腻、稳定的键控遮罩。

7.2.3　“线性颜色键”与“溢出抑制”抠像实例

1．“线性颜色键”（Linear Color Key）的作用

“线性颜色键”是根据 RGB 彩色信息或 Hue 色相及 Chroma 饱和度信息，与指定的键控色进行比较，产生透明区域。之所以叫作线性键，是因为可以指定一个色彩范围作为键控色，它可用于大多数对象，但并不适合半透明对象。

2．“溢出抑制”（Spill Suppressor）的作用

溢出抑制，可以去除键控后图像残留的键控色痕迹，主要是去除图像边缘溢出的键控色，这些溢出的键控色常常是由于背景的反射造成的。

3．应用“线性颜色键”与“溢出抑制”抠像

新建合成，持续时间为 10 秒。将素材添加至时间轴上并进行适当的编辑，选中需要抠像的素材图层，执行“效果 > 键控 > 线性颜色键”命令，然后设置“线性颜色键”的相关参数后，发现图像还残留有键控色的痕迹，接着执行“效果 > 键控 > 溢出抑制”命令，进行必要的调整与设置，如图 7-6 所示。

4．有关“线性颜色键”与“溢出抑制”设置的说明

（1）“线性颜色键”效果设置说明。

素材视图：用于显示素材画面的略图。

预览视图：用于显示键控的效果。

键控滴管：用于在素材视图中选择键控色。

加滴管：用于为键控色增加颜色范围，从素材视图或预览视图中选择颜色。

图 7-5 “颜色键”抠像设置

图 7-6 应用“线性颜色键”与“溢出抑制”抠像

减滴管：用于为键控色减去颜色范围，从素材视图或预览视图中选择颜色。

视图：用于切换预览视图和“合成”面板的视图，可以选择最终输出结果、显示源素材和显示遮罩视图。

主色：设置基本键控色，可以使用颜色方块选择或使用滴管工具在合成窗中选择。

匹配颜色：用于选择匹配颜色空间，可以选择使用 RGB 彩色、使用色相和使用饱和度。

（2）“溢出抑制”效果设置说明。

要抑制的颜色：用于设置“溢出颜色”。可以用滴管选择要抑制的颜色或单击键控色的方块。

抑制：用于设置抑制程度。

注意：如果使用“溢出抑制”还不能得到满意的结果，可以使用效果中的“色相／饱和度”效果，降低饱和度，从而弱化键控色。

7.2.4 “颜色范围”抠像实例

1. “颜色范围”（Color Range）键控的作用

“颜色范围”键控通过键出指定的颜色范围产生透明效果，可以应用的色彩空间包括 Lab、YUV 和 RGB。这种键控方式，可以应用在背景包含多个颜色、背景亮度不均匀和包含相同颜色的阴影（如玻璃、烟雾等）。

2. 应用“颜色范围”抠像

新建合成，持续时间为 10 秒。将素材添加至时间轴上并进行适当的编辑，选中需要抠像的素材图层，执行“效果 > 键控 > 颜色范围”命令，然后对“颜色范围”效果进行必要的调整与设置，如果还残留有键控色的毛边与痕迹，再添加“溢出抑制”来抑制，如图 7-7 所示。

图 7-7　应用“颜色范围”与“溢出抑制”抠像

电视剧《琅琊榜》特效镜头

电影片段抠像特技欣赏 1

电影片段抠像特技欣赏 2

3.“颜色范围”效果设置说明

遮罩视图：用于显示遮罩情况的略图。

键控滴管：用于在遮罩视图选择开始的键控色。

加滴管：增加键控色的颜色范围。

减滴管：减少键控色的颜色范围。

模糊：用于调整边缘柔化度。

色彩空间：选择颜色空间，有 Lab、YUV 和 RGB 可供选择。

最小 / 最大值：精确调整颜色范围参数。

“（L，Y，R）”“（a，U，G）”和“（b，V，B）”代表颜色空间的三个分量。

7.2.5　一般高级键控常用的合成方法

（1）对在蓝色或绿色背景中具有平稳亮度的素材键控的方法：首先可以用“颜色差值”键控，再用“溢出抑制”，清除键控色的痕迹。如果要求更高，还可以使用“遮罩”效果中的“简单阻塞工具”和“遮罩阻塞工具”进行精细调整。如果还不满意，暂时关闭“颜色差值键”，重新使用“线性颜色键”。

（2）对在蓝色或绿色背景中包含多种颜色或亮度不稳定的素材键控的方法：首先应用“颜色范围”键控，再用“溢出抑制”和其他遮罩工具。如果效果不满意，重新使用或加入“线性颜色键”。

（3）对固定背景（可以是复杂背景）应用键控的方法：首先用“差值遮罩”键控，以单独的背景图层作为遮罩参考，进行差值，再加入“溢出抑制”和其他遮罩工具。

对于不同的实际情况，应该选择适当的键控方法，以得到满意的效果。对复杂的键控处理，可能要用不同的键控才能得到满意的结果，可以组合两个或者更多的键控和遮罩。通过效果开关应用或不应用效果，观察键控效果。

7.3　“抠像与波纹动画”实例

“抠像与波纹动画”实例完成效果如图 7-8 所示。

7.3.1　抠像与设置静帧画面延长

执行菜单栏中的“合成 > 新建合成”命令，在弹出的“合成设置”对话框中选择预设模式为“HDV/HDTV 720 25”，持续时间为 10 秒。将素材添加至时间轴上并进行适当的编辑与抠像操作，并调整人的位置以便跟背景阶梯以及屏风吻合。接着对抠像图层进行“延长静帧”画面的操作以便让人物走上阶梯后停下来静止不动(执行“图层 > 时间 > 启用时间重映射”命令)，具体设置参考如图 7-9 所示。

图 7-8　“抠像与波纹动画”实例完成效果

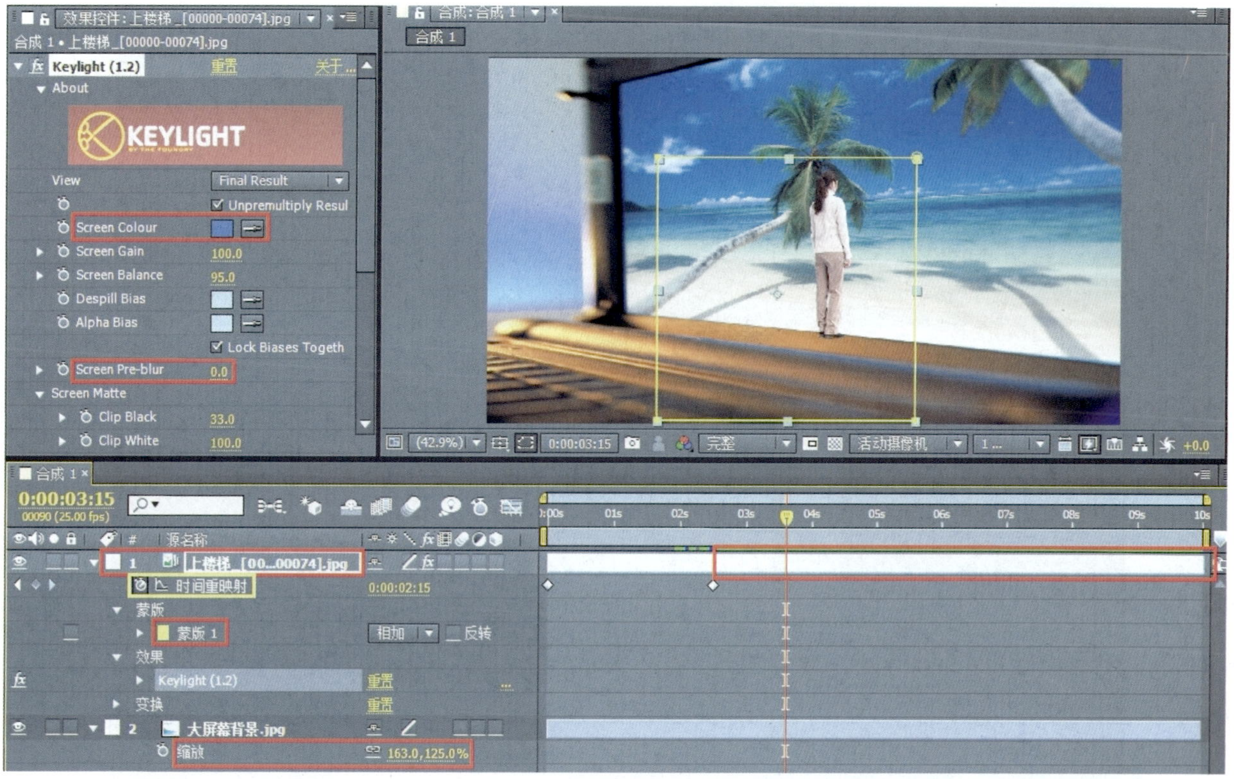

图 7-9　抠像与设置静帧画面延长

7.3.2　制作“水波纹动画”

（1）建立纯色层，命名为“水波”。注意这时要记下“水波”纯色层色块填充的颜色值（为了便于记忆，可以输入六个 0），如图 7-10 所示。

（2）选中“水波”纯色层，执行“效果 > 模拟 > 波纹环境”命令，注意设置“波形环境”特效（创造液体波纹效果）的相关参数和关键帧动画，

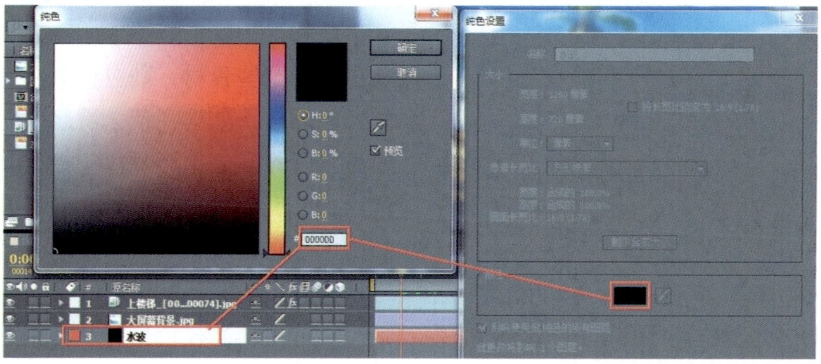

图 7-10　建立“水波”纯色层

同时关闭第 2 层（“大屏幕背景”图层）的图层显示开关，如图 7-11 所示。

（3）对“水波”图层和“大屏幕背景”图层分别进行“预合成”（执行“图层 > 预合成 > 将所有属性移动到新合成”命令）后，关闭第 3 层（“水波合成 1”图层）的图层显示开关，同时打开第 2 层（“大屏幕背景.jpg 合成 1”图层）的图层显示开关。接着在“时间轴”面板中选中第 2 层，执行“效果 > 模拟 > 焦散”命令，并在“焦散”（模拟气泡、水珠等流体效果）特效控制面板中设置相关参数，如图 7-12 所示。

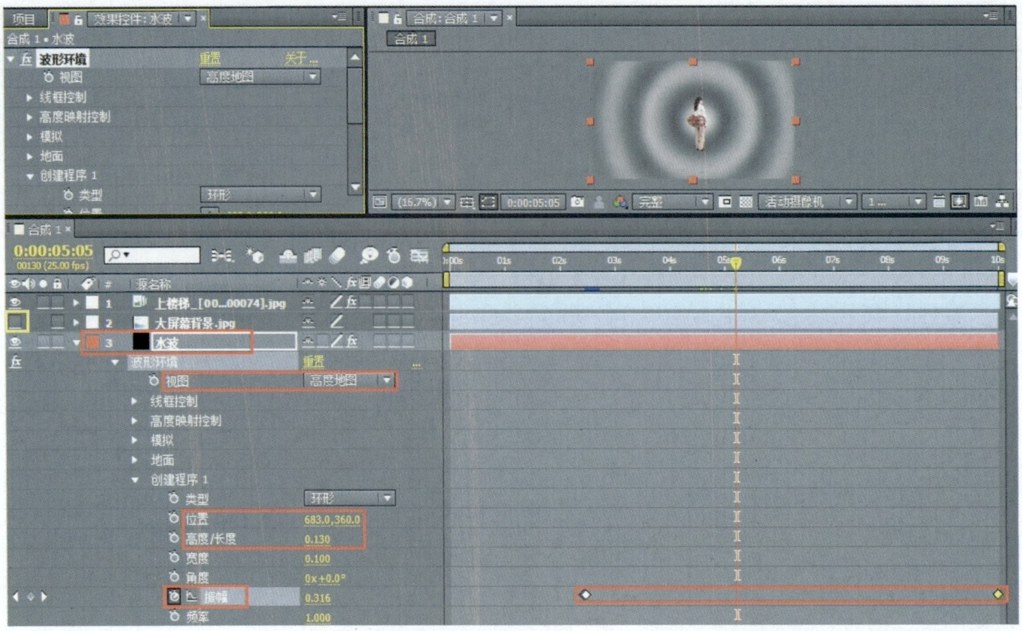

图 7-11　设置波纹动画

图 7-12　设置“焦散”特效产生波纹效果

（4）双击图层 3（“水波合成 1”图层）进入“水波合成 1”面板，然后将“水波”图层进行“预合成”（执行“图层 > 预合成 > 将所有属性移动到新合成”命令）后，利用钢笔工具绘制屏风范围形状的蒙版（使波纹只出现在屏风范围），如图 7-13 所示。

（5）回到主合成（合成 1），加入背景音效等，满意预览整体效果后输出，如图 7-14 所示。

7.4 “常规画面校色处理”实例

7.4.1 对“色彩校正”的理解

色彩校正是影视特效中最重要的部分，是制作属于自己风格的影片所需要的最重要工具，直接影响最终影像的效果。

色彩校正在后期软件操作中也扮演着重要的角色。因为在影视前期拍摄时由于客观条件限制或者主观失误，有时候会造成拍摄得到的素材画面过度曝光或者是曝光不足，或者严重偏色。如果必须在节目中使用这些素材，则应该对它们进行色彩校正处理，使之看起来比较正常。除了还原影片真实性这个原因外，有时候为了使影片制作成特定的视觉样式，增强画面的艺术性，也需要使用调色功能。

“常规画面校色处理”实例完成效果，如图 7-15 所示。

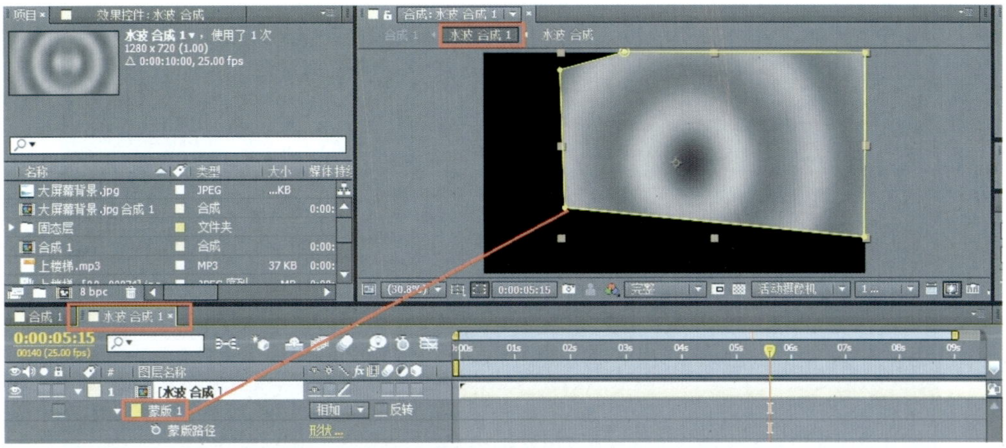

图 7-13　绘制屏风范围形状的蒙版

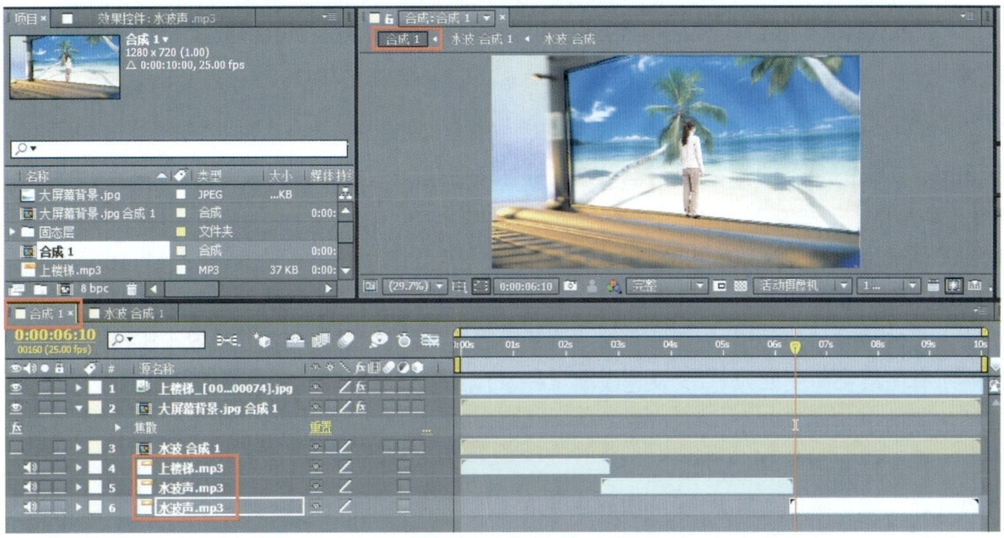

图 7-14　预览整体效果

图 7-15　“常规画面校色处理”实例完成效果

7.4.2　调色与调整图层的应用

1. 图层模式设置与曲线效果的调节

执行菜单栏中的“合成 > 新建合成”命令，在弹出的“合成设置”对话框中选择预设模式为“HDV/HDTV 720 25”，持续时间为 4 秒，将素材添加至时间轴上后再拷贝一层。设置上面图层的模式为“屏幕”，并调整该图层“不透明度”参数。然后新建“调整图层 1”（执行“图层 > 新建 > 调整图层”命令），并给“调整图层 1”加“曲线”特效（执行“效果 > 色彩校正 > 曲线”命令），分别调整“曲线”特效的“红”“绿”“蓝”或 RGB 的曲线参数，直至满意为止，如图 7-16 所示。

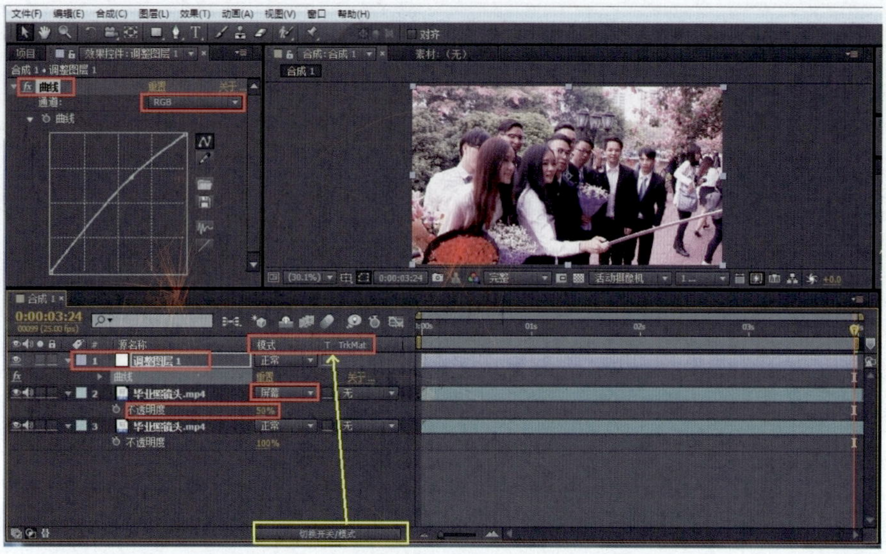

图 7-16　图层模式设置与曲线效果的调节

2．“调整图层（调节层）”的作用与应用技巧

调整图层仅用来为图层应用效果，它不在合成图像中显示。当对一个调整图层应用效果时，处于调整图层下方的所有图层都将受此效果影响。调整图层的运用使得多个图层应用相同效果变得更为简单。因此，可以通过建立调整图层为其下方的图层应用效果，而不在层中产生效果控制，此外效果控制将依靠对调节层的操作来完成。

7.4.3　设置非视觉中心的模糊效果

新建一个“调整图层 2”，并给“调整图层 2”添加蒙版（用于视觉中心），然后再给“调整图层 2”添加“快速模糊”特效（执行“效果 > 模糊和锐化 > 快速模糊”命令），具体设置如图 7-17 所示。

7.4.4　设置蒙版羽化的效果

创建白色的纯色层，利用蒙版工具在纯色层上绘制闭合路径蒙版（遮罩），设置蒙版的羽化和纯色层的不透明度参数等，预览整体效果，如图 7-18 所示。

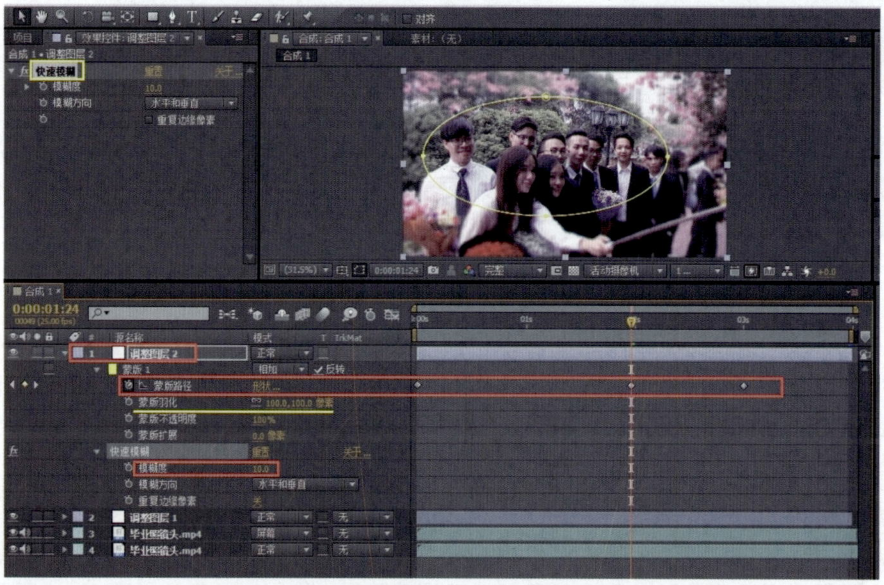

图 7-17　设置非视觉中心的模糊效果

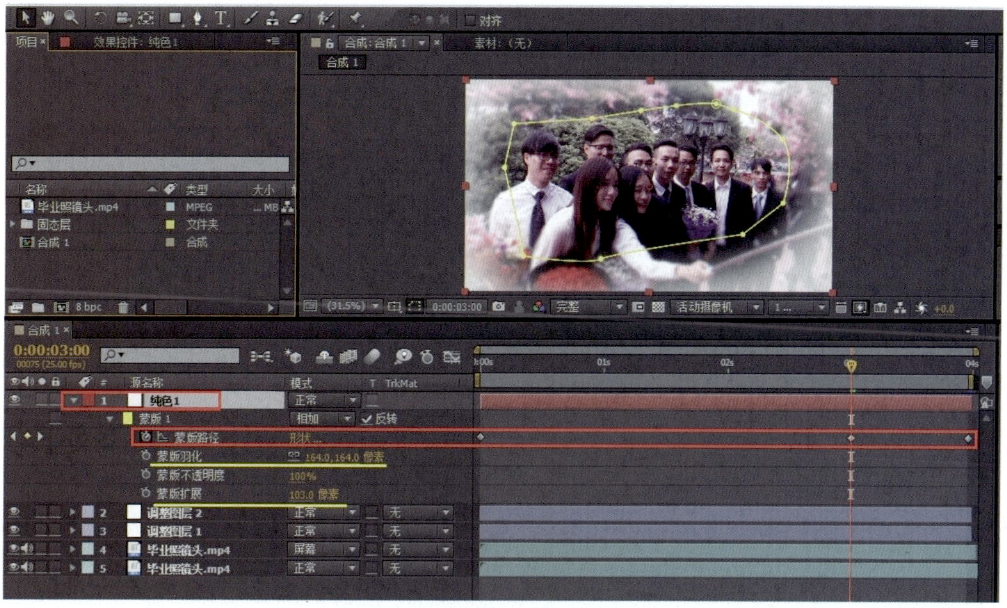

图 7-18　设置蒙版羽化与预览整体效果

7.5 “画面分层校色”实例

“画面分层校色”实例完成效果如图 7-19 所示。

7.5.1　设置蒙版路径跟随人物范围变化与调整颜色平衡

1．设置蒙版路径

执行菜单栏中的“合成＞新建合成”命令，在弹出的“合成设置”对话框中选择预设模式为“HDV/HDTV 720 25”，持续时间为 10 秒，将素材添加至时间轴上后再拷贝一层。利用钢笔工具给上面图层中人物绘制蒙版（蒙版轮廓应小于实体人物轮廓），然后设置蒙版路径跟随人物范围变化，如图 7-20 所示。

2．调节参数

给下面的图层（图层 2）添加“颜色平衡”特效（执行“效果＞颜色校正＞颜色平衡”命令），调节相关参数，如图 7-21 所示。

7.5.2　利用灯光层给人物范围增加光亮度

打开加了蒙版图层的 3D 开关，然后执行“图层＞新建＞灯光”命令，设置灯光的角度、亮度和范围等（可以直接在“合成”面板中调整灯光的光源点与灯光照射点的位置），使得人物特别是脸部范围光亮度明显增加，如图 7-22 所示。

7.5.3　利用“曲线”特效给人物范围增加光亮度

新建合成 2，将合成 1 中的两个视频图层拷贝过来后，给上面的图层（即添加蒙版的图层）添加“曲线”特效（执行“效果＞色彩校正＞曲线”命令）来调整人物范围的亮度和饱和度等（此方法不用开启图层的 3D 开关），如图 7-23 所示。

图 7-19　“画面分层校色”实例完成效果

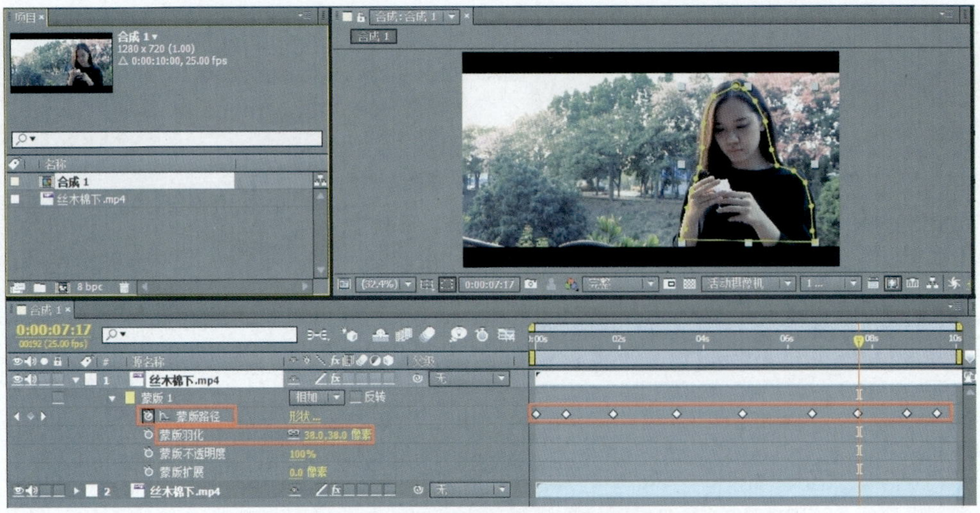

图 7-20 设置蒙版路径跟随人物范围变化

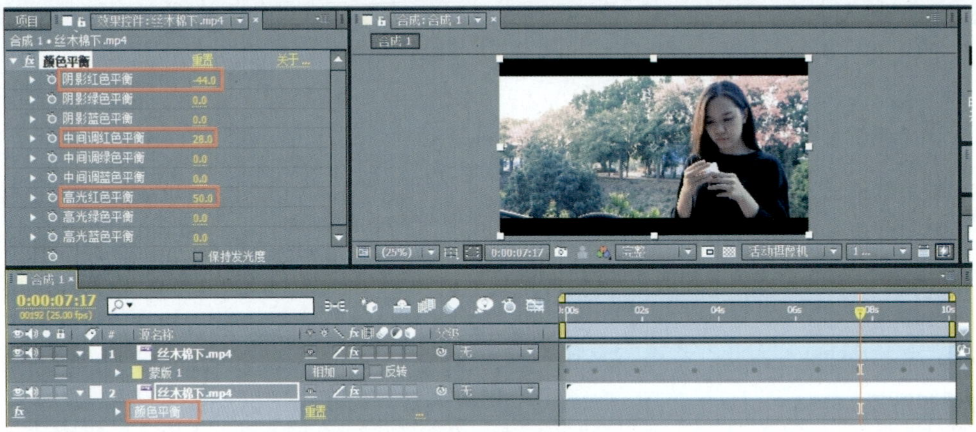

图 7-21 调节“颜色平衡”相关参数

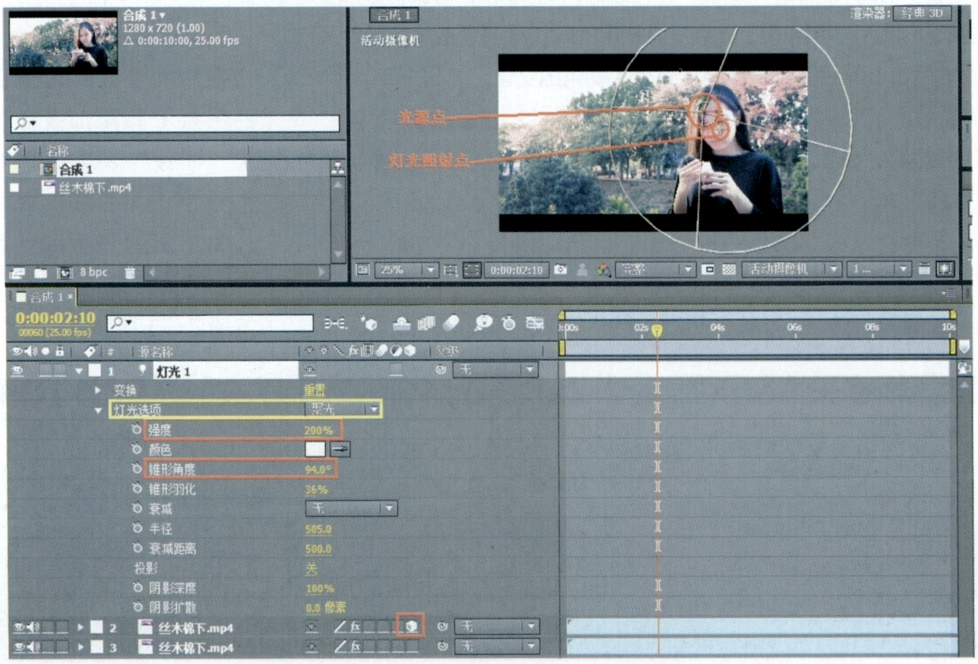

图 7-22 利用灯光层给人物范围增加光亮度

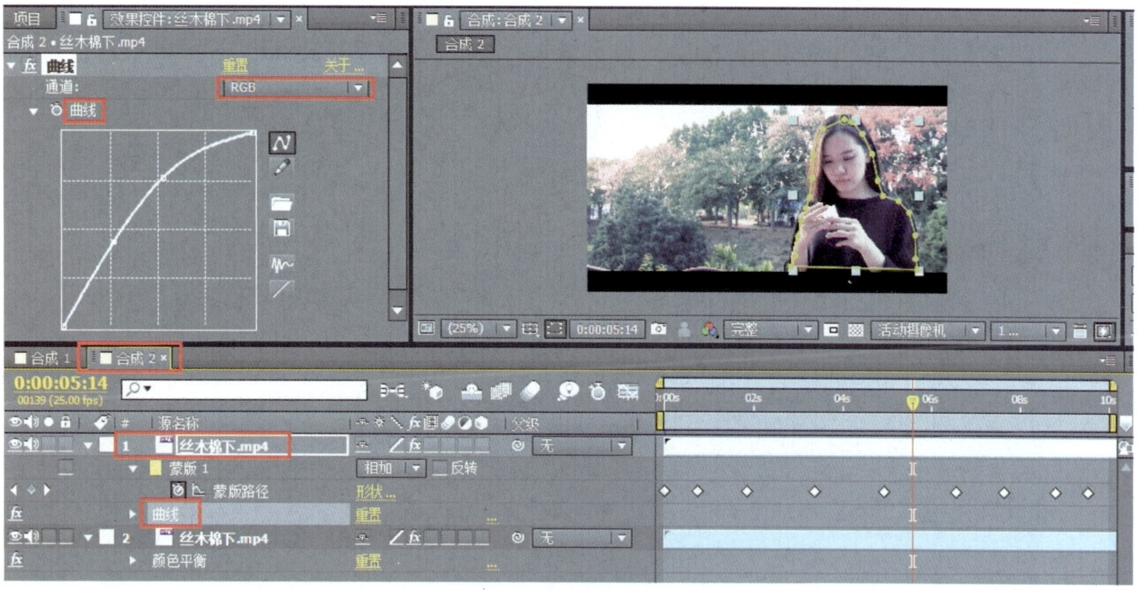

图 7-23 利用“曲线”特效给人物范围增加光亮度

7.6 “替换颜色”实例

“替换颜色”实例完成效果如图 7-24 所示。

新建合成，持续时间为 5 秒，将素材添加至时间轴上后，执行“效果 > 色彩校正 > 色相 / 饱和度”命令，参数设置如图 7-25 所示。

7.7 “胶片色”实例

“胶片色”实例完成效果，如图 7-26 所示。

新建合成，持续时间为 7 秒，将素材添加至时间轴上后，执行“效果 > 色彩校正 > 三色调”命令，参数设置如图 7-27 所示。

7.8 “黑白电影”实例

“黑白电影”实例完成效果，如图 7-28 所示。

7.8.1 将画面变成黑白色

新建合成，持续时间为 7 秒，将素材添加至时间轴上后，执行“效果 > 色彩校正 > 黑色和白色”命令或执行“效果 > 色彩校正 > 色相 / 饱和度”命令，通过相关设置来将画面变成黑白色，如图 7-29 所示。

7.8.2 设置画面产生噪点和闪烁效果

首先给素材添加“杂色”效果（执行“效果 > 杂色和颗粒 > 杂色”命令），设置产生画面噪点。然后给素材添加“闪光灯”效果（执行“效果 > 风格化 > 闪光灯”命令），设置产生画面闪烁，具体设置如图 7-30 所示。

图 7-24 “替换颜色”实例完成效果

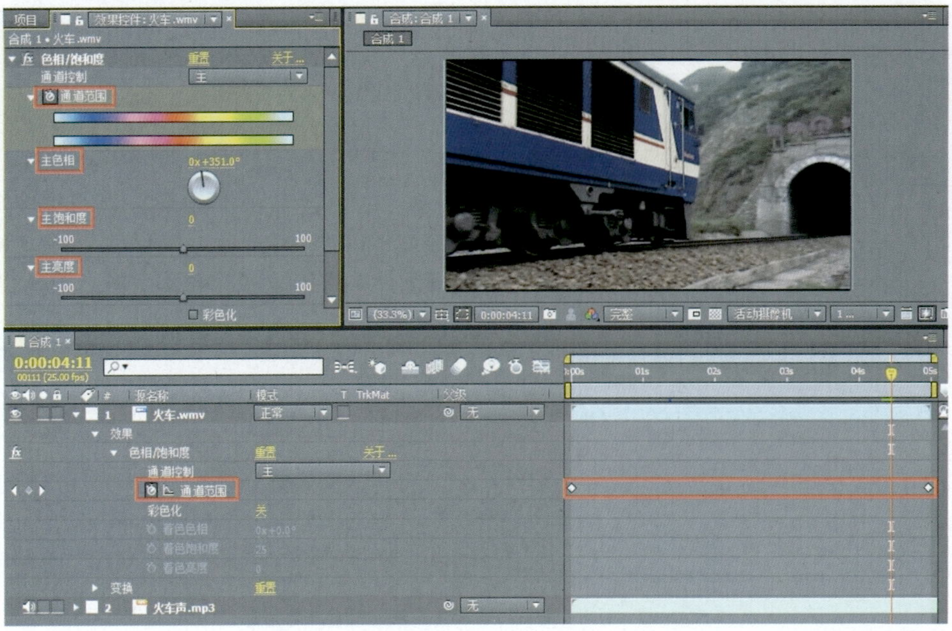

图 7-25　调整“色相 / 饱和度”参数及设置关键帧

图 7-26　“胶片色”实例完成效果

图 7-27　“三色调”的设置

图 7-28　“黑白电影”实例完成效果

图 7-29　将画面变成黑白色

图 7-30　设置画面产生噪点和闪烁效果

复习与思考

1．抠像的原理与作用是什么？

2．常用的抠像技术包括哪些？

3．一般高级键控常用的合成方法有哪些？

4．色彩校正的作用及其常用的调色特效有哪些？

5．简述画面分层校色技术的应用与设置技巧。

第8章 高级运动控制与表达式

本章简介

本章主要介绍了使用关键帧辅助来实现高级运动控制以及使用运动表达式来制作运动效果等技巧，旨在使学生熟练使用关键帧并利用关键帧设置优美的动画效果。

学习目标

1. 了解关键帧插值的作用及应用技巧。
2. 掌握使用关键帧辅助来设置关键帧的方法。
3. 熟悉利用图表编辑器设置关键帧动画效果。
4. 了解表达式的作用及具体应用技巧。
5. 掌握将图片或视频变成圆柱体和球体的方法。

8.1 对“关键帧插值”的理解

After Effects 可以通过插值方式来控制关键帧，使关键帧产生多变的运动效果，使层运动加速、减速或匀速变化，下面就简单地介绍一下。

在“时间轴”面板中，选中要进行编辑的关键帧，单击右键，执行“关键帧插值（Key frame Interpolation）”命令，将弹出“关键帧插值”对话框，如图 8-1 所示。

临时插值（Temporal Interpolation）：在“时间轴”面板中设置怎样在时间上改变一个属性，包括当前设置（应用关键帧的当前插值设置）、线性、贝塞尔曲线、连续贝塞尔曲线、自动贝塞尔曲线、定格（保持第一个关键帧不变，直至下一个关键帧进行变化）。下面列举一下不同形式的关键帧图标：——线性插值；——贝塞尔曲线或连续贝塞尔曲线插值；——自动贝塞尔曲线插值；——定格插值。

空间插值（Spatial Interpolation）：在合成图像视窗或层视窗中设置关键帧的空间属性，包括当前设置（应用关键帧的当前插值设置）、线性、贝塞尔曲线、连续贝塞尔曲线、自动贝塞尔曲线，如图 8-2 所示。需要注意的是，只有位置（Position）、锚点（Anchor Point）和效果控制点（Effect Point）关键帧可以使用此选项。

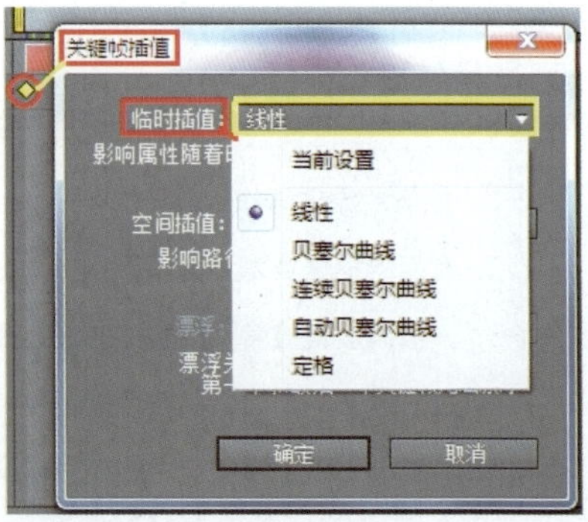

图 8-1 “关键帧插值”对话框的“临时插值”选项

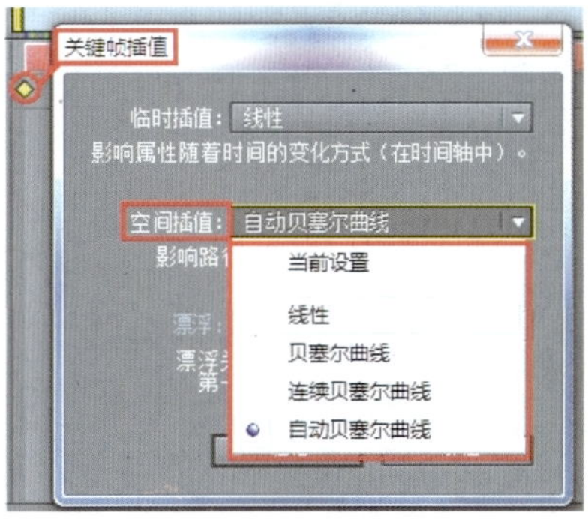

图 8-2　“关键帧插值”对话框的“空间插值”选项

8.2 “弹跳球动画”实例

“弹跳球动画”实例完成效果如图 8-3 所示。

8.2.1　设置篮球位置和旋转的关键帧动画

执行菜单栏中的“合成 > 新建合成”命令，在弹出的“合成设置”对话框中注意选择预设模式为“HDV/HDTV 720 25”，持续时间为 3 秒。将素材添加至时间轴上并进行适当的编辑，接着设置篮球位置和旋转的关键帧动画，如图 8-4 所示。

图 8-3　“弹跳球动画”实例完成效果

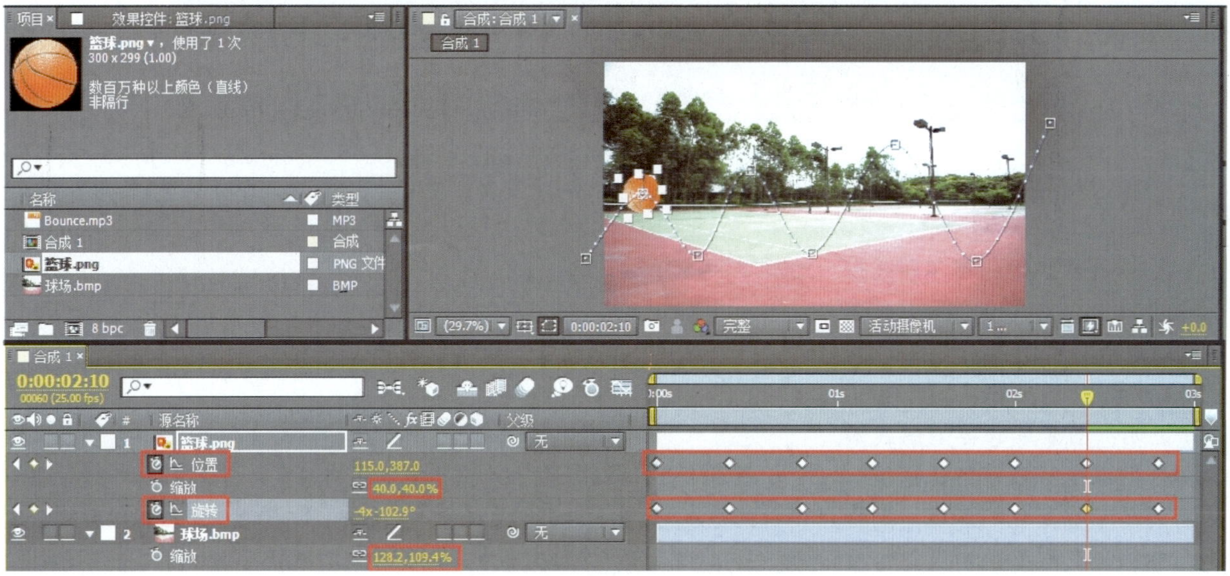

图 8-4　设置篮球位置和旋转的关键帧动画

8.2.2　利用图表编辑器和关键帧辅助调节篮球运动时的加速与减速

1．调节“位置”关键帧实现位置运动过程中的加速与减速

（1）选中“篮球”图层的“位置”属性，然后单击“图表编辑器”（也叫作曲线编辑器）按钮，接下来在“选择图表类型和选项”中勾选“自动选择图表类型”（见图 8-5）。然后框选选中图表编辑器中所有的关键帧控制点，单击“将选定的关键帧转换为自动贝塞尔曲线”按钮，将选中的关键帧转换为自动贝塞尔曲线，如图 8-6 所示。

说明：将选定的关键帧转换为贝塞尔曲线还可以通过“Ctrl + 鼠标左键”或单击右键弹出“关键帧辅助”（关键帧辅助的作用是用户可以方便地消除属性中速度的突然变化，自动变动进入和离开所选择关键帧范围的速度）选择来实现。

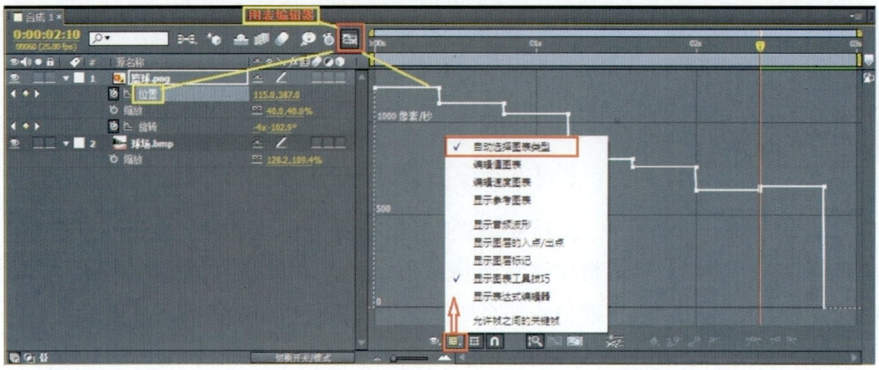

图 8-5　调出图表编辑器

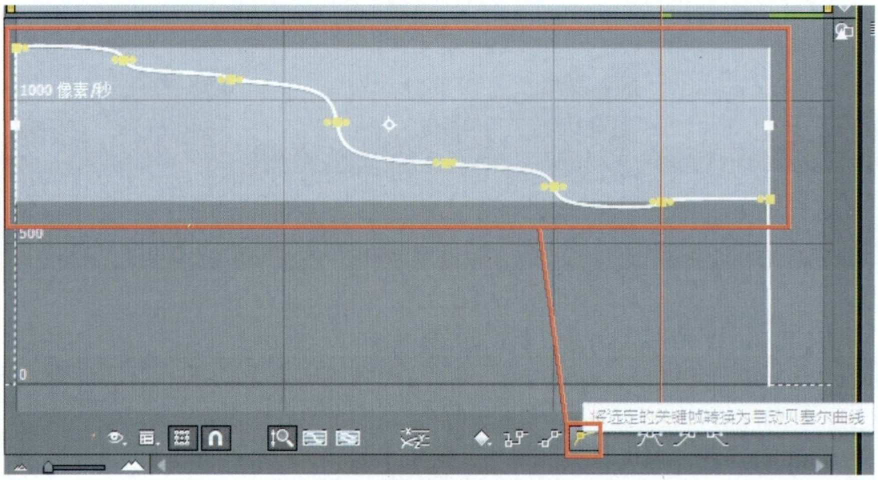

图 8-6　将选中的关键帧转换为自动贝塞尔曲线

（2）逐个调节贝塞尔曲线控制点的位置、方向等，实现篮球运动弹跳过程的加速与减速效果，如图 8-7 所示。

说明：图表编辑器（曲线编辑器）的纵坐标表示的是速度，或者说是参数变化的速度，调整这个曲线是有限制的，当然也可以通过改变关键帧的位置和数值来调整。

2．调节“旋转”关键帧

按照上面的操作流程与方法，接着调节“旋转”关键帧实现旋转运动过程中的加速与减速，如图 8-8 所示。

3．预览与输出

添加音效，预览与输出，如图8-9所示。

8.3 “划动手机屏幕动画”实例

“划动手机屏幕动画”实例完成效果如图 8-10 所示。

8.3.1 编辑与排列好要划动的手机屏幕图片

新建“手机屏幕图片”合成（每张图的宽度为 360 像素，5 张手机图总计的宽度为 360×5=1800（像素），每张图的高度为 650 像素，故新建的“手机屏幕图片”合成大小为 1800×650），持续时间为 10 秒。将“手机图”素材添加至时间轴上并进行适当的编辑与排列（注意从窗口菜单中调出“对齐”面板来编排图片），如图 8-11 所示。

8.3.2 创建手机划屏动画

1．设置缓冲动作

执行菜单栏中的“合成 > 新建合成”命令，在弹出的“合成设置”对话框中选择预设模式为“HDV/HDTV 720 25”，持续时间为 10 秒，新建合成以“手机划屏动画”命名。将相关的素材都添加至时间轴上进行适当的编辑后，首先设置手指进入画面以及第一个划屏动作的关键帧动画，然后在“图表编辑器”中设置手指划屏前和划屏后的缓冲动作，如图 8-12 所示。

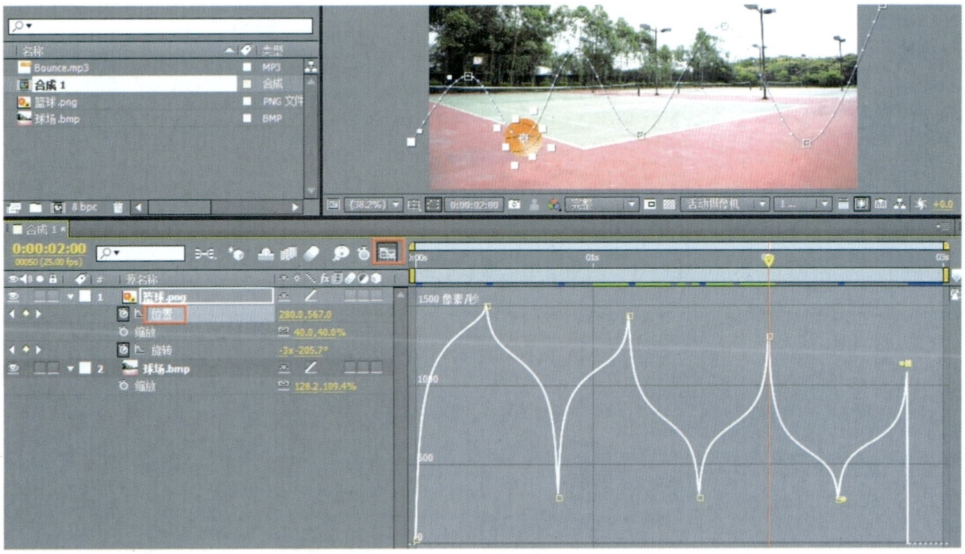

图 8-7　逐个调节贝塞尔曲线控制点的位置、方向

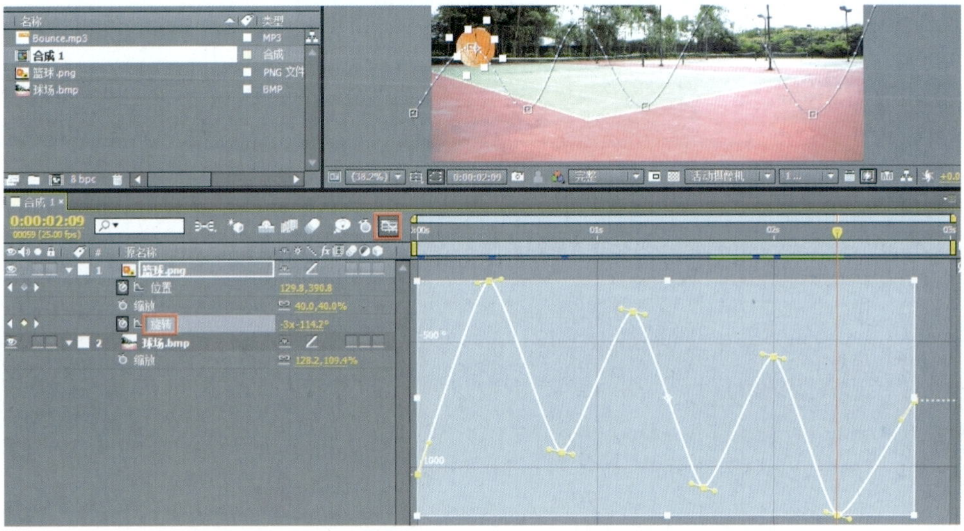

图 8-8　调节“旋转”关键帧实现旋转运动过程中的加速与减速

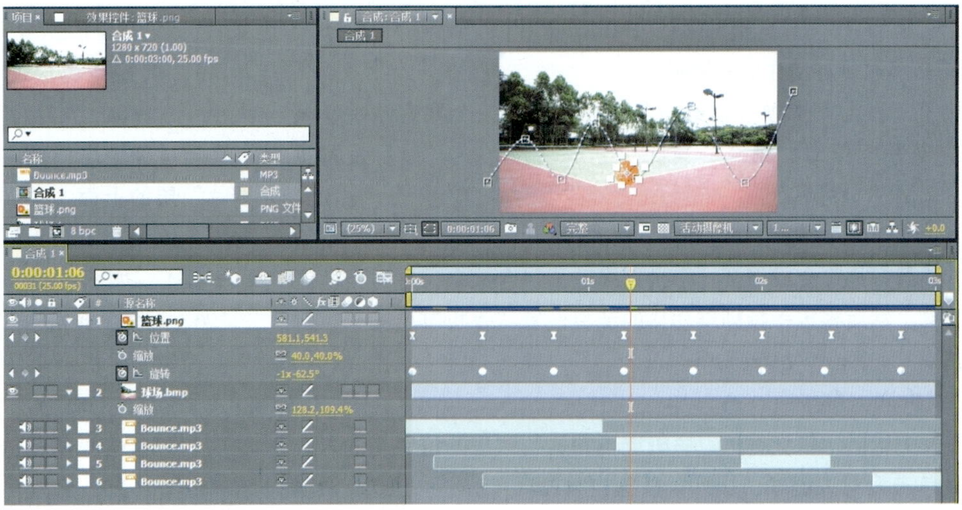

图 8-9　添加音效与渲染

图 8-10 “划动手机屏幕动画”实例完成效果

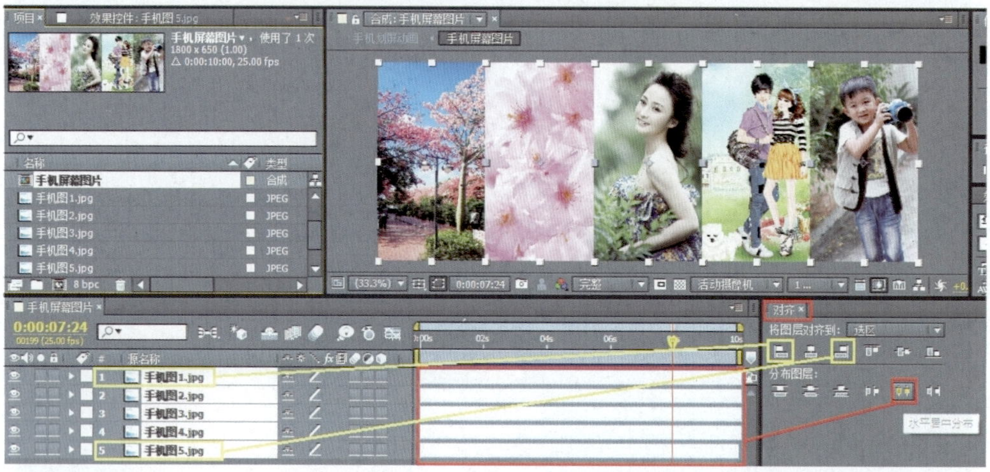

图 8-11 利用“对齐”面板来编排图片

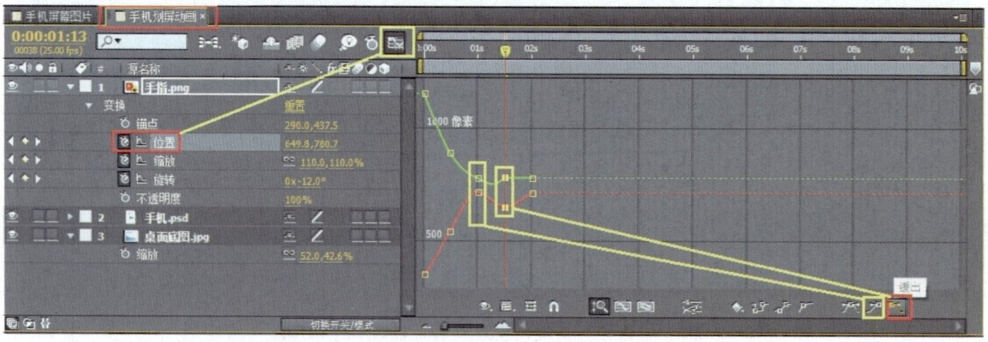

图 8-12 设置手指划屏前和划屏后的缓冲动作

2. 复制手指多次划屏动作的关键帧

框选中从第 1 秒至第 2 秒手指第一个划屏动作的三个属性的关键帧后，分别拷贝至手指第二、第三、第四个划屏动作区域，最后设置手指移出画面，如图 8-13 所示。

3. 设置划屏位置关键帧

将“手机屏幕图片”合成拖至“手机划屏动画”合成中，并适当地调整其比例和位置。然后根据手指划屏动作的节奏设置“手机屏幕图片”对应的位置关键帧，如图 8-14 所示。

4. 设置关键帧的“缓入”

切换至图表编辑器，依次框选“手机屏幕图片”对应的位置（划入）关键帧，然后单击设置关键帧“缓入”按钮，如图 8-15 所示，接着预览效果。

5. 调整纯色层的位置和范围大小

新建纯色层，放在“手机屏幕图片”层的上面，并调整纯色层位置和范围大小（跟手机屏幕范围大小一致），如图 8-16 所示。

6. 调整并预览

设置“手机屏幕图片”图层轨道遮罩为“Alpha 遮罩‘橙色纯色 1’”，这样排列的图像只显示手机屏幕部分，加入音乐后，预览整体效果，如图 8-17 所示。

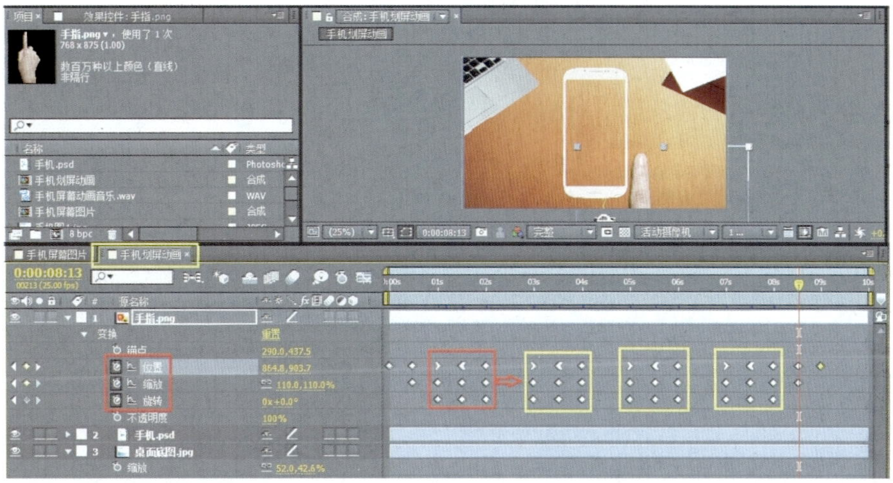

图 8-13　复制手指多次划屏动作的关键帧

图 8-14　设置“手机屏幕图片”划屏的位置关键帧

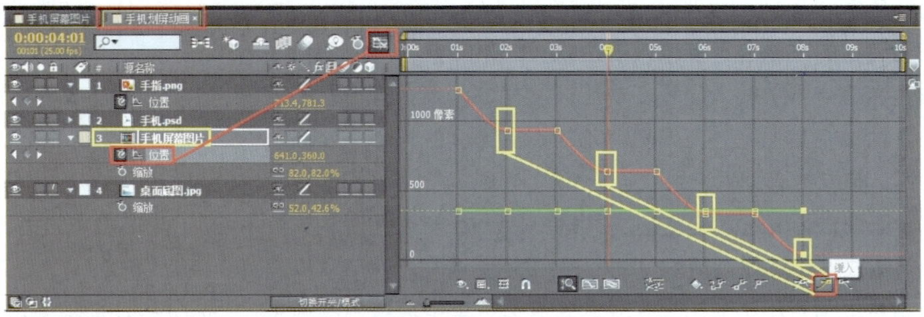

图 8-15　设置位置（划入）关键帧的“缓入”

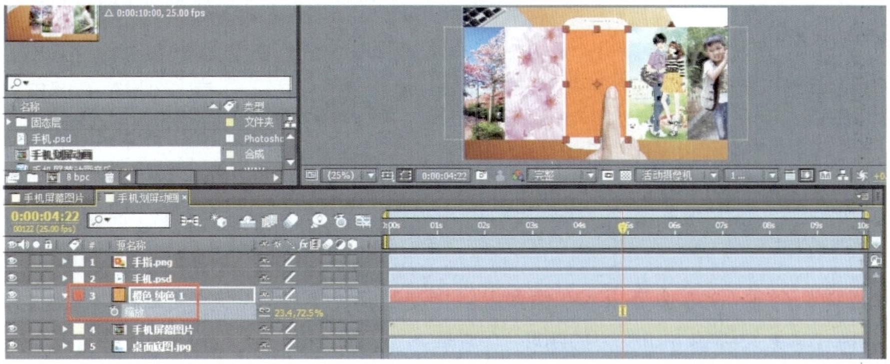

图 8-16　调整纯色层的位置和范围大小

图 8-17　设置轨道遮罩

8.4 对“表达式”的理解与操作

表达式是以 Javascript 语言（一种用于网站开发的高级通用工业标准程序语言）为基础的。Javascript 包括一套丰富的语言工具来创建更复杂的表达式，其中包括最基本的数学三角函数的运算。尽管这是一种高级的语言，但是一句表达式控制一个参数，这是因为一句表达式仅连接在一个参数上，仅将值赋予该参数。

创建表达式的基本步骤如下。

步骤一：在“时间轴”面板中选择一个图层的属性，然后执行主菜单“动画 > 添加表达式”命令。

步骤二：在已存在的文本上直接输入表达式，如果需要，可以使用表达式语言菜单或元素指导帮助输入属性、功能以及常数。或者将拾取手柄拖曳到“时间轴”面板中其他属性上或是特效控制器窗口的一个特效选项上，如果需要的话，修改拾取手柄结果。

步骤三：单击表达式区域外面或者按数字键盘的 Enter 键激活表达式。

注意：如果表达式不能执行，After Effects 会显示错误信息并自动取消该表达式。一个黄色的警告图标会出现在表达式旁边，单击该警告图标可以查看错误信息。

8.5 “蝴蝶飞舞动画”实例

“蝴蝶飞舞动画”实例完成效果，如图 8-18 所示。

8.5.1 制作蝴蝶翅膀舞动

（1）新建“蝴蝶”合成（320 像素 ×240 像素），持续时间为 1 秒。然后以“合成”的形式导入“蝴蝶 .psd”，如图 8-19 所示。

（2）将蝴蝶的三个图层添加至时间轴上，打开图层的 3D 开关（3d 视图），在下拉列表中选择“顶部”，将视图转换为顶视图。然后在“时间轴”面板中选中“left”图层（蝴蝶的左翅膀层），调整 1 秒时间内的旋转关键帧动画。依此类推，再给“right”图层（蝴蝶的右翅膀层）做旋转关键帧动画，如图 8-20 所示。

8.5.2 设置蝴蝶沿路线飞舞

1. 表达式的应用

执行菜单栏中的“合成 > 新建合成”命令，在弹出的“合成设置”对话框中注意选择预设模式为“HDV/HDTV 720 25”，持续时间为 10 秒，新建合成以“合成 1”命名。将视图转换为“活动摄像机”。然后将“蝴蝶”合成嵌到主“合成 1”后，接着选中“蝴蝶”图层，执行“图层 > 时间 > 启用时间重映射”命令，延长“蝴蝶”图层静帧至 10 秒。接着给“时间重映射”添加表达式（选中“时间重映射”后，执行“动画 > 添加表达式”命令），在相应的文本框中输入 loop_out ("cycle", 0)，这样就可以使蝴蝶不停地舞动翅膀，如图 8-21 所示。

图 8-18　“蝴蝶飞舞动画”实例完成效果

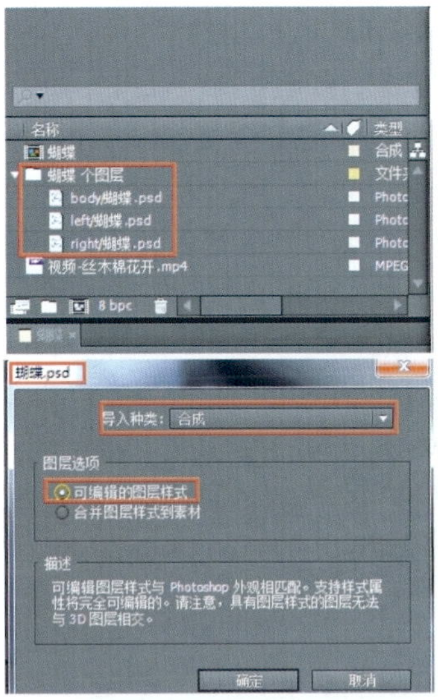

图 8-19　以“合成”的形式导入“蝴蝶.psd”

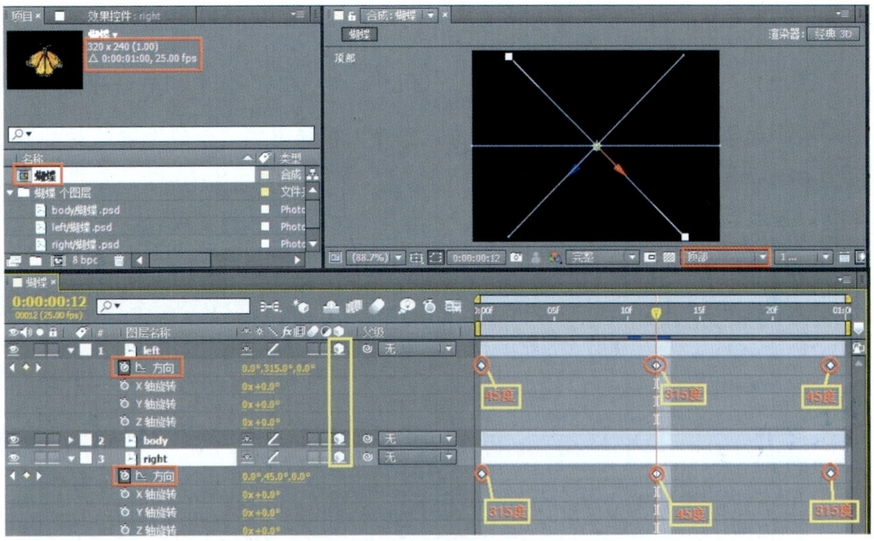

图 8-20　设置蝴蝶左右翅膀在 1 秒内的舞动动画

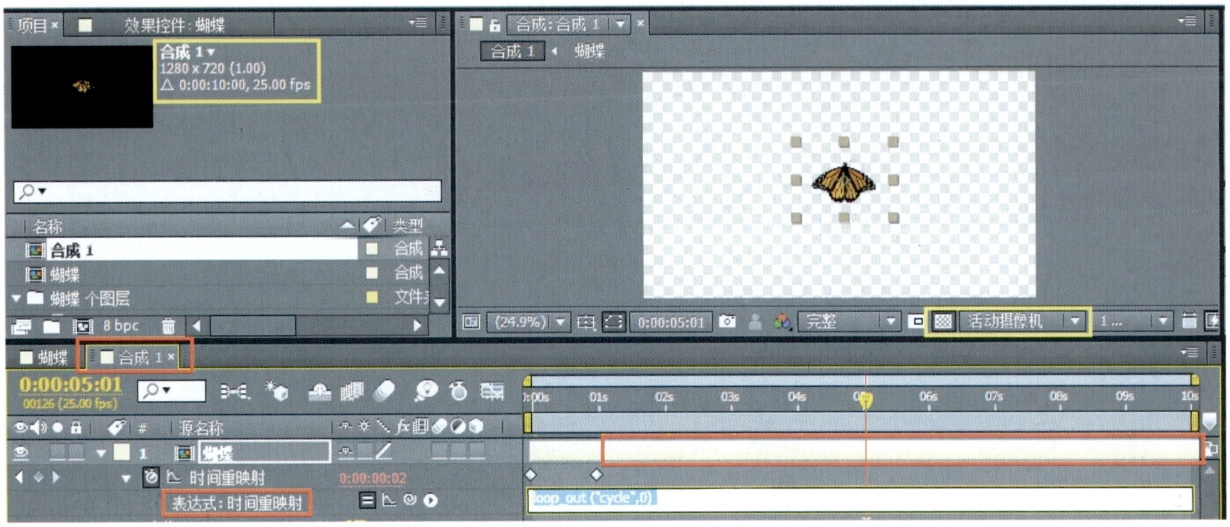

图 8-21　通过添加表达式使蝴蝶长时间地舞动翅膀

2. 进行相关设置并预览

打开“蝴蝶”合成的 3D 开关，加入背景视频，然后设置“位置”与“方向”的关键帧动画，预览整体效果，如图 8-22 所示。

表达式是 After Effects 中较有难度的部分，掌握它需要有一定的编程基础，只有多加练习才能熟练掌握，从而利用表达式进行动画的设计和制作。

蜻蜓点水

8.6 “音频转换为关键帧与表达式”实例

“音频转换为关键帧与表达式”实例完成效果如图 8-23 所示。

8.6.1 将音频转换为关键帧

执行菜单栏中的“合成 > 新建合成”命令，在弹出的“合成设置”对话框中选择预设模式为“HDV/HDTV 720 25”，持续时间为 30 秒，先将素材导入然后编排好。选中音频图层（小苹果 .mp3），执行“动画 > 关键帧辅助 > 将音频转换为关键帧”命令，自动创建一个“音频振幅”层，如图 8-24 所示。

8.6.2 添加表达式

（1）分别给图层 2 的“旋转”属性和图层 3 的“缩放”属性添加表达式（执行“动画 > 添加表达式”命令）命令后，通过“表达式关联器”按钮实现表达式的拾取目标（嵌入参考目标），从而使卡通角色随着音乐节奏产生动感的动画，预览整体效果，如图 8-25 所示。

（2）如果还需要在细节上对动画效果做修改，可以执行“动画 > 关键帧辅助 > 将表达式转换为关键帧”命令，如图 8-26 所示。

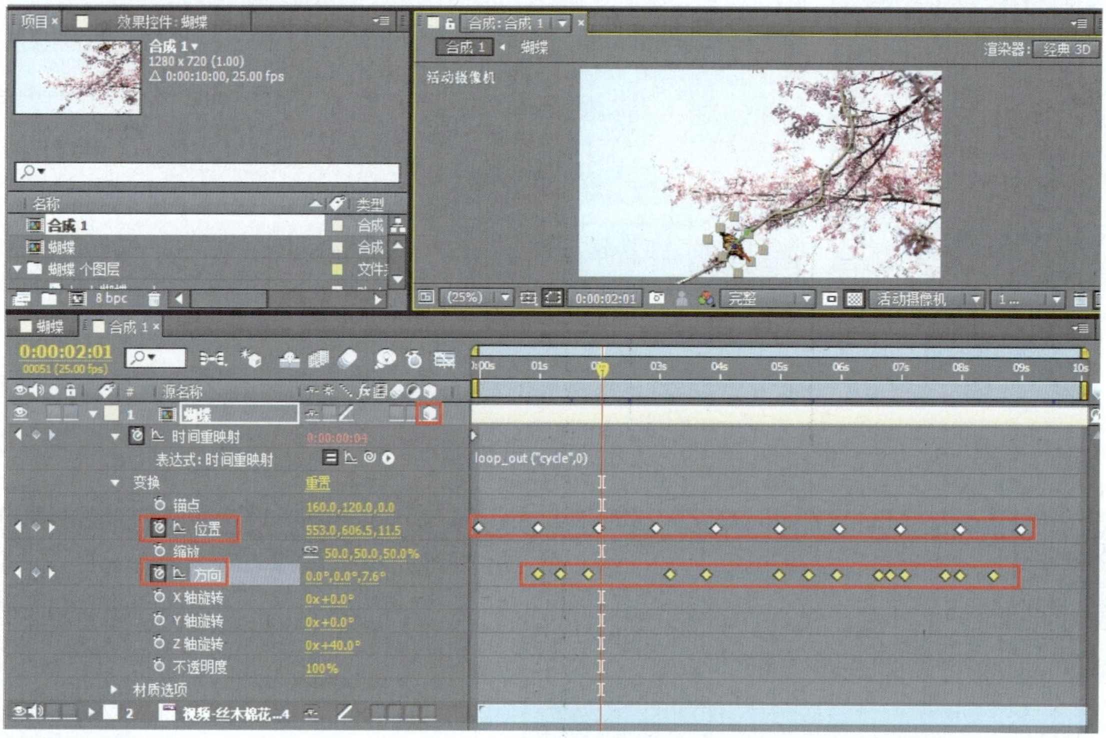

图 8-22　设置蝴蝶沿路线飞舞

图 8-23　“音频转换为关键帧与表达式”实例完成效果

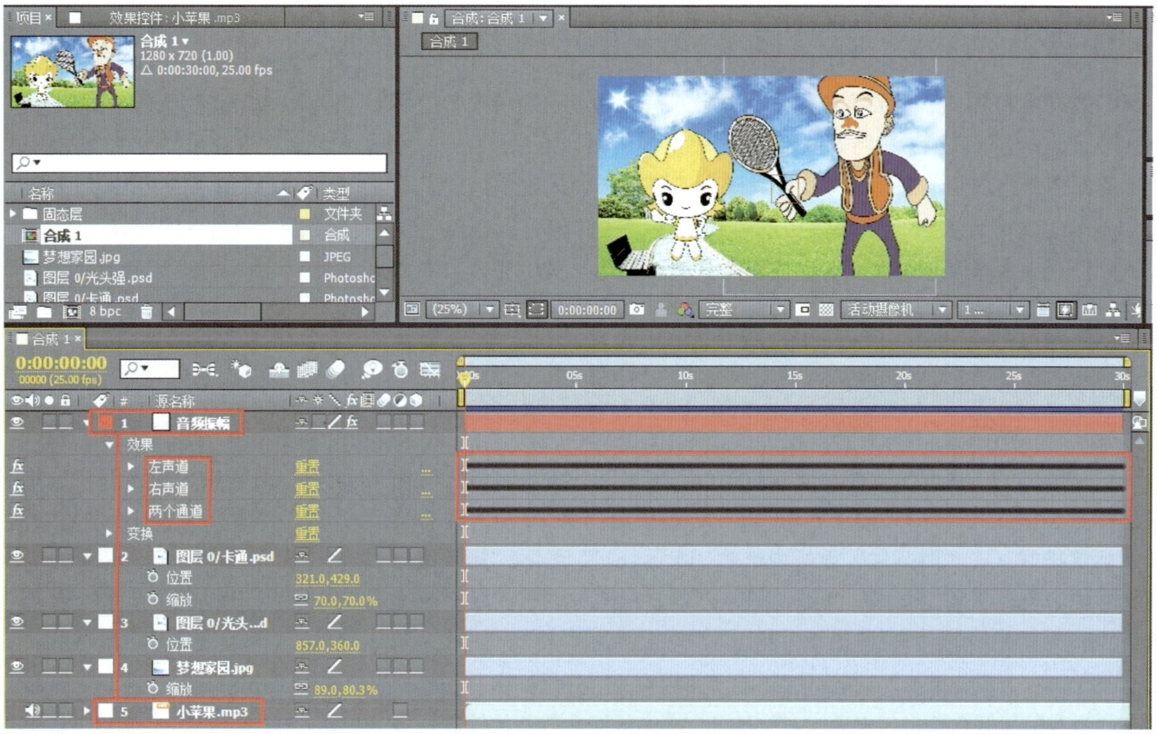

图 8-24 将音频转换为关键帧

图 8-25 通过“表达式关联器”按钮来实现表达式的拾取目标

图 8-26 将表达式转换为关键帧

8.7 “应用表达式实现跟踪”实例

跟踪效果是制作一个图层随着另一个图层的运动而运动的特效，应用表达式可以很方便地实现这种特效的制作。

本实例中先是应用动态草图（运动缩略）来制作卡通人物的运动，再通过添加表达式来设置其他层和该层的运动路径，这样就可以避免手工操作的烦琐，大大增强精确度。“应用表达式实现跟踪”实例完成效果如图 8-27 所示。

8.7.1 利用“动态草图”设置运动

1．捕捉运动路径

执行菜单栏中“合成 > 新建合成”命令，在弹出的“合成设置”对话框中选择预设模式为“HDV/HDTV 720 25”，持续时间为 20 秒，先将素材导入后编排好。在“时间轴”面板中选中“卡通 .psd”图层，然后执行菜单栏中的“窗口 > 动态草图”命令，显示“动态草图”调节面板。单击工具栏的选择工具，拉大“合成”面板，然后在“合成”面板中移动“卡通 .psd”图层至面板的右上角。单击“动态草图”调节面板中的“开始捕捉”按钮，然后在“合成”面板中单击“卡通 .psd”图层，按住鼠标左键不放绘制一条运动路径，注意要在 6 秒内匀速地移动，如图 8-28 所示。

说明：“动态草图”调节面板可以捕捉所绘制的层运动路径，它能记录图层的位置和绘制时的路径速率。

2．通过平滑器调节运动

选中“卡通 .psd”图层的“位置”属性，执行菜单栏中的“窗口 > 平滑器”命令，显示“平滑器”调节面板，在调节面板中设置“容差”值为“4”（参数可以根据运动平滑的效果自定）。然后单击“应用”按钮，这时候软件会自动对关键帧进行简化，使运动更为平滑，如图 8-29 所示。

8.7.2 利用表达式设置跟踪运动

（1）在“项目”面板中选中“卡通 .psd”图层，将其拖入“时间轴”面板中，放置在中间层（第 2 层）并适当调整比例。然后给其“位置”属性添加表达式（执行“动画 > 添加表达式”命令），在相应的文本框中输入 thisComp.layer（thisLayer，-1）.position.valueAtTime（time-.9），意思是设置该图层的运动路径与上一图层相同，比上一图层延时 0.9 秒。然后在“时间轴”面板中单击选中第 2 层“卡通 .psd”，按 Ctrl + D 键复制该图层，如图 8-30 所示。

图 8-27 “应用表达式实现跟踪”实例完成效果

图 8-28 利用“动态草图”捕捉一条绘制的运动路径

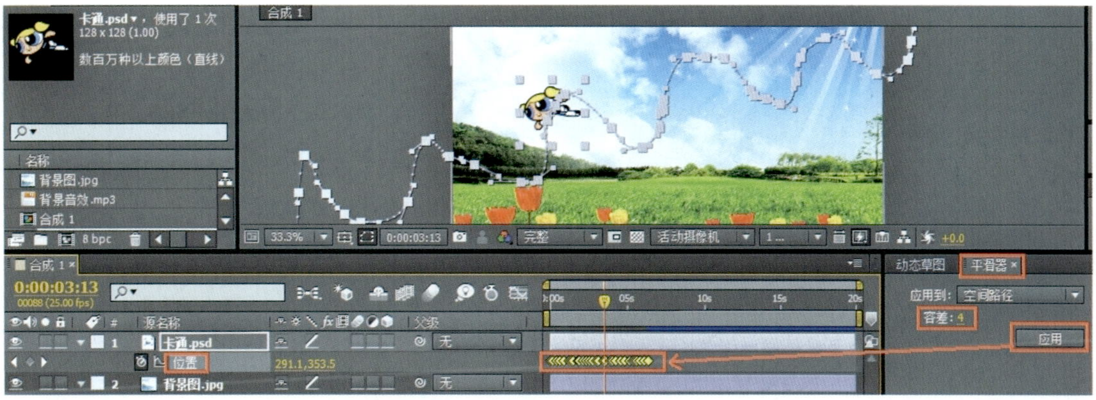

图 8-29　通过平滑器调节关键帧使运动更为平滑

图 8-30　利用表达式设置第 2 层跟踪第 1 层运动

（2）依此类推，将视频素材“飞鸟”添加至“时间轴”面板中并抠像（抠除背景）后，利用表达式设置跟踪运动效果，如图 8-31 所示。

（3）依照上述方法再多设置一些跟踪运动，加入音效后预览整体效果，如图 8-32 所示。

表达式是基于 JavaScript 的一种用于描述动画的功能。例如，在变速运动的汽车，如果应用表达式将其车轮的位置和旋转角度变化与车身的运动建立一定的关联，则需要设置大量的关键帧。应用表达式可以在层与层的属性之间建立关联，使用某一属性的关键帧去操作其他属性，从而提高工作效率。

8.8 “环形方块动画”实例

“环形方块动画”实例完成效果如图 8-33 所示。

8.8.1 制作不同的方块随机排列

执行菜单栏中的“合成 > 新建合成”命令，在弹出的“合成设置”对话框中选择预设模式为“HDV/HDTV 720 25”，持续时间为 10 秒，新建合成以“方块合成”命名。利用多个不同颜色的纯色层和矩形蒙版工具结合，制作出不同的方块随机排列，如图 8-34 所示。

8.8.2 合成环形方块动画效果

1．设置环形方块动画效果

新建“环形动画”合成后，将“方块合成”嵌套拖进时间轴上，选中“方块合成”图层，执行“效果 > 透视 > CC Cylinder（圆柱）”命令，注意设置 CC Cylinder（圆柱）特效相关参数和关键帧动画。然后将“方块合成”层拷贝一层，调整其相关参数，产生环形方块动画效果，如图 8-35 所示。

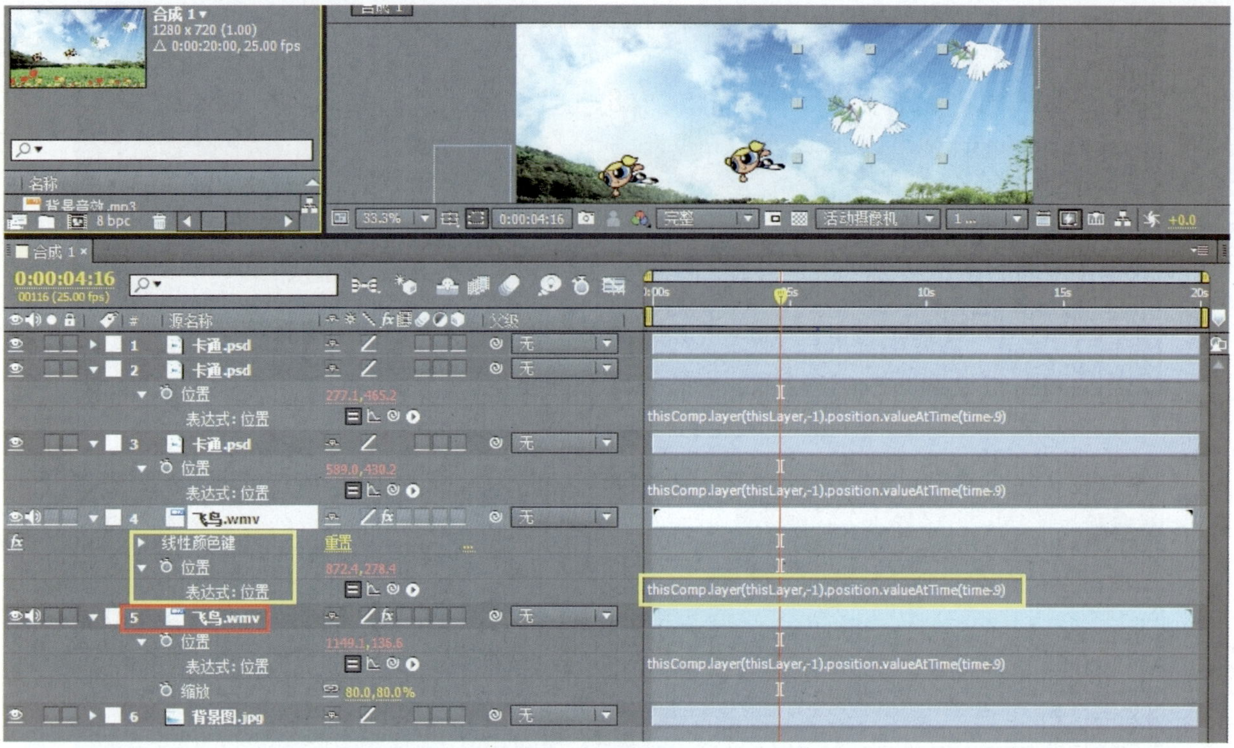

图 8-31 利用表达式设置“飞鸟”跟踪运动效果

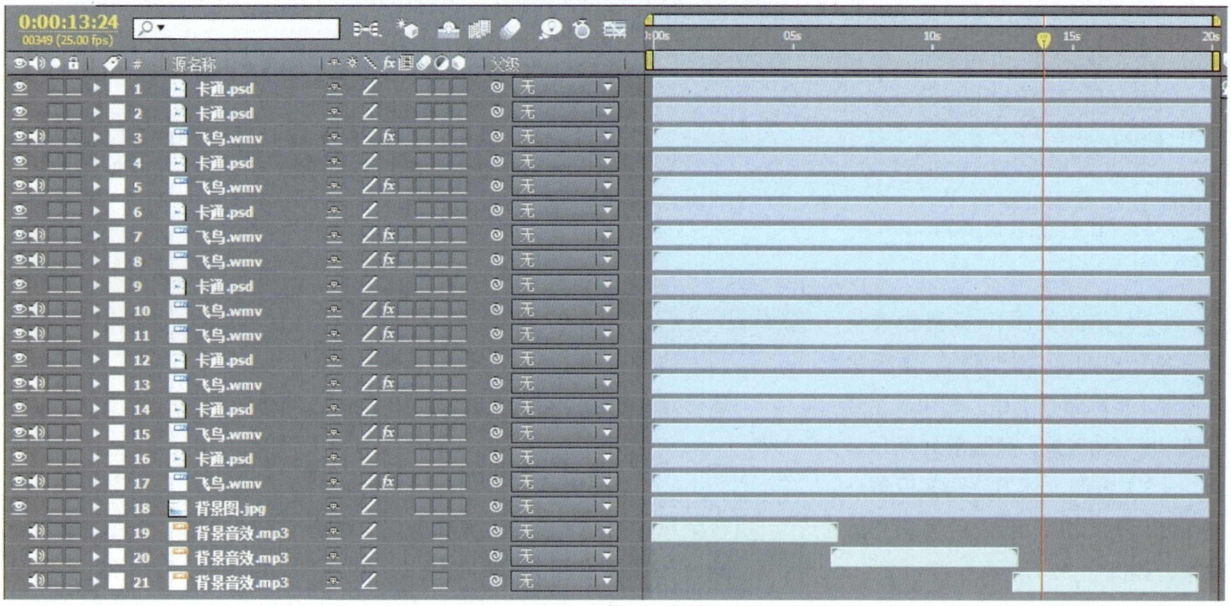

图 8-32 多设置一些跟踪运动

图 8-33 “环形方块动画”实例完成效果

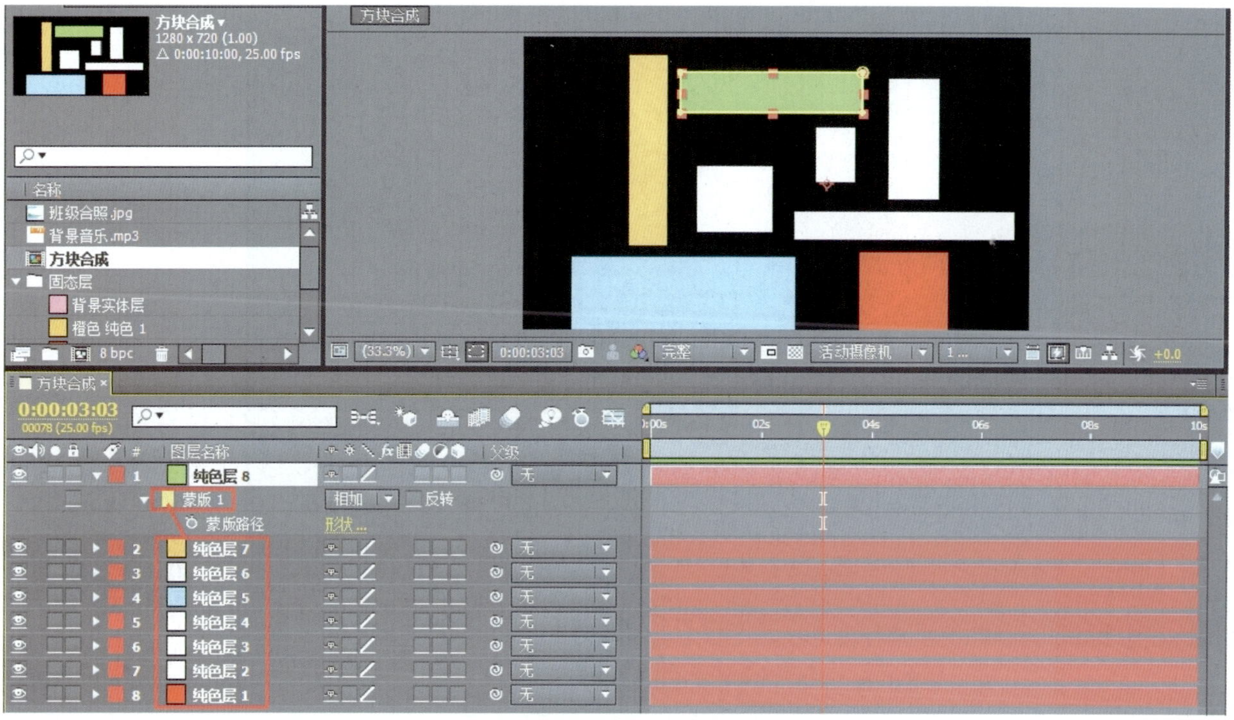

图 8-34　制作不同的方块随机排列

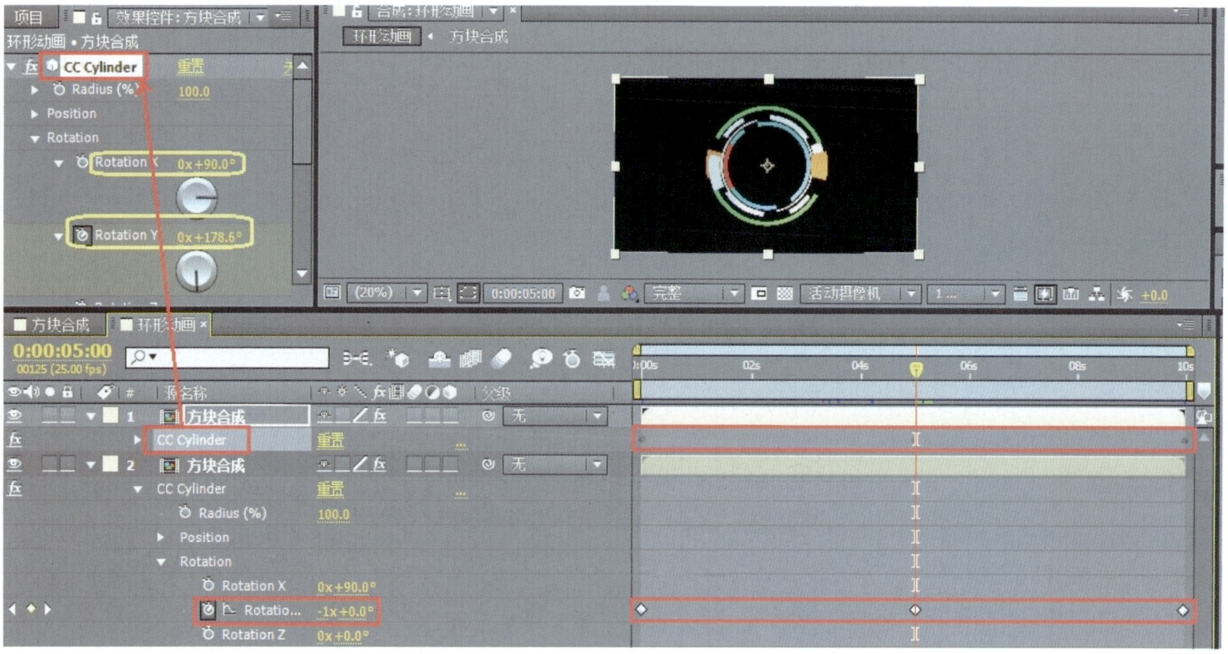

图 8-35　设置环形方块动画效果

2. 调整并预览

在“环形动画”合成中导入“班级合照”图片，选中“班级合照”图层，执行“效果 > 透视 > CC Sphere（球面化）”命令，注意设置 CC Sphere（球面化）特效相关参数和关键帧动画（使球体产生旋转和设置球体开始入画的动画）。然后建立一个纯色层作为背景，导入背景音乐，预览整体效果，如图 8-36 所示。

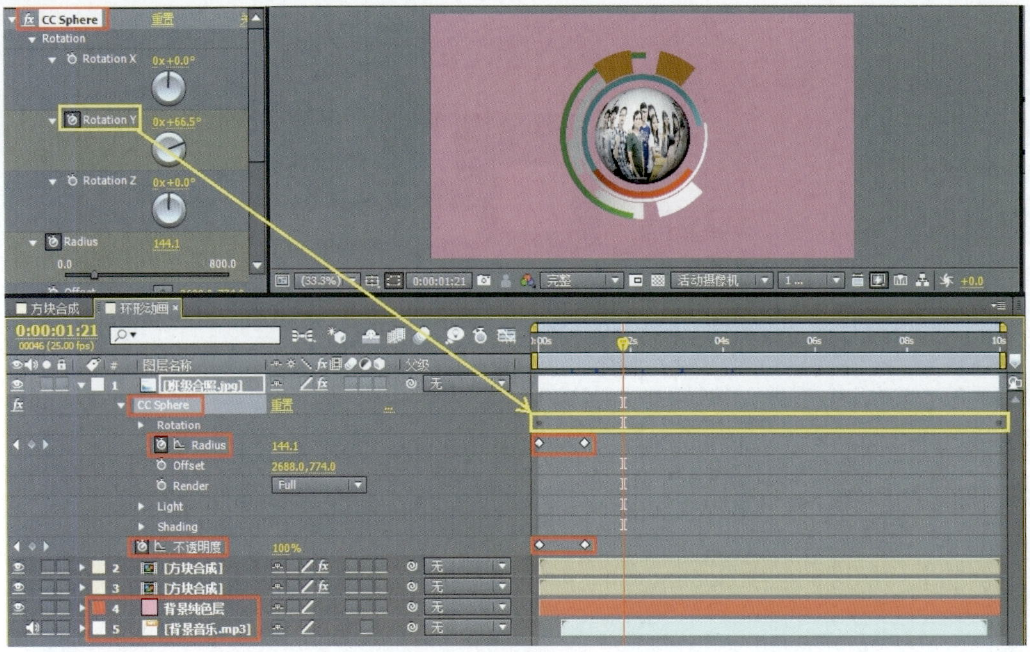

图 8-36　最终环形方块动画合成效果

“全城热恋”
电视栏目片头

复习与思考

1. 简述关键帧添加的步骤及关键帧辅助的各属性含义。
2. 简述表达式的作用与应用步骤。
3. 怎样利用表达式做出四个车轮的滚动?
4. 怎样结合关键帧插值与图表编辑器设置关键帧动画效果?
5. 如何将图片或视频变成圆柱体和球体?

第9章 三维合成与摄像机动画

本章简介

本章主要介绍了三维合成与摄像机动画技术，旨在使学生熟练掌握摄像机创建和制作三维空间的原理。

学习目标

1. 了解三维合成的原理与技术要求。
2. 掌握摄像机的创建和设置方法。
3. 掌握摄像机的移动操作技巧与镜头动画的设置方法。
4. 掌握灯光的创建和设置方法。
5. 进一步熟悉蒙版技术与颜色校正特效的应用。

9.1 对“三维合成、灯光与摄像机”的理解

9.1.1 三维合成的定义

所谓三维，是指由 X、Y、Z 三个轴构成的立体空间。在 AE 中，3D 图层具有实实在在的三维属性，它的旋转、位置等都有这三个维度。摄像机、灯光也有三维属性，能通过阴影、遮挡等特点产生透视、聚焦效果。三维感包括深度感、空间感等。

9.1.2 灯光的应用

（1）灯光的主要功能：灯光最主要的功能是营造场景中的气氛，灯光的颜色以及强度可以使 3D 场景中的素材图层渲染出不同的效果，而阴影生成功能则可产生 3D 层的模拟效果，使合成效果更加富于立体感。

（2）灯光的建立：通过执行“图层 > 新建 > 灯光”命令来建立，或者在“时间轴”面板中右击，在弹出的快捷菜单中执行“新建 > 灯光”命令。

（3）灯光的参数设置：如果赋予投影选项打开灯光的投影属性，必须在图层的材质属性中对其投影参数进行设置，同时在绑定灯光时，使灯光的兴趣点与目标物体保持一致。

9.1.3 摄像机的使用

（1）摄像机的主要功能：用来控制观察视角，在三维空间中移动、旋转图层并在周围架设、移动摄像机，视窗中显示的恰如摄像机镜头所能看到的。

（2）摄像机的建立：通过执行“图层 > 新建 > 摄像机”命令来建立，或者在“合成”面板或“时间轴”面板中右击，在弹出快捷菜单中执行“新建 > 摄像机”命令。

（3）摄像机的参数设置：通过调整目标点、位置、旋转等变化属性，可以设置摄像机的浏览动画。

（4）用工具移动摄像机。

①——轨道摄像机工具：用来旋转摄像机视图，左右拖动鼠标可水平旋转摄像机视图，上下拖动鼠标可垂直旋转摄像机视图。

②——跟踪 XY 摄像机工具：用来移动摄像机视图，左右拖动鼠标可水平移动摄像机视图，上下拖动鼠标可垂直移动摄像机视图。

③——跟踪 Z 摄像机工具：沿 Z 轴拉远或推近摄像机视图。向下拖动鼠标，可拉远摄像机视图；向上拖动鼠标，可推近摄像机视图。

9.2 “倒影与镜头动画”实例

“倒影与镜头动画”实例完成效果如图 9-1 所示。

9.2.1 给图像加边框与制作立体倒影效果

执行菜单栏中的“合成 > 新建合成”命令，在弹出的“合成设置”对话框中选择预设模式为“HDV/HDTV 720 25”，持续时间为 10 秒，新建合成以“片段 1”命名。导入素材后先做第一个镜头片段的边框与立体倒影效果。利用纯色层做背景边框效果，如图 9-2 所示。然后将两个图层（片段 01 与纯色层）一起预合成后复制一层并设置下面图层的倒立（打开图层的 3D 开关，设置“X 轴旋转”），给倒立的图层添加“线性擦除”（执行“效果 > 过渡 > 线性擦除”命令）特效，设置产生倒影效果，如图 9-3 所示。

9.2.2 制作摄像机镜头动画效果

（1）添加摄像机图层（执行“图层 > 新建 > 摄像机”命令），结合摄像机工具快捷键“C”来调节摄像机镜头动画关键帧，如图 9-4 所示。

图 9-1 “倒影与镜头动画”实例完成效果

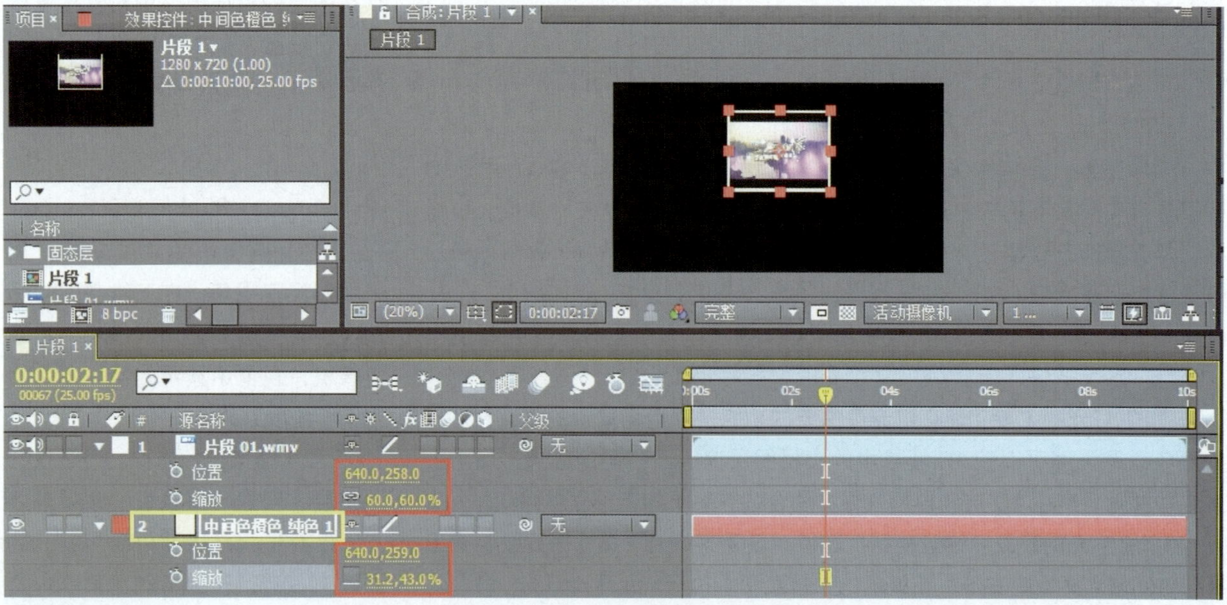

图 9-2 利用纯色层做背景边框效果

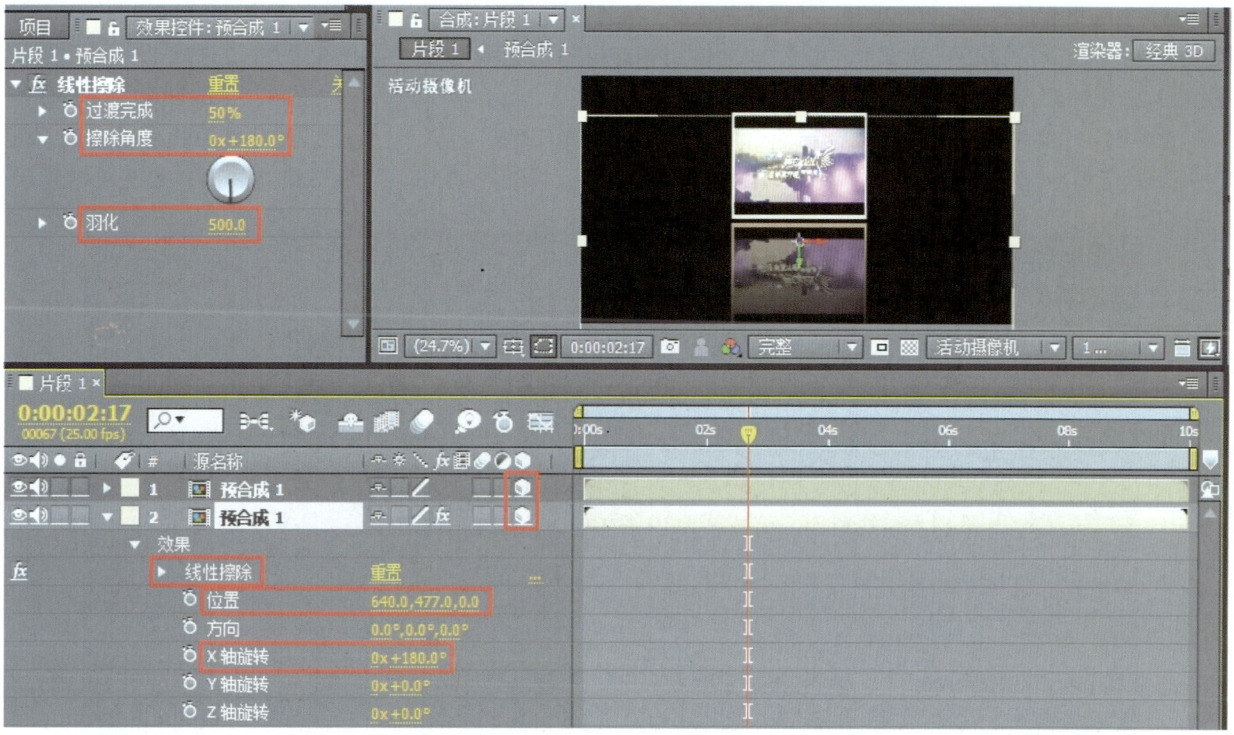

图 9-3 设置产生倒影效果

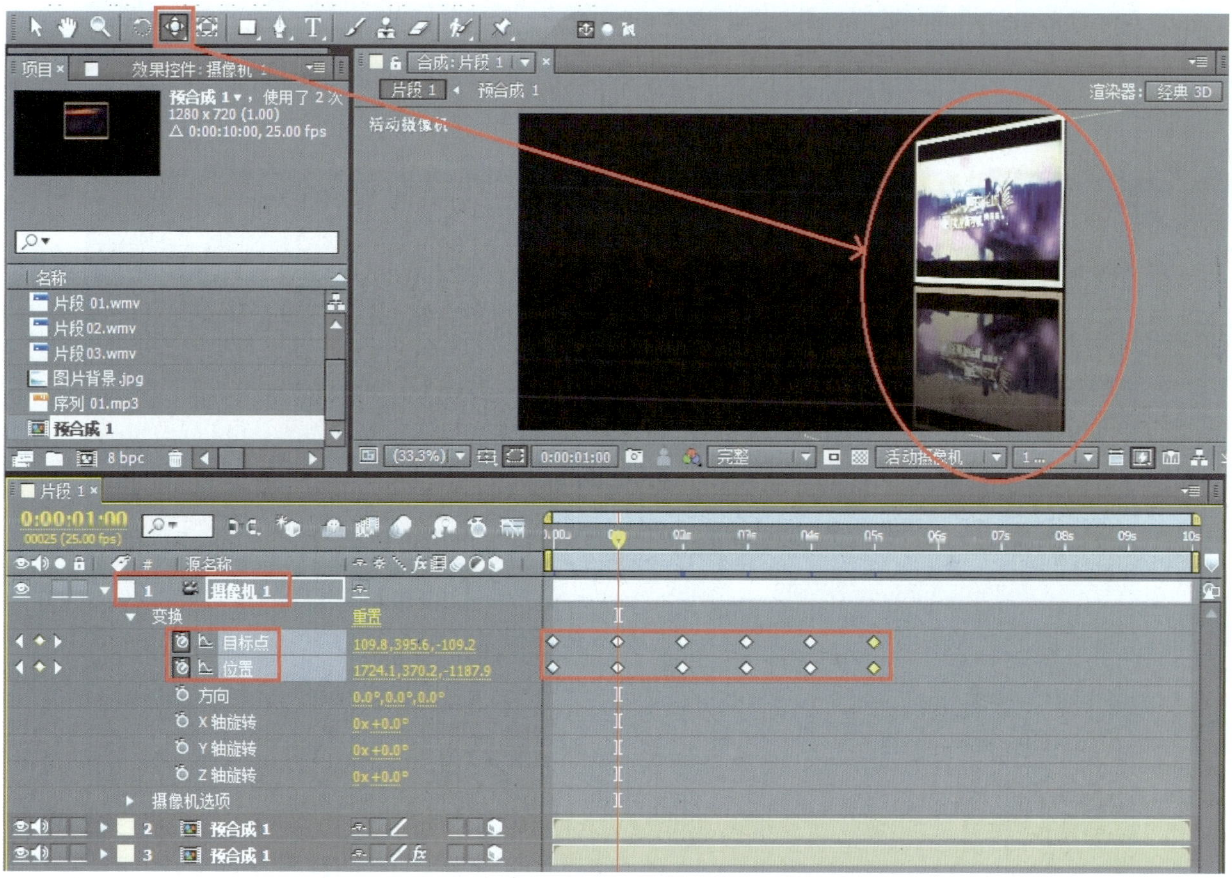

图 9-4 结合摄像机工具快捷键“C”来调节摄像机镜头动画关键帧

（2）按照上面的方法依此类推，新建“片段 2”和“片段 3”，合成后分别给“第二个片段”“第三个片段”做立体倒影与摄像机镜头动画效果，如图 9-5、图 9-6 所示。

（3）执行菜单栏中的“合成 > 新建合成”命令，在弹出的“合成设置”对话框中选择预设模式为“HDV/HDTV 720 25”，持续时间为 10 秒，新建合成以“合成 1”命名。然后将“片段 1”“片段 2”和“片段 3”合成嵌套到“合成 1”中，加上背景图片和音乐，预览与调节最终效果，如图 9-7 所示。

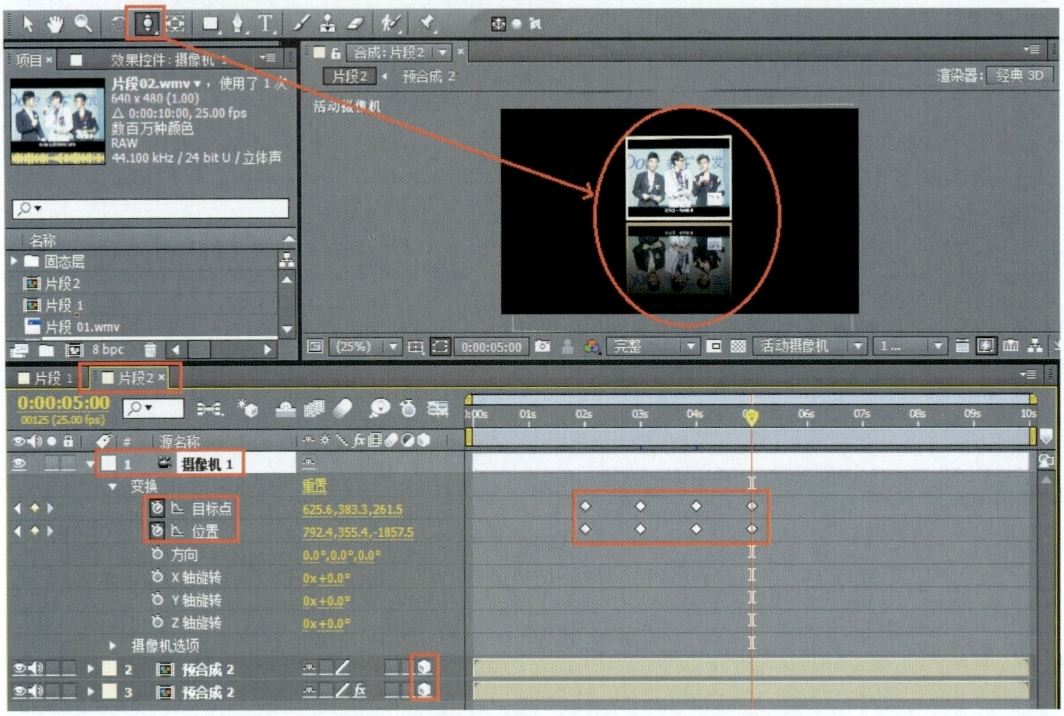

图 9-5 “第二个片段”的立体倒影与摄像机镜头动画效果

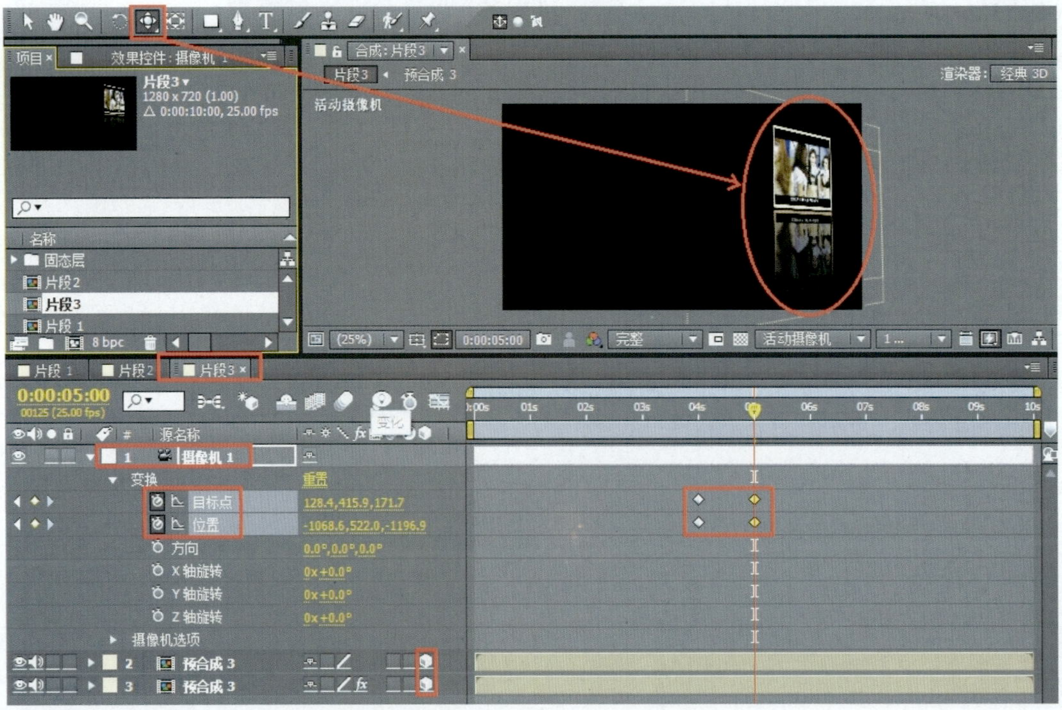

图 9-6 “第三个片段”的立体倒影与摄像机镜头动画效果

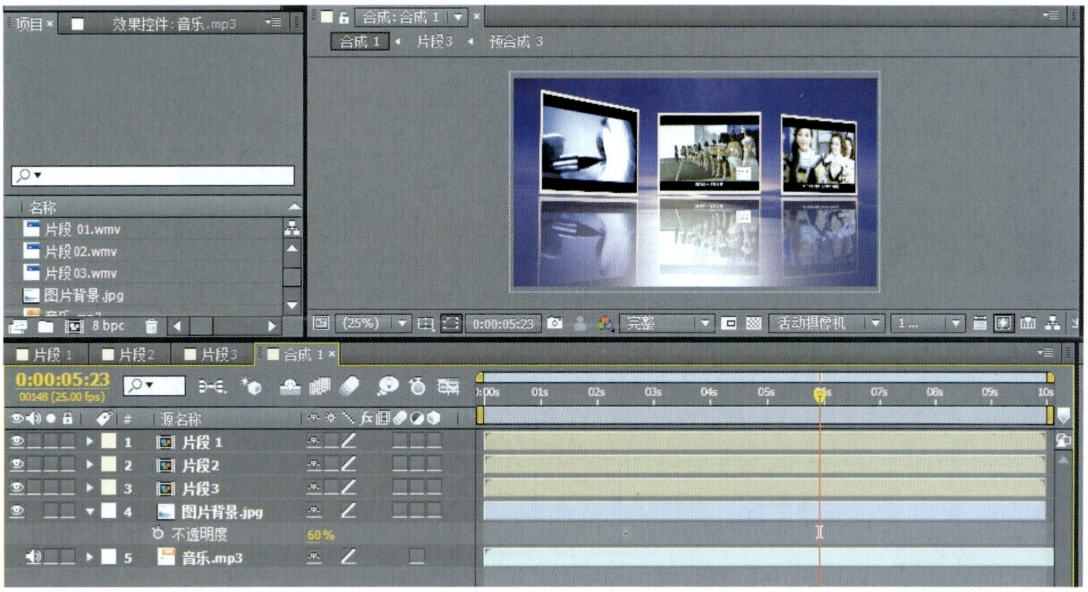

图 9-7　预览与调节最终效果

立体展示动画

“讲健康陷阱”
电视栏目片头

9.3 “立体界面展示动画”实例

“立体界面展示动画”实例完成效果如图 9-8 所示。

9.3.1　制作图像的立体展示动画

1．设置视频片段的关键帧动画

执行菜单栏中的“合成 > 新建合成”命令，在弹出的“合成设置”对话框中选择预设模式为“HDV/HDTV 720 25”，持续时间为 15 秒。导入素材后先做“环保服装秀”视频片段的立体倒影效果，接着开启图层的 3D 开关，通过设置图层位置属性的 Y 轴关键帧，分别做上下两层视频片段朝上、朝下的运动效果，如图 9-9 所示。

2．绘制蒙版

分别对上下图层“预合成”后开启 3D 开关，并分别绘制蒙版（遮罩），如图 9-10 所示。

3．设置纯色层及调节摄像机镜头动画

新建“背景”纯色层，添加“梯度渐变”（执行“效果 > 生成 > 梯度渐变”命令）特效，修改颜色，作为背景。然后新建“摄像机”，结合“摄像机”快捷键“C”来调节摄像机镜头并设置关键帧动画，如图 9-11 所示。

9.3.2　设置投影效果

（1）此时摄像机的立体界面动画没有投影，显得有点儿飘，没有重量感觉，所以要创建投影效果。新建“投影”纯色层（黑色），调整图层比例。打开该黑色层的 3D 开关，旋转并使其垂直于界面层。接着绘制蒙版形状，设置黑色阴影的关键帧跟踪运动，如图 9-12 所示。

（2）调整“投影”层的蒙版不透明度并添加“快速模糊”（执行“效果 > 模糊和锐化 > 快速模糊”命令）特效，加上背景音乐后预览整体效果，如图 9-13 所示。

图 9-8　“立体界面展示动画”实例完成效果

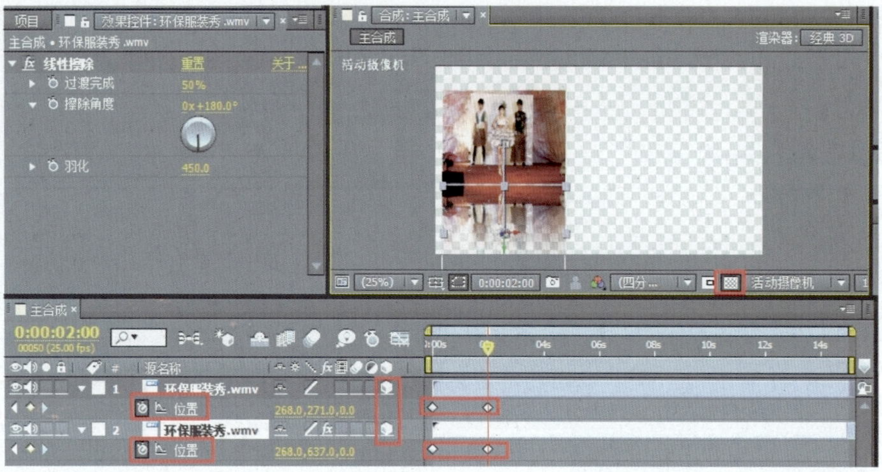

图 9-9　设置上下两层视频片段朝上、朝下运动的关键帧动画

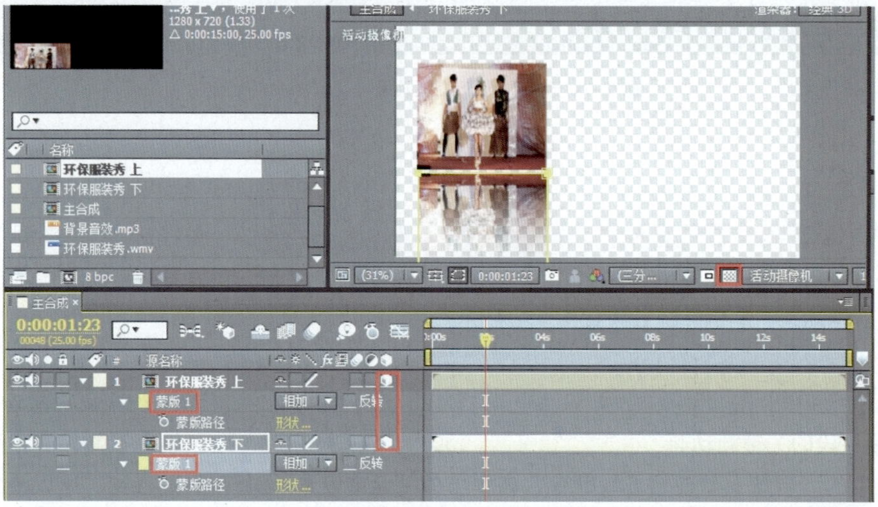

图 9-10　分别绘制蒙版

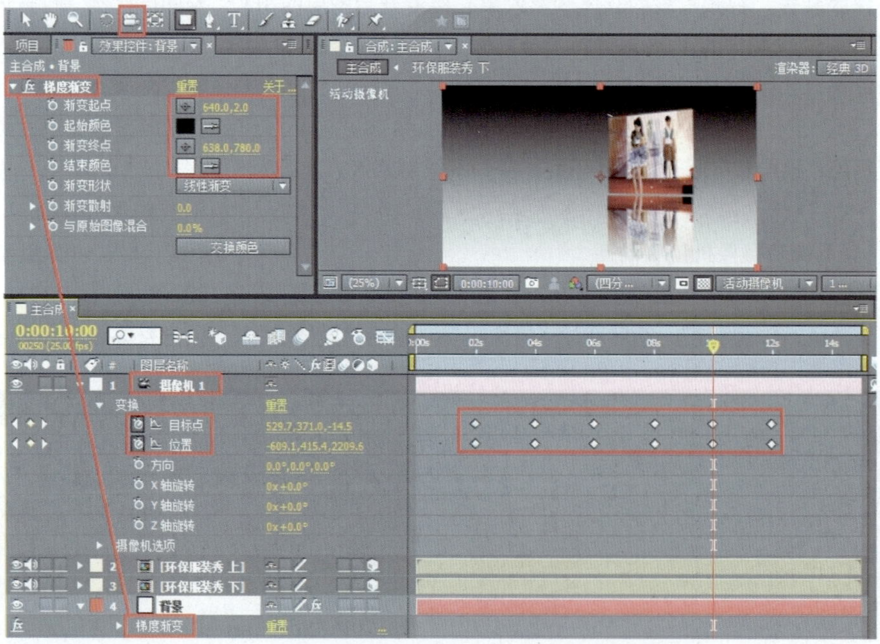

图 9-11　设置“背景”纯色层与调节摄像机镜头动画

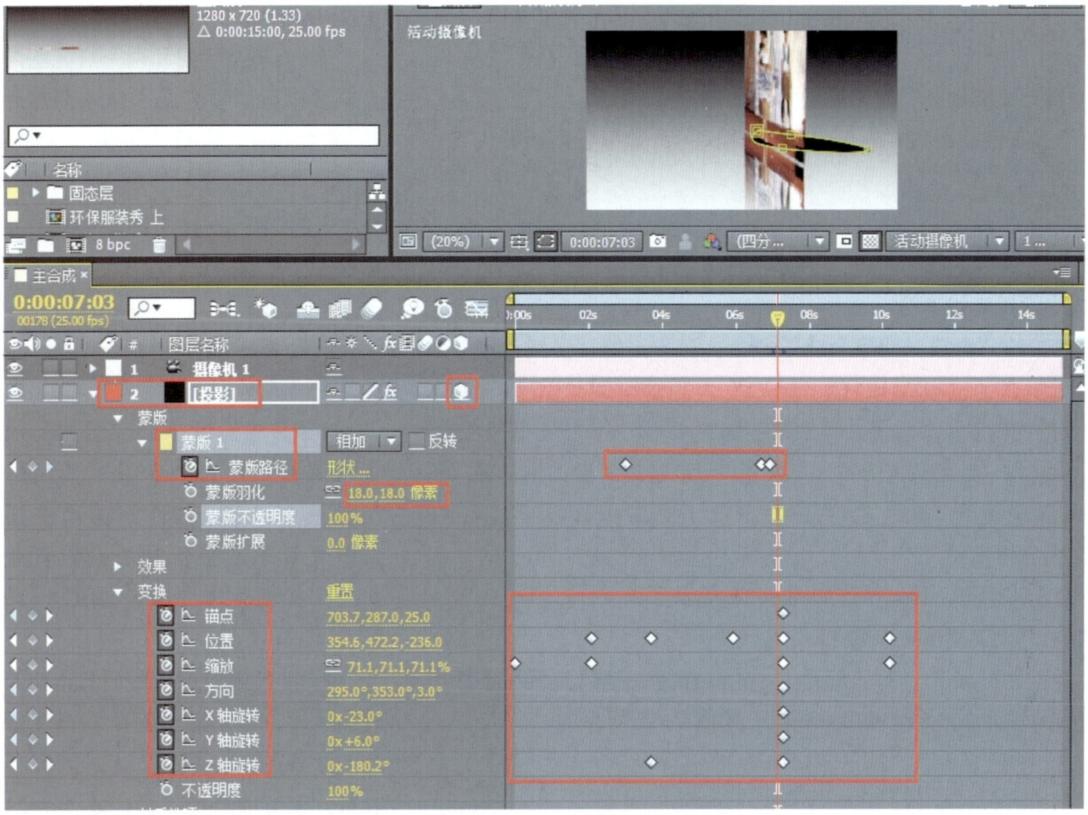

图 9-12　创建投影并设置关键帧跟踪运动

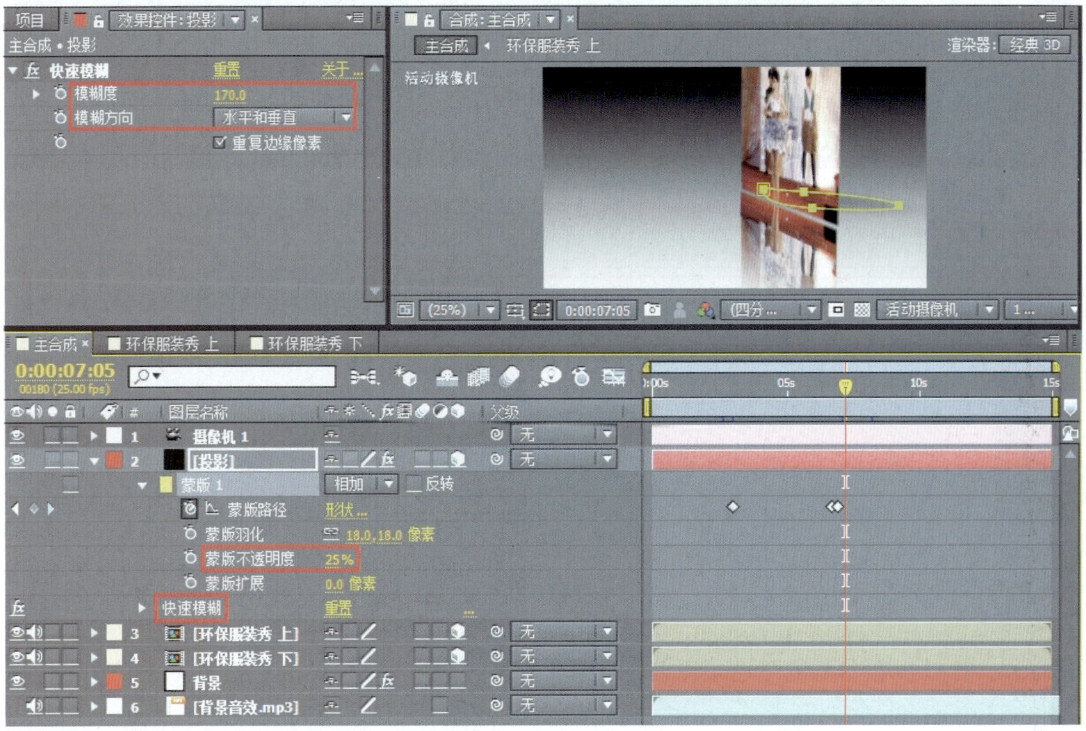

图 9-13　设置蒙版的不透明度与“快速模糊”效果

现代企业网站
展示宣传模板

9.4 “3D 立体倒影文字动画”实例

“3D 立体倒影文字动画”实例完成效果如图 9-14 所示。

说明：由于本实例须用到“Reflect（倒影插件）”效果，所以要先将该插件安装好。

9.4.1 建立立体文字

1. 在合成中设置光线追踪

执行菜单栏中的“合成＞新建合成”命令，在弹出的“合成设置”对话框中选择预设模式为“HDV/HDTV 720 25”，持续时间为 15 秒。导入素材后创建“我的中国梦”文字层并开启文字层的 3D 开关，接着将“合成”面板查看视图设置为“自定义视图 3”，调出“合成设置”对话框，在“高级”模式下将“渲染器”设置为“光线追踪 3D”，如图 9-15 所示。

2. 设置文字立体模型

设置文字的立体模型，具体操作如图 9-16 所示。

3. 添加灯光，设置立体文字效果

首先创建类型为“聚光”的“灯光 1”并设置相关参数，然后创建类型为“环境”的“灯光 2”并设置相关参数，如图 9-17 所示。

9.4.2 设置立体文字的倒影效果

（1）将“合成”面板查看视图调回“活动摄像机”，然后调整文字层的缩放大小，如图 9-18 所示。

（2）将文字层和两个灯光图层选中后执行“预合成”操作，然后加 VC Reflect（执行“效果＞Video Copilot＞VC Reflect”命令）特效，注意设置 VC Reflect（倒影）的位置和总体效果，如图 9-19 所示。

9.4.3 设置具有透视感的背景图合成效果与摄像机动画

（1）适当调小文字层的缩放值和调整“位置”参数，然后导入背景图，打开 3D 开关，并适当调大其缩放值，然后设置背景图的“X 轴旋转”值，如图 9-20 所示。

（2）新建摄像机后调节镜头的透视角度，然后新建宽度和高度都为 1 像素的纯色层 1，这时候就可以看见倒影的透视效果，如图 9-21 所示。

图 9-14 “3D 立体倒影文字动画”实例完成效果

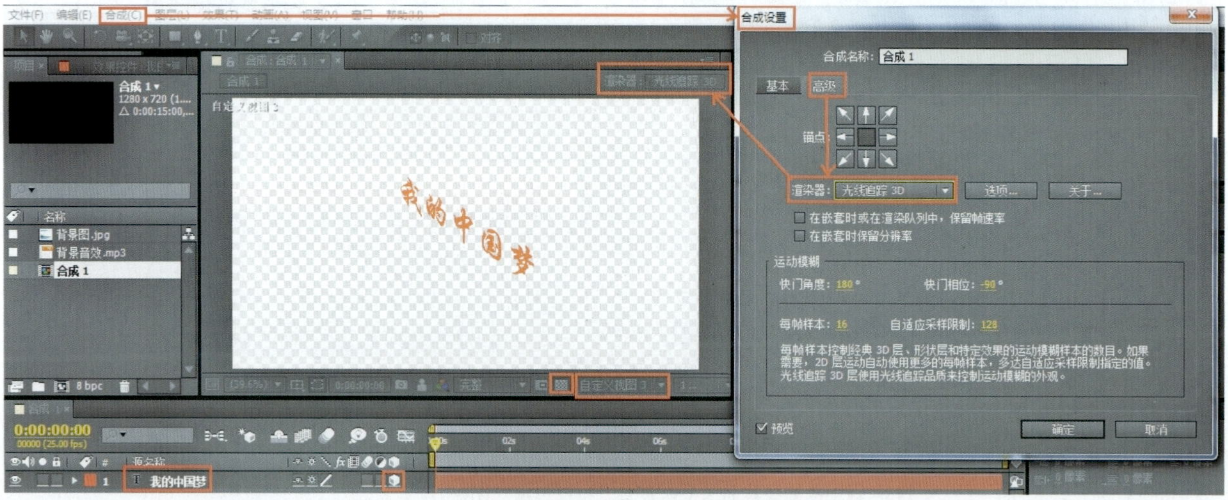

图 9-15 设置合成中使用光线追踪 3D 渲染器

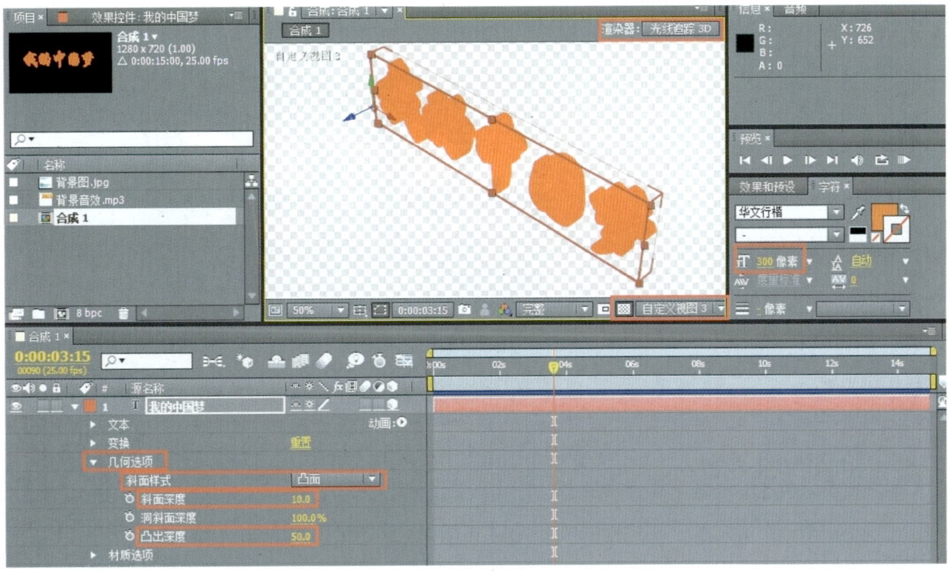

图 9-16　设置文字的立体模型

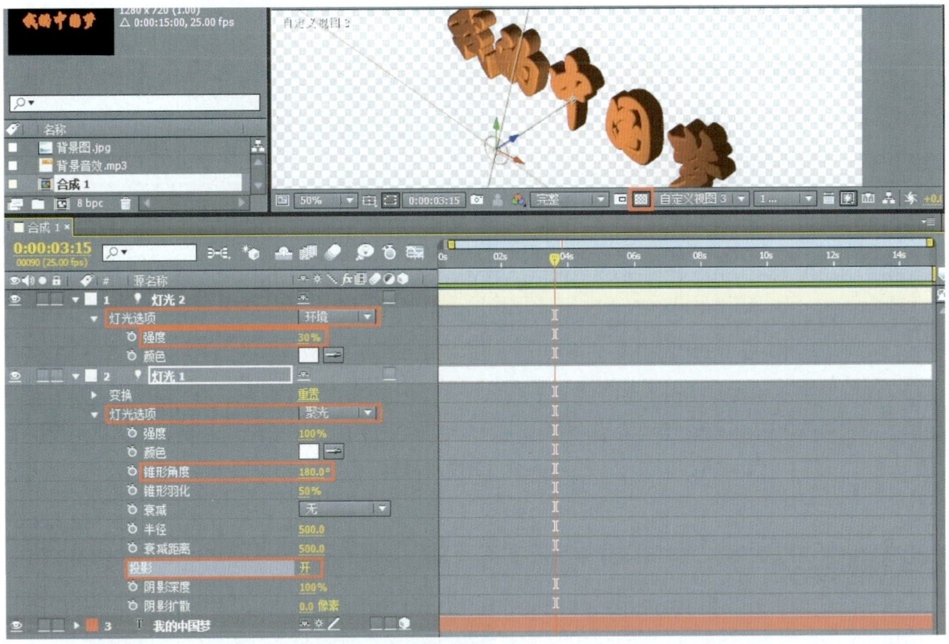

图 9-17　通过灯光设置立体文字效果

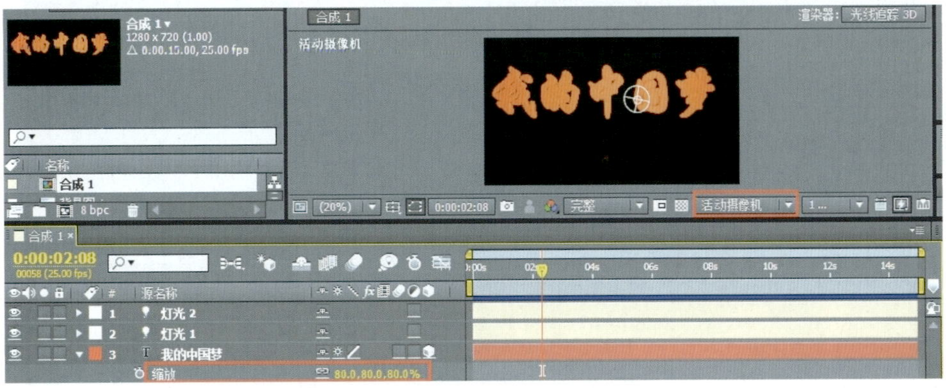

图 9-18　调整文字层的缩放大小

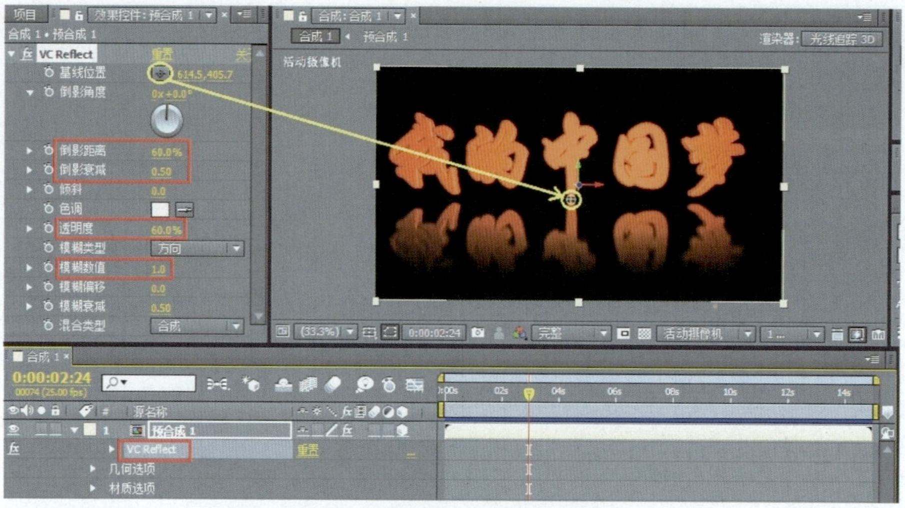

图 9-19 设置文字的倒影效果

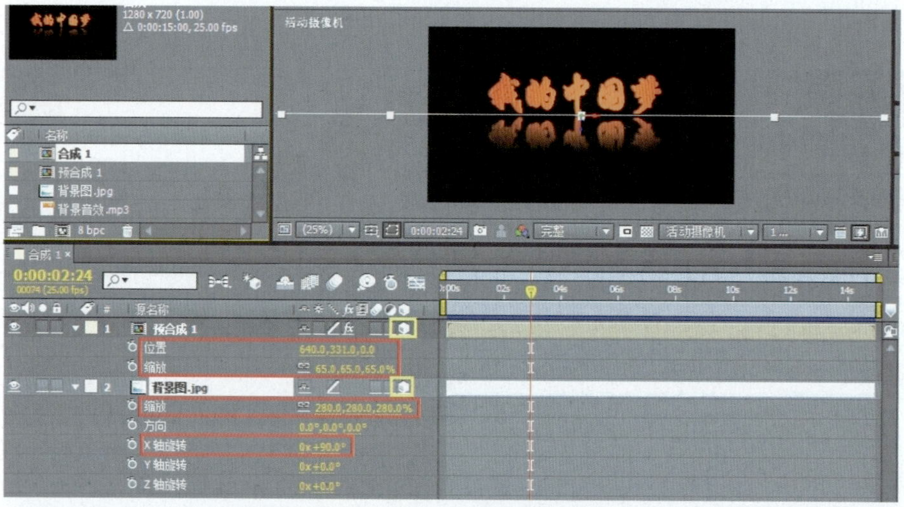

图 9-20 设置背景图

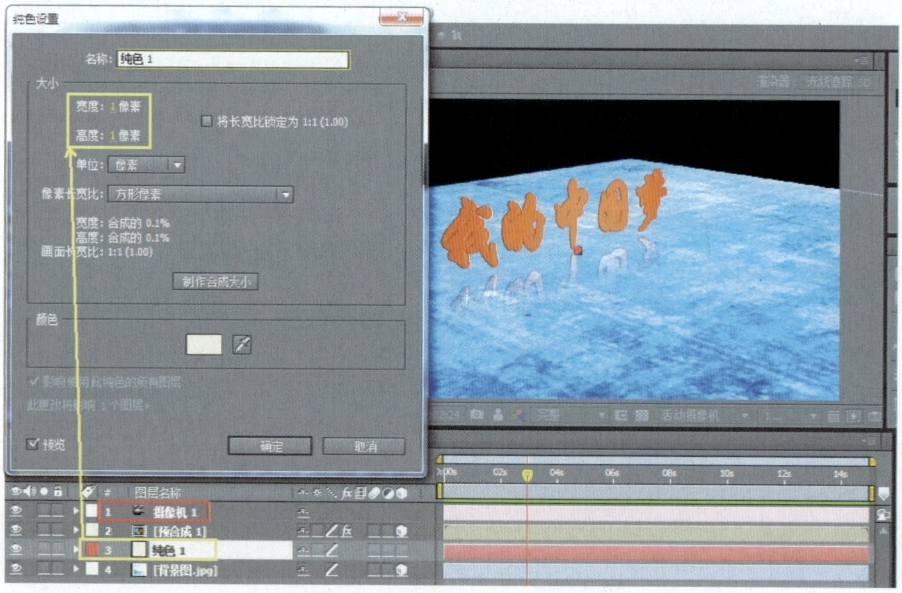

图 9-21 设置产生倒影的透视效果

（3）设置背景图层的不透明度值，利用椭圆工具绘制蒙版并设置蒙版的羽化值，如图 9-22 所示。

（4）新建纯色层 2（1280 像素 ×720 像素），添加“梯度渐变”（执行“效果 > 生成 > 梯度渐变”命令）效果，注意相关设置，如图 9-23 所示。

（5）做摄像机的关键帧动画效果（按快捷键 C 改变镜头动画属性）。同时注意摄像机只对 3D 图层产生作用，加上背景音效，预览整体效果，如图 9-24 所示。

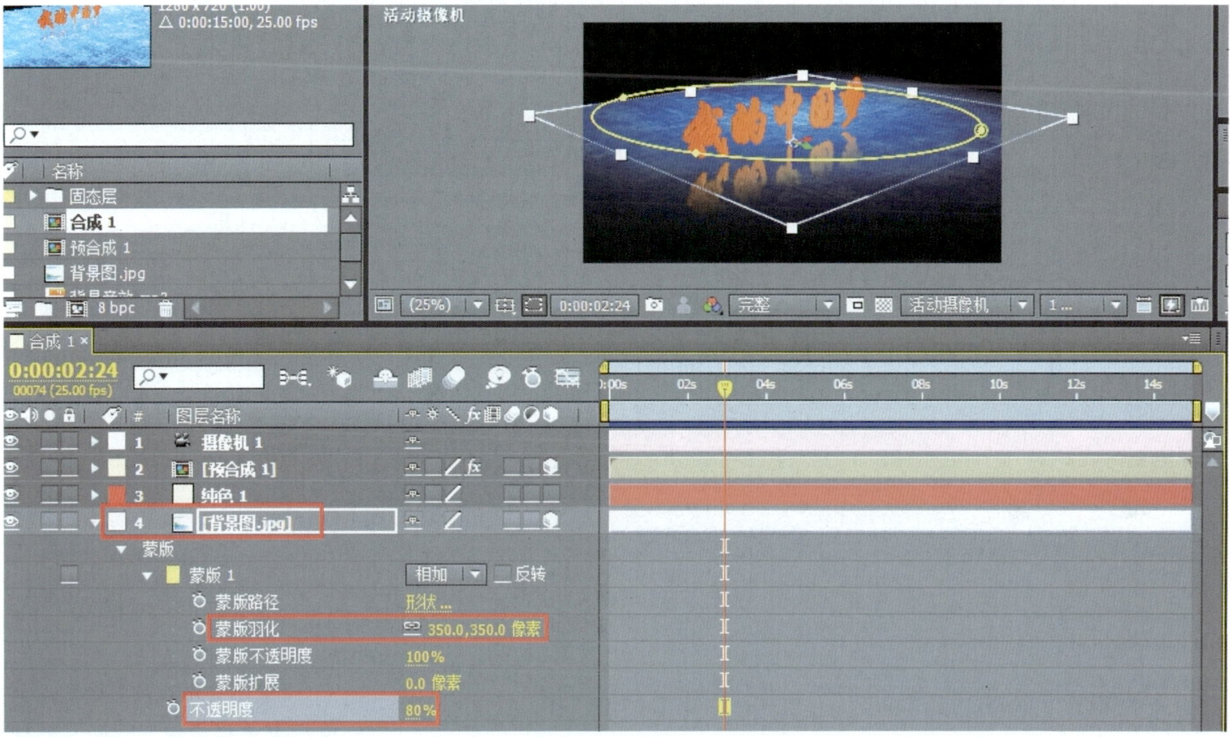

图 9-22　绘制蒙版并进行相关调节与设置

图 9-23　新建纯色层 2 并添加“梯度渐变”特效

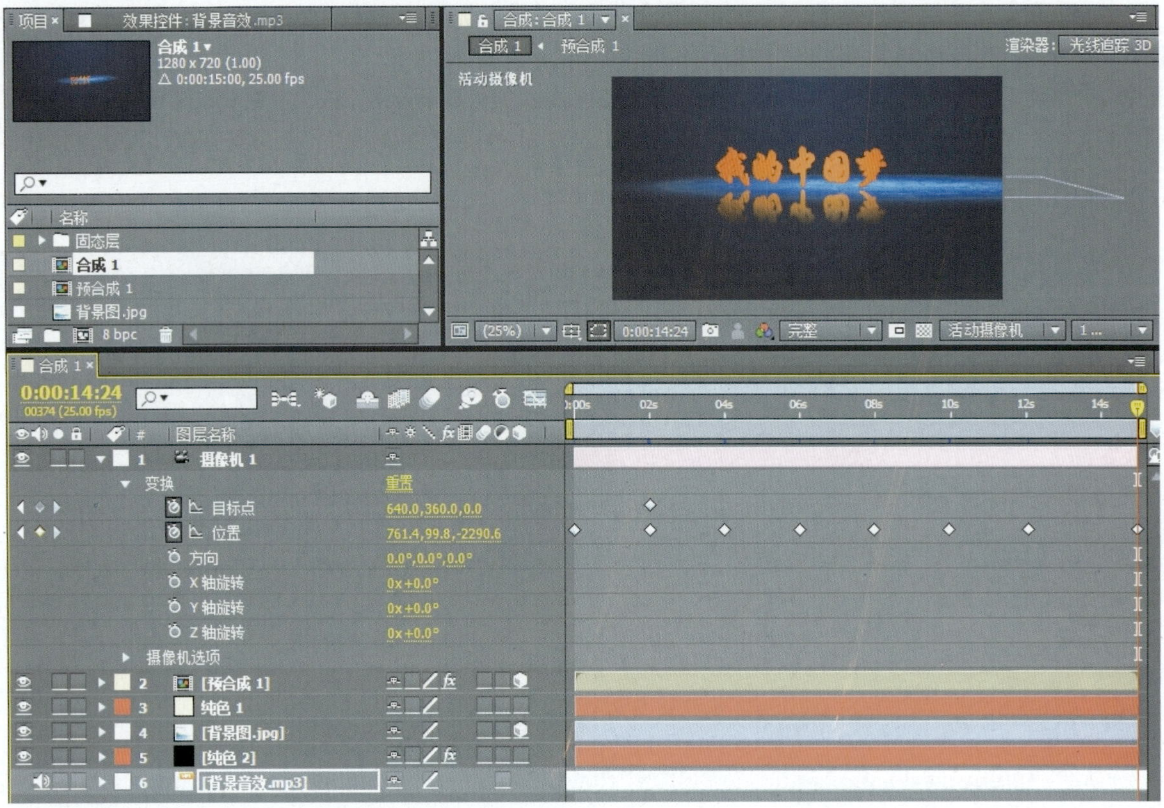

图 9-24　预览整体效果

9.5 “三维分屏空间”实例

“三维分屏空间”实例完成效果如图 9-25 所示。

9.5.1　设置分屏效果

1．设置纯色层分屏效果

执行菜单栏中的“合成 > 新建合成”命令，在弹出的“合成设置”对话框中选择预设模式为“HDV/HDTV 720 25”，持续时间为 15 秒，新建合成以“合成 1”命名。导入素材至“项目”面板后，新建纯色层（建议红色）并加上“卡片擦除”（执行“效果 > 过渡 > 卡片擦除”命令）特效，设置纯色层的分屏效果，如图 9-26 所示。

2．编排分屏图片位置

将需要做分屏的图片编排好位置（注意分屏排列的方法和技巧）后，关闭纯色层的视频显示开关，并锁定纯色层，如图 9-27 所示。

3．设置相关参数及关键帧动画

执行菜单栏中的“合成 > 新建合成”命令，在弹出的“合成设置”对话框中选择预设模式为“HDV/HDTV 720 25”，持续时间为 15 秒，新建合成以“合成 2”命名。将分屏的“合成 1”嵌套进“合成 2”后加“卡片擦除”（执行“效果 > 过渡 > 卡片擦除”命令）特效，注意设置相关参数后接着设置“摄像机位置”和“位置颤抖”的关键帧，产生分屏摄像机动画效果（关键帧动画建议从后往前做），如图 9-28 所示。

图 9-25　“三维分屏空间”实例完成效果

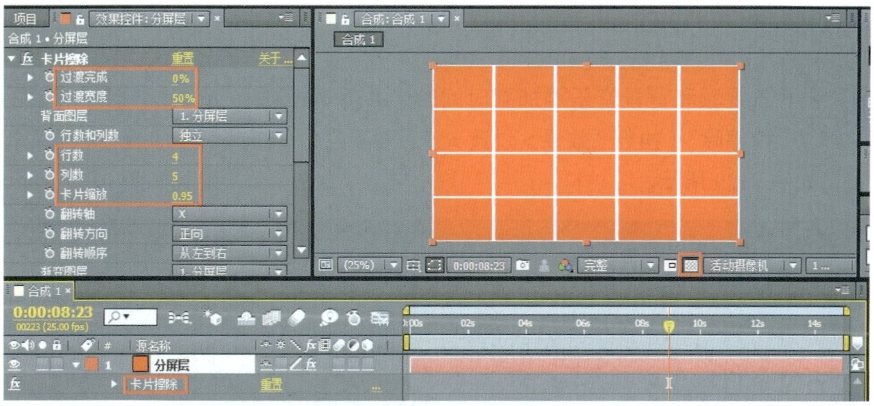

图 9-26　设置纯色层的分屏效果

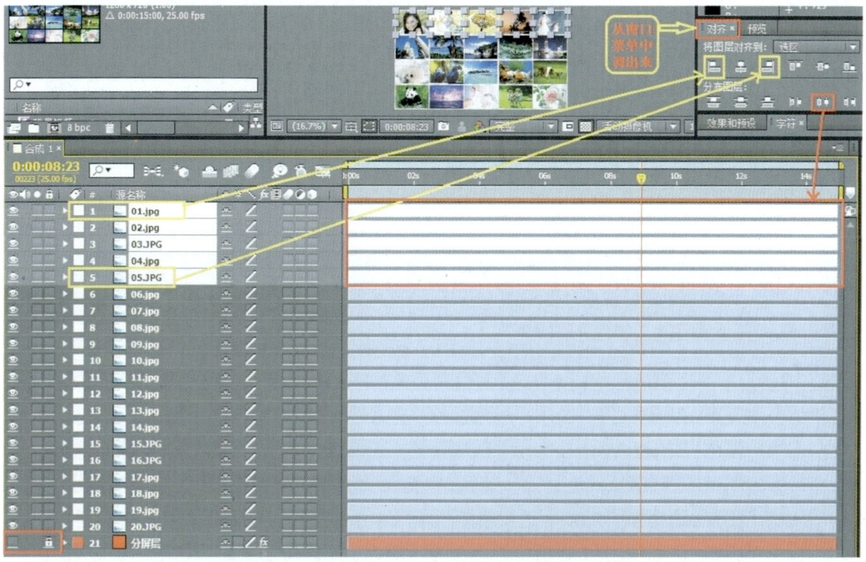

图 9-27　将需要做分屏的图片编排好位置

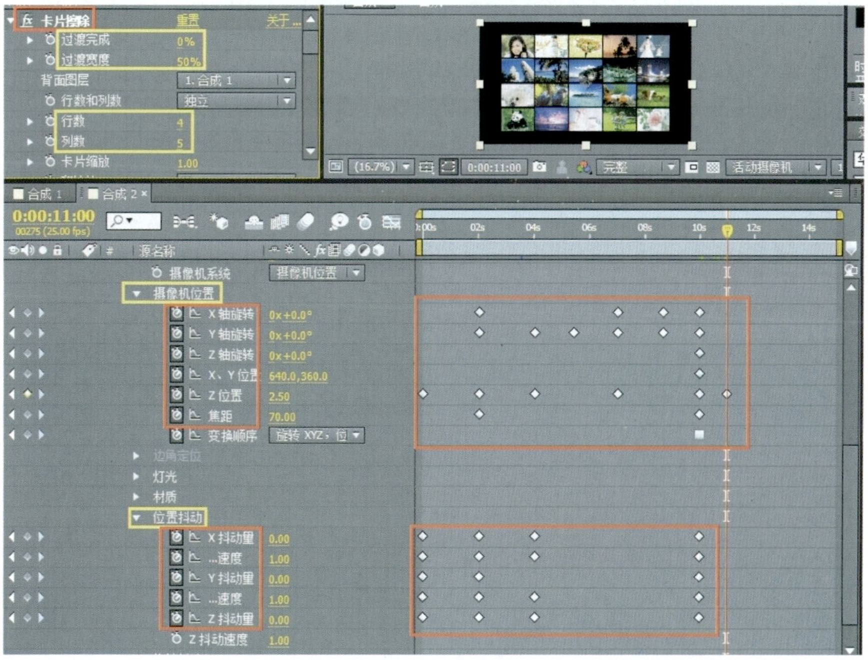

图 9-28　设置“卡片擦除”相关参数与关键帧动画

9.5.2 合成分屏背景

（1）将主题图片、背景视频和背景音乐添加到时间轴上并剪辑排列好，然后给主题图片加“卡片擦除”（执行“效果＞过渡＞卡片擦除”命令）特效，注意相关设置，如图 9-29 所示。

（2）回到“合成 1”，分别设置每层在最后 3 秒时间内先后渐出的效果，如图 9-30 所示。

回到“合成 2”，预览整体效果，如图 9-31 所示。

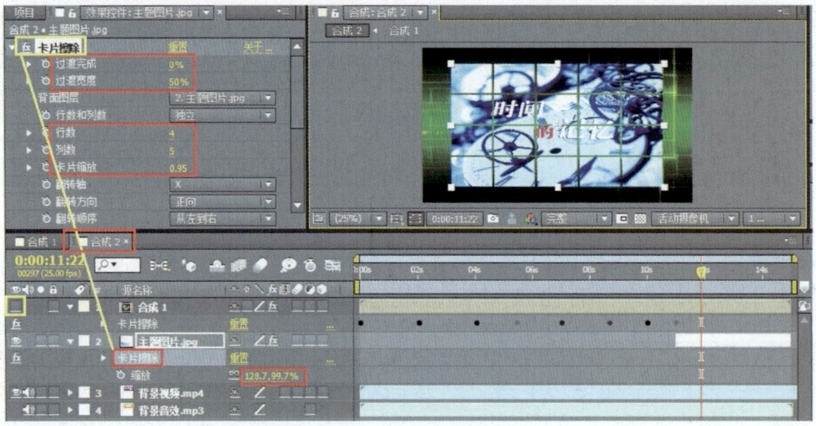

图 9-29　设置主题图片的分屏效果

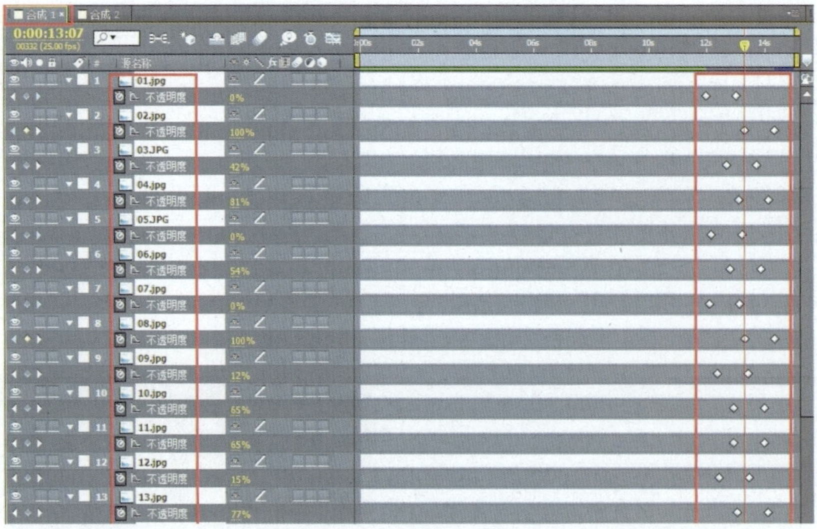

图 9-30　分别设置每层在最后时间内先后渐出的效果（只截取部分图层）

图 9-31　预览整体效果

9.6 “多画面三维运动”实例

“多画面三维运动”实例完成效果如图 9-32 所示。

说明：由于本实例须用到 Optical Flares（镜头光晕插件）效果，如果之前没有安装就要先将该插件安装好。

9.6.1 给所有图片逐一制作相框合成效果

（1）执行菜单栏中的“合成 > 新建合成”命令，在弹出的“合成设置”对话框中选择预设模式为“HDV/HDTV 720 25”，持续时间为 20 秒，新建合成以“相框 1”命名。导入素材后制作第 1 个相框合成效果，注意相关素材图层的调节和形状图层设置，如图 9-33 所示。

（2）在制作第 1 个相框合成效果的基础上，依此类推，制作第 2 个至第 18 个相框合成效果（可以直接在“项目”面板拷贝多个“相框 1”，合成后修改每个新的相框合成中的图片和字幕等即可），如图 9-34 所示。

（3）执行菜单栏中的“合成 > 新建合成”命令，在弹出的“合成设置”对话框中选择预设模式为“HDV/HDTV 720 25”，持续时间为 20 秒，新建合成以“相框合成”命名。接着将“相框 1 至相框 18”合成都嵌套进“相框合成”后，开启所有图层的 3D 开关，并将“相框 1 至相框 9”设置为整体排在左边，将“相框 10 至相框 18”整体排在右边，如图 9-35 所示。

图 9-32　“多画面三维运动”实例完成效果

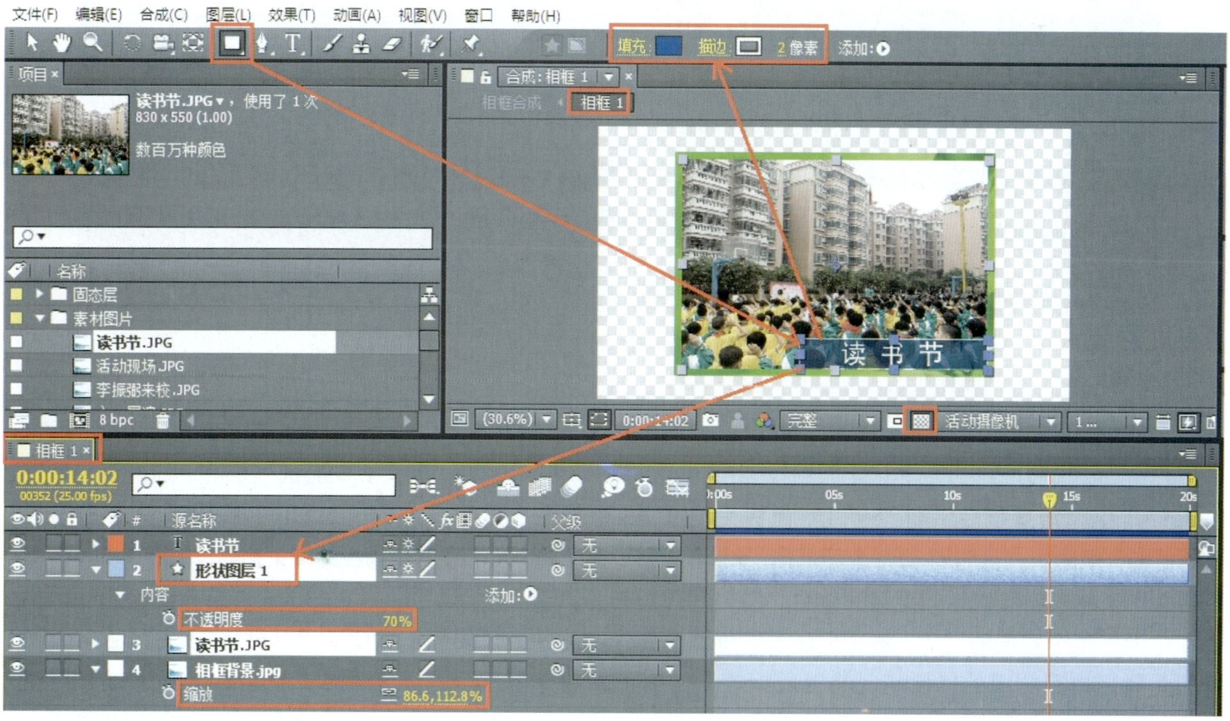

图 9-33　制作第 1 个相框合成效果

图 9-34　制作第 2 个至第 18 个相框合成效果

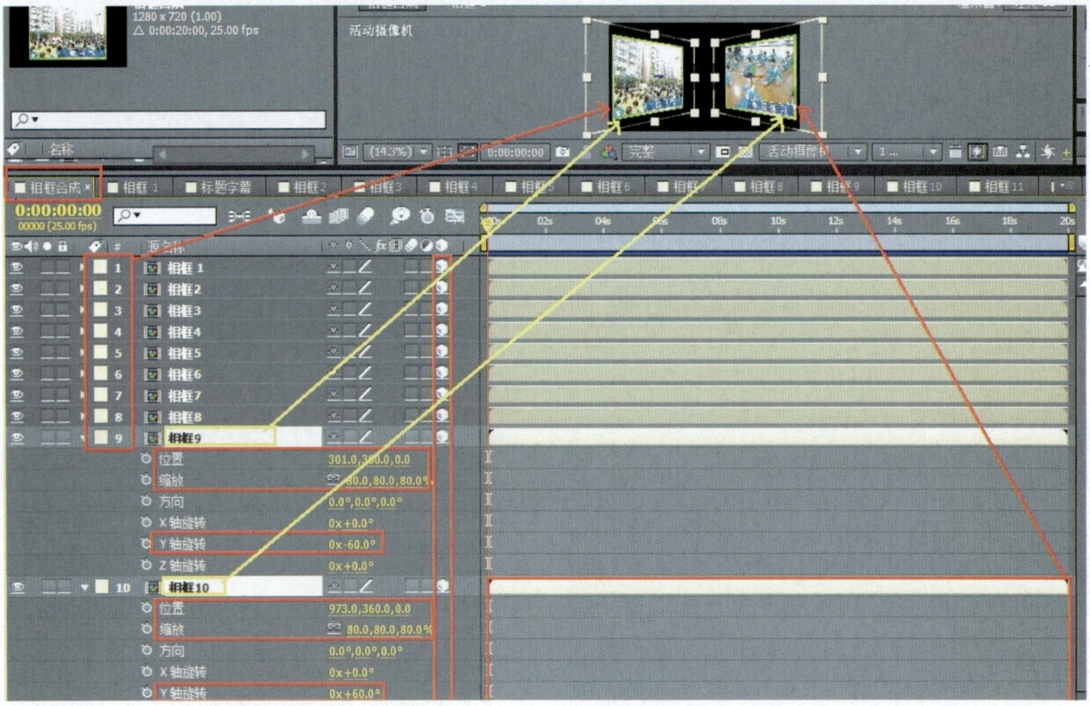

图 9-35　相框设置及排列

9.6.2　设置多画面摄像机动画合成效果

（1）新建摄像机后，将“合成”面板设置成“2 个视图”显示。在“顶部”视图中，通过移动每个图层的“Z”（蓝色箭头）和“X”（红色箭头）来调整图层的纵向距离和位置。同时利用旋转工具在“顶部”视图中调整每个图层的“Y”轴来实现图层角度的变化。此外，还要根据图片显示排列效果的需要随时将图层缩放（比例），调整为适合的数值，如图 9-36 所示。

（2）将“合成”面板设置成“1 个视窗”显示，加入背景底图，开启3D开关，设置背景底图“变换”属性的相关参数，如图 9-37 所示。

（3）设置摄像机图层的关键帧动画，使其已经排列好的图片和背景产生从右向左移入画面后继续产生推镜头的动画效果，如图 9-38 所示。

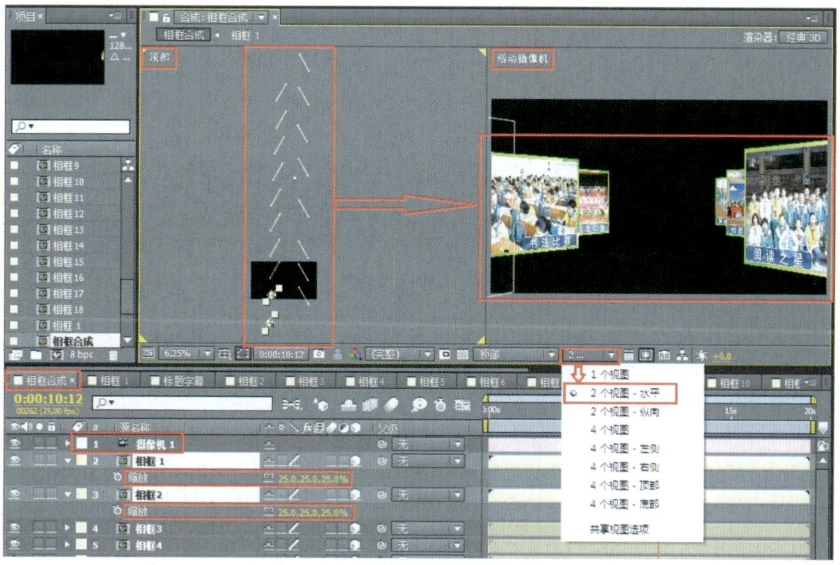

图 9-36　在“顶部”视图中调整所有图层纵向距离、位置和角度

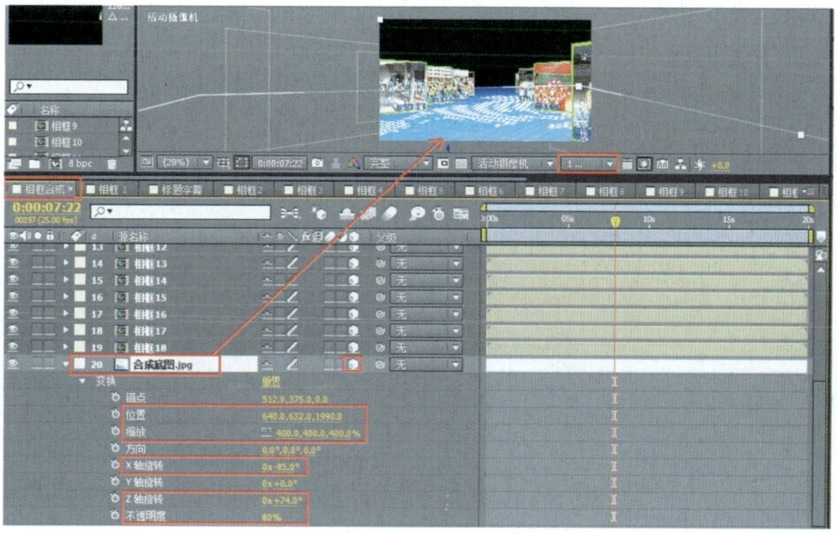

图 9-37　设置背景底图“变换”属性的相关参数

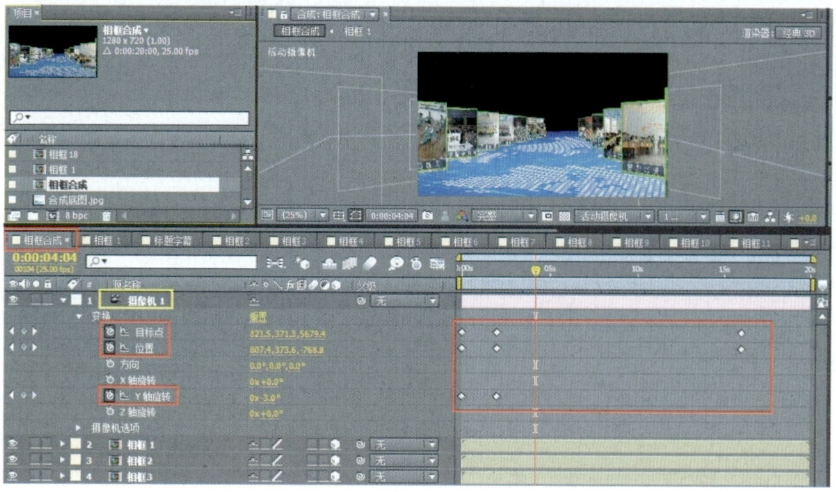

图 9-38　设置产生从右向左移入画面后继续产生推镜头的动画效果

（4）加入“合成背景”视频，利用“三色调”（执行“效果＞颜色校正＞三色调”命令）给“背景”视频调色。同时给背景底图加蒙版并设置蒙版羽化，具体如图9-39所示。

（5）给“背景”视频加Optical Flares（镜头光晕）特效（执行“效果＞Video Copilot ＞ Optical Flares”命令），并适当地设置镜头光晕的参数和关键帧动画效果，如图9-40、图9-41所示。

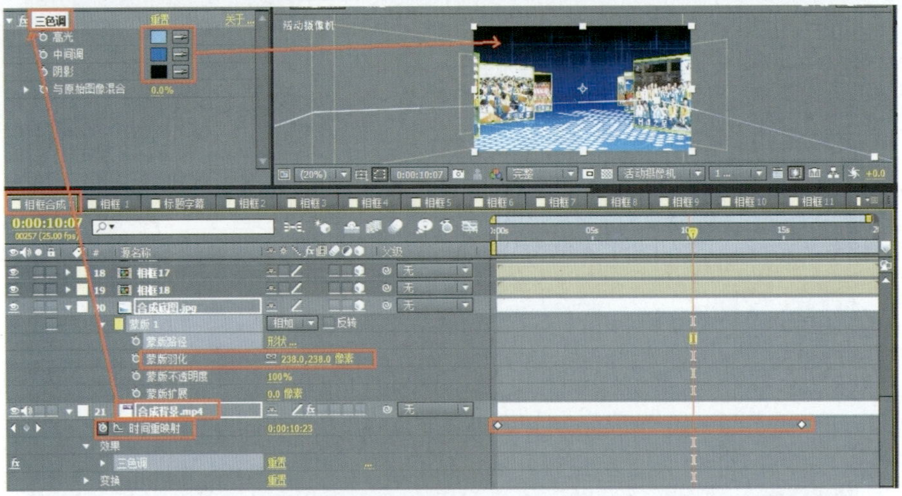

图9-39　调色与蒙版羽化

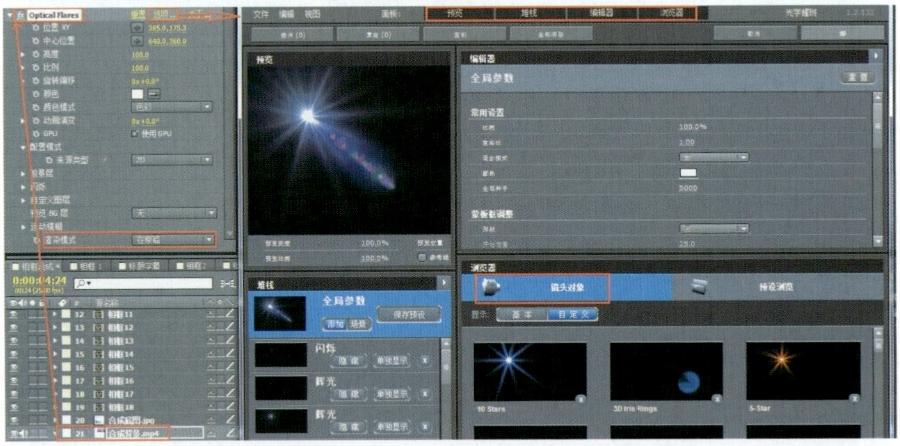

图9-40　添加Optical Flares特效并注意相关选择和设置

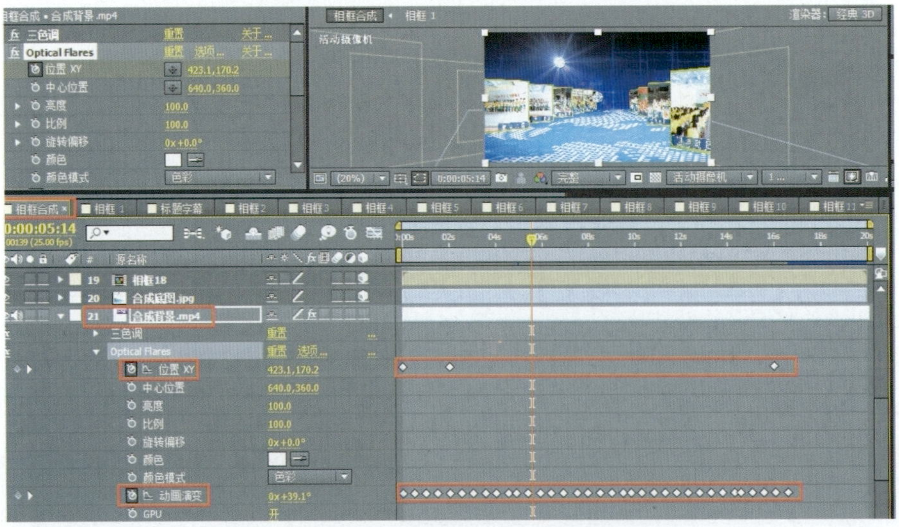

图9-41　设置Optical Flares相关属性的关键帧动画效果

9.6.3 设置字幕动画与预览最终合成效果

（1）执行菜单栏中的“合成 > 新建合成”命令，在弹出的“合成设置”对话框中选择预设模式为“HDV/HDTV 720 25”，持续时间为 20 秒，新建合成以“标题字幕”命名。输入文字后给字幕加“梯度渐变”和“斜面Alpha”特效，设置字幕有金属质感的效果，如图 9-42 所示。

（2）将“标题字幕”合成嵌套进“相框合成”里，并做缩放的关键帧动画，如图 9-43 所示。

（3）新建一个名为“灯光”的纯色层，然后给纯色层添加 Optical Flares（镜头光晕）特效，注意相关选项与设置，如图 9-44 所示。

（4）设置 Optical Flares（镜头光晕）特效相关属性的关键帧动画，使其产生光晕移动变化的效果，如图 9-45 所示。

（5）加入背景音乐，预览整体效果，如图 9-46 所示。

图 9-42　设置字幕有金属质感的效果

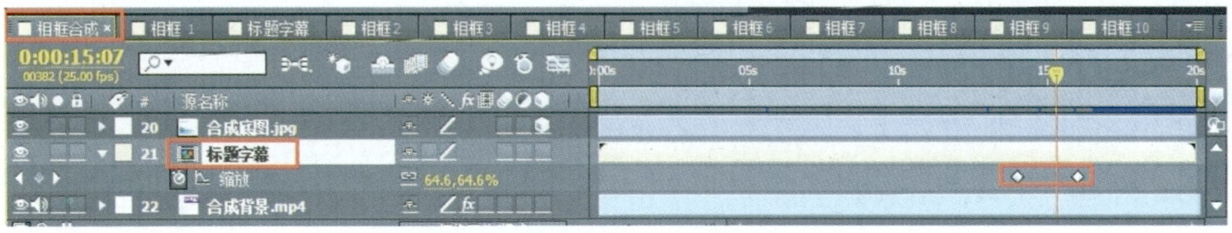

图 9-43　做“标题字幕”缩放的关键帧动画

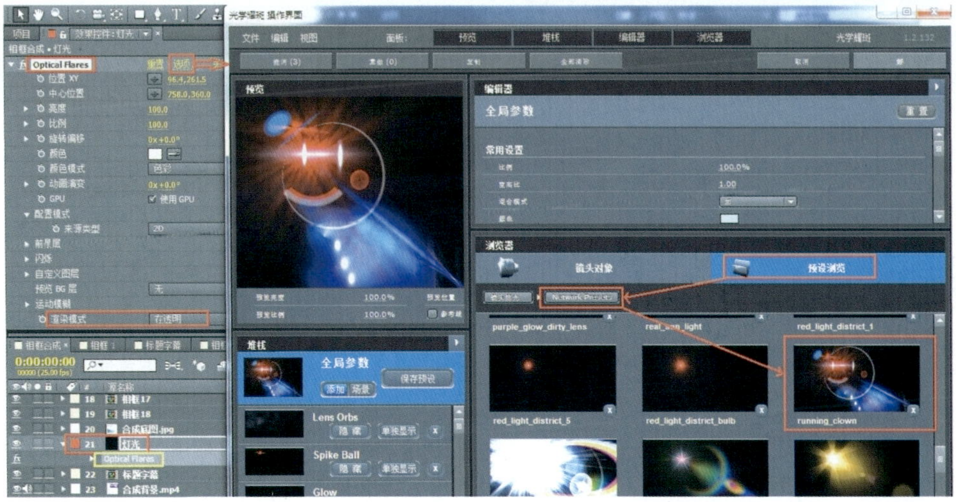

图 9-44　注意 Optical Flares 特效的相关选项与设置

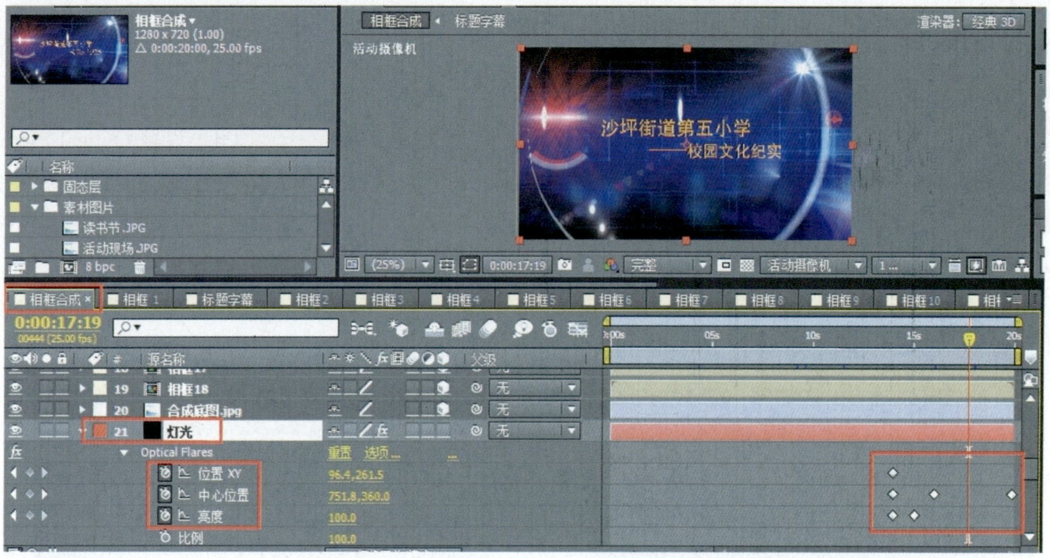

图 9-45　设置 Optical Flares 相关属性的关键帧动画

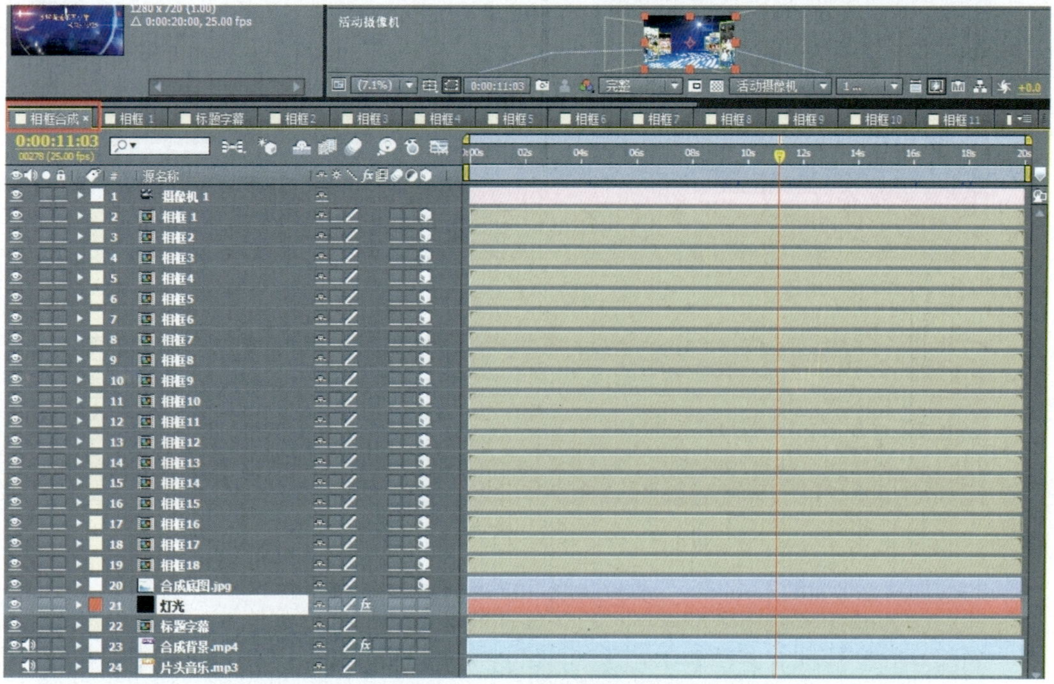

图 9-46　预览整体效果

9.7 “电影胶片动画”实例

“电影胶片动画”实例完成效果如图 9-47 所示。

9.7.1　制作背景合成

执行菜单栏中的“合成 > 新建合成”命令，在弹出的“合成设置”对话框中选择预设模式为“HDV/HDTV 720 25”，持续时间为 20 秒，新建合成以“背景视频”命名。导入素材后制作背景合成效果。注意素材的剪辑与基本属性的调节，同时利用钢笔工具绘制蒙版与设置羽化，然后拷贝图层等操作，如图 9-48 所示。

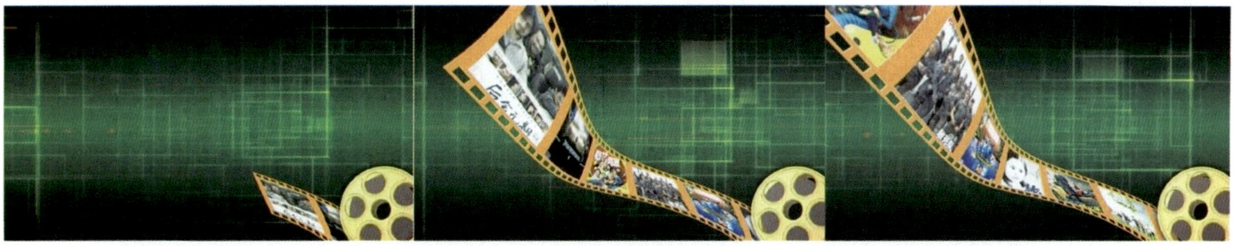

图 9-47　“电影胶片动画”实例完成效果

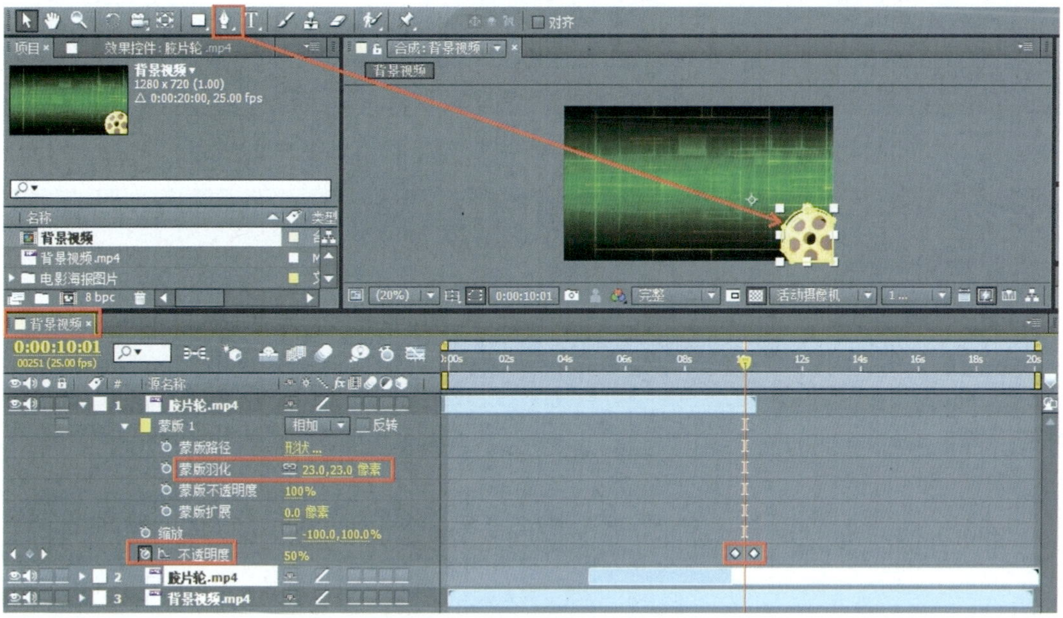

图 9-48　制作背景合成效果

9.7.2　胶片制作

（1）新建“胶片模型”合成，注意在“合成设置”对话框中利用预设中的“自定义”设置“胶片模型”合成的宽高尺寸为 3000 像素 ×300 像素，持续时间为 20 秒。接着新建与“胶片模型”合成宽高尺寸一样的“胶片底”纯色层（橙色），如图 9-49 所示。

（2）新建白色的“胶片孔 1”纯色层（3000 像素 ×300 像素），调节图层高度后，加“百叶窗”（执行“效果 > 过渡 > 百叶窗”命令）特效，并注意相关参数的设置，如图 9-50 所示。

（3）依照上面的方法，创建白色的“胶片孔 2”“胶片孔 3”纯色层，注意相关属性的调节与设置（可以通过拷贝“胶片孔 2”得到“胶片孔 3”，然后调整其位置即可），如图 9-51 所示。

（4）预合成（执行“图层 > 预合成”命令）所有的胶片图层后，加“颜色范围”（执行“效果 > 键控 > 颜色范围”命令）特效抠除白色，如图 9-52 所示。

（5）首先锁定“预合成 1”。然后将电影海报图片叠加在大胶片孔后（根据大胶片孔的数量来确定需要图片的张数），统一调整图片的比率。注意：先单击对齐（执行“窗口 > 对齐”命令）面板中的“水平靠左对齐”和“水平靠右对齐”按钮排列好胶片首尾图片的位置，然后再单击“垂直居中对齐”和“水平居中分布”按钮，“对齐”所有的图片，如图 9-53 所示。

9.7.3　制作胶片动画

（1）解锁“胶片模型”合成中的“预合成 1”，然后选中“胶片模型”合成中的所有图层后进行预合成（执行“图层 > 预合成”命令），接着对新的“预合成 2”图层做位置属性的关键帧动画，使其产生从右向左运动，如图 9-54 所示。

（2）将“胶片模型”合成嵌套到“背景视频”合成中，然后将 3D 开关打开后进行相关参数设置，如图 9-55 所示。

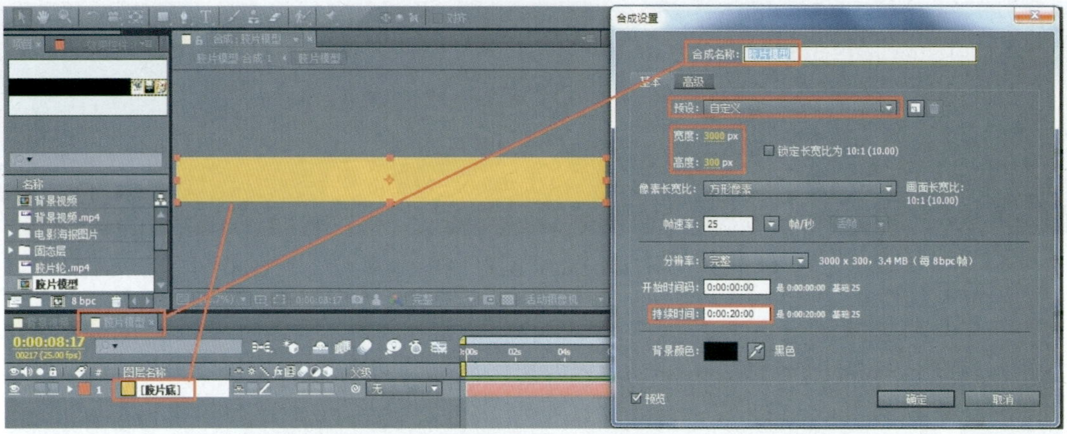

图 9-49　新建“胶片模型”合成和“胶片底”纯色层（3000 像素 ×300 像素）

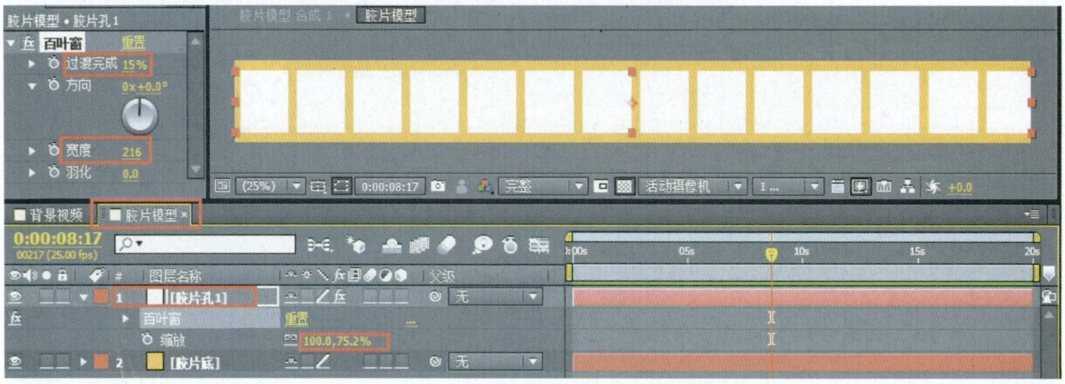

图 9-50　设置“胶片孔 1”纯色层

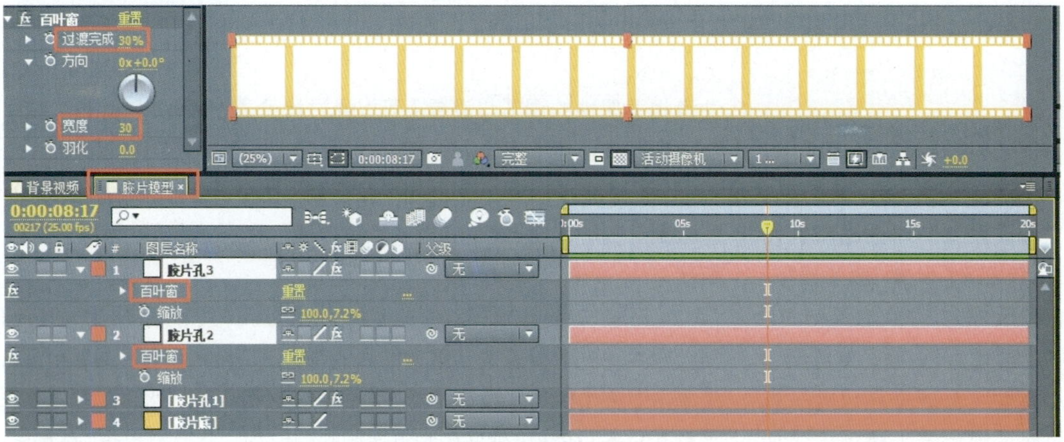

图 9-51　创建“胶片孔 2”“胶片孔 3”纯色层

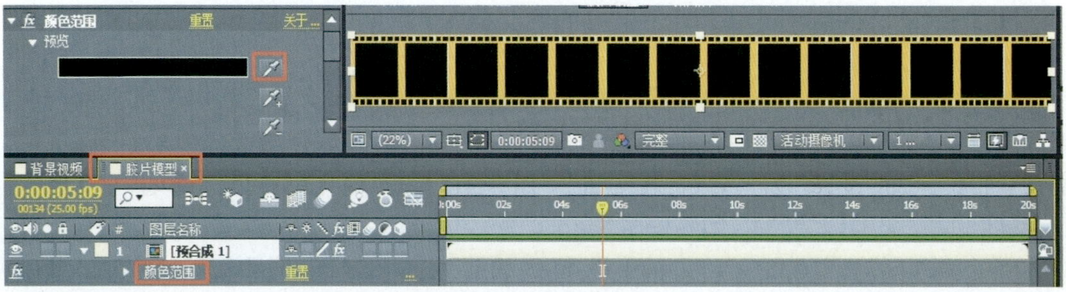

图 9-52　抠除胶片上的白色区域

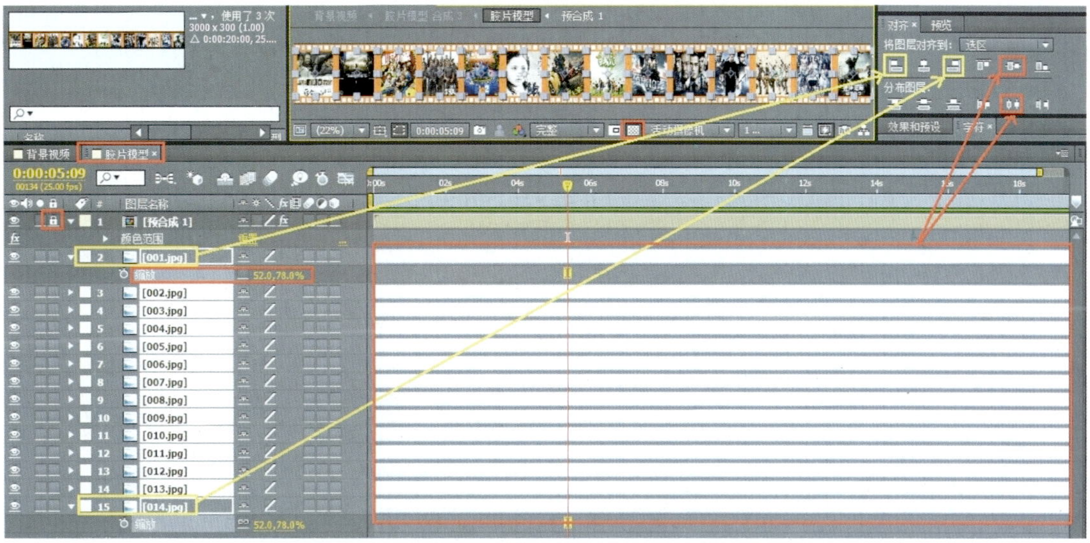

图 9-53 将所有的图片“对齐”在大胶片孔后排列

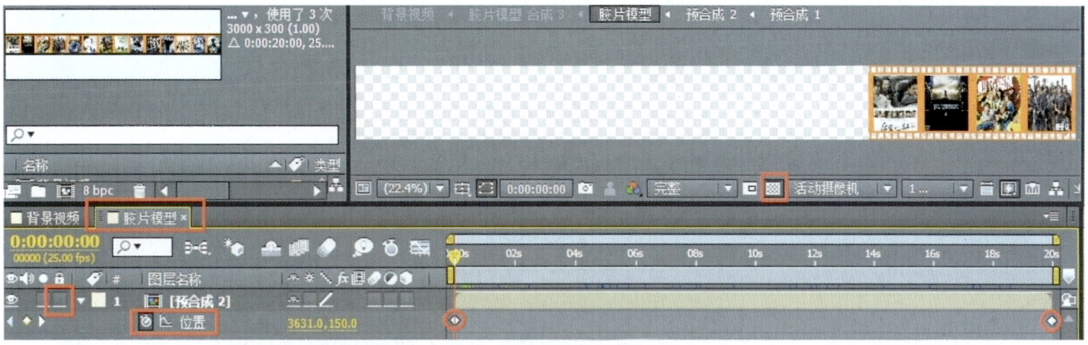

图 9-54 对新的“预合成 2”设置从右向左运动

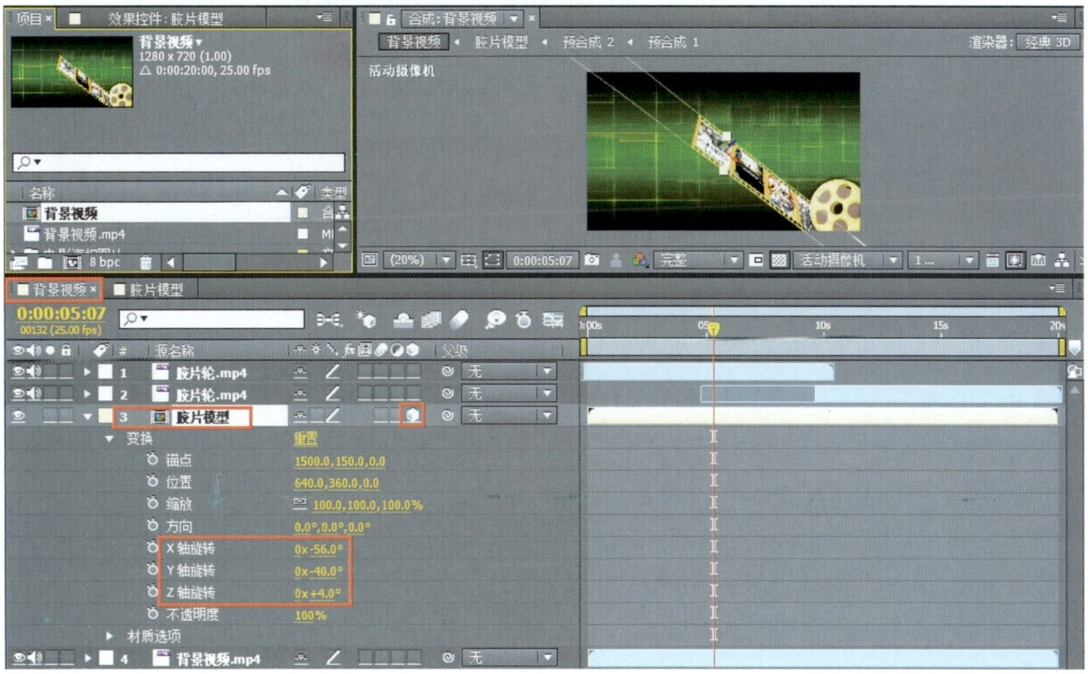

图 9-55 设置“胶片模型”图层的相关参数

（3）选中“背景视频”合成中的“胶片模型”图层，单独对其执行“预合成”（执行“图层＞预合成＞将所有属性移动到新合成”命令）操作后，添加“贝塞尔曲线变形”（执行“效果＞扭曲＞贝塞尔曲线变形”命令）特效，通过调节贝塞尔曲线的每个控制点位置形成胶片弯曲透视的效果，如图 9-56 所示。

（4）加入背景音乐，预览整体效果，如图 9-57 所示。

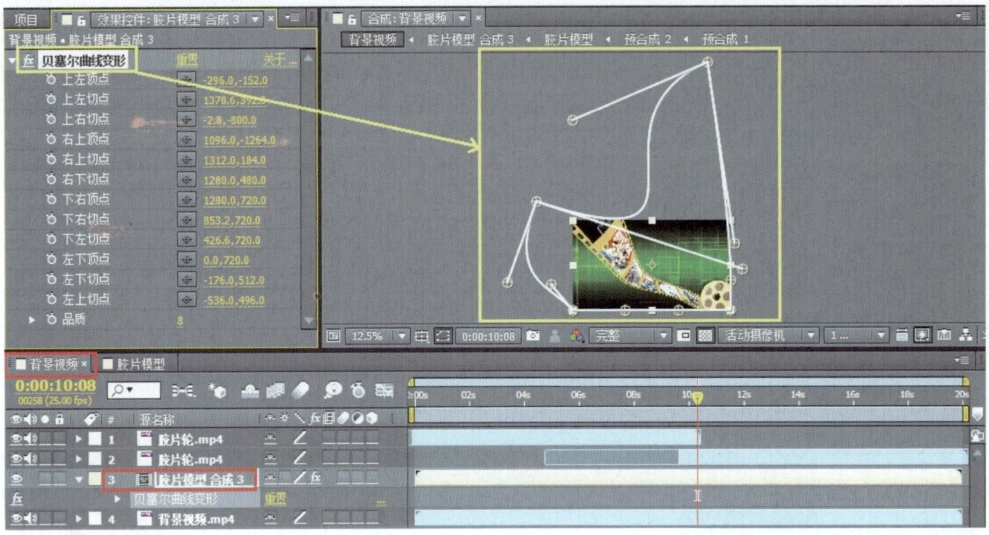

图 9-56　调节胶片的贝塞尔曲线效果

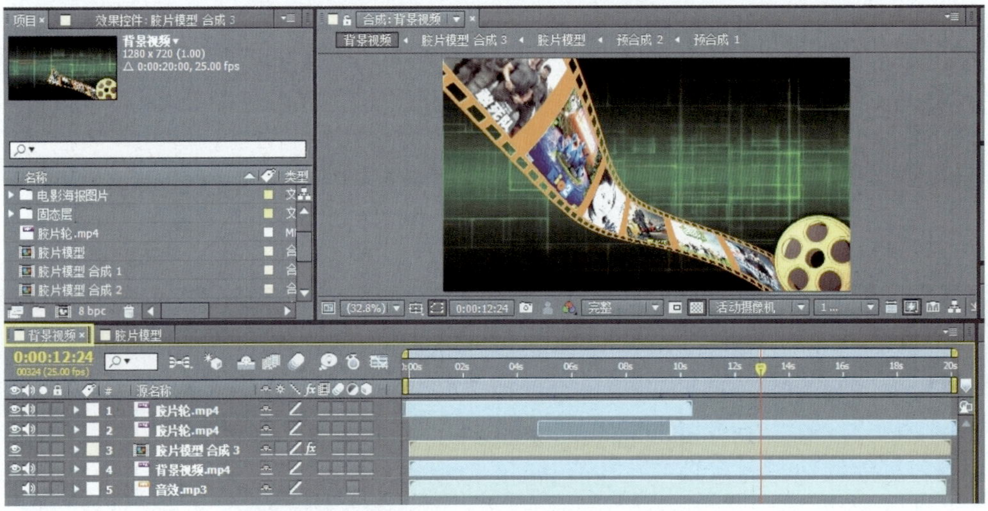

图 9-57　预览整体效果

复习与思考

1．何谓三维合成?

2．如何制作三维立体与倒影的文字?

3．如何创建灯光与摄像机？各有什么设置方法与技巧?

4．如何快速直观地移动摄像机并创建关键帧动画?

5．如何设置或修改镜头光晕的类型?

第10章 影视特效制作综合实例

本章简介

本章主要通过对两个综合案例的详解，让读者进一步熟悉关键帧动画、层与遮罩、滤镜与插件特效、运动跟踪、调色技法、抠像技术以及高级动画控制等内容，从而使读者对 After Effects CC 影视特效制作有更深入的了解。

学习目标

1. 熟练掌握影视特效合成与制作的流程。
2. 熟练掌握滤镜与插件特效的应用和设置方法。

10.1 “水墨风格”实例

“水墨风格”实例完成效果如图 10-1 所示。

说明：由于本实例须用到 Turbulence 2D（流体模拟）插件特效，所以要先将该插件安装好。Turbulence 2D 是一款模拟各类流体的插件，如烟雾、水墨、火焰等。

10.1.1 制作各背景合成效果

（1）执行菜单栏中的“合成 > 新建合成”命令，在弹出的“合成设置”对话框中选择预设模式为“HDV/HDTV 720 25”，持续时间为 8 秒，新建合成以“中国风”命名。导入素材后建立一个名为“背景”的纯色层，添加“梯度渐变”（执行“效果 > 生成 > 梯度渐变”命令）效果，具体设置如图 10-2 所示。

（2）建立一个名为“墨滴”的黑色纯色层，为其添加 Turbulence 2D（执行“效果 > Jawset > Turbulence 2D”命令）特效后暂时不用设置参数，如图 10-3 所示。

图 10-1　“水墨风格”实例完成效果

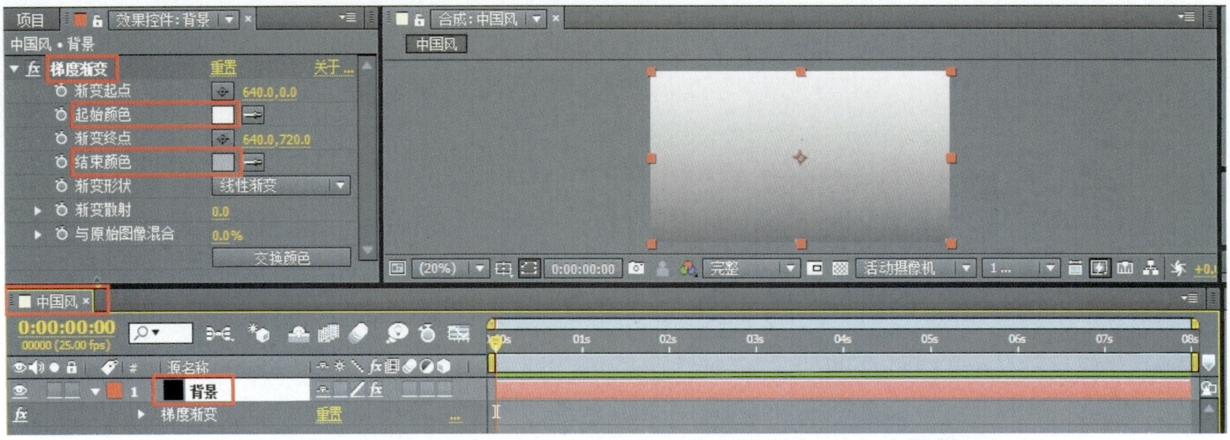

图 10-2　设置“背景”纯色层的梯度渐变效果

图 10-3　为“墨滴”纯色层添加 Turbulence 2D 特效

（3）执行菜单栏中的“合成＞新建合成”命令，在弹出的“合成设置”对话框中选择预设模式为“HDV/HDTV 720 25”，持续时间为 8 秒，新建合成以“墨滴一源”命名。接着在该合成中建立一个名为“水滴”的灰色纯色层，然后为其添加一个水滴形状的蒙版，通过位置、缩放、不透明度等属性做蒙版由上往下落的运动效果，总体要求是蒙版从小到大、从实到透明、先快速下落后再减速（做下落的加速度后再减速，可以通过图表编辑器设置），如图 10-4、图 10-5 所示。

（4）给“水滴”层添加“毛边”（执行“效果＞风格化＞毛边”命令）特效，设置“毛边”的相关参数后，为其“演化”属性添加一个表达式（执行“动画＞添加表达式”命令）。表达式命令为“time*100”，如图 10-6 所示。说明：time*100 的意思是每 100 帧抽取 1 帧，是为了让其边缘不断产生变化。

（5）执行菜单栏中的“合成＞新建合成”命令，在弹出的“合成设置”对话框中注意选择预设模式为“HDV/HDTV 720 25”，持续时间为 8 秒，新建合成以“噪波”命名。然后建立一个名为“不规则噪波”的黑色纯色层，为其添加“分形杂色”（执行“效果＞杂色和颗粒＞分形杂色”命令）特效，设置相关参数后，为其“演化”属性添加一个表达式，表达式命令为“time*50”，如图 10-7 所示。

10.1.2　制作水墨动画效果

（1）回到主合成“中国风”，将“墨滴一源”合成和“噪波”合成加入（嵌套）当前合成中，关闭其显示。对“墨滴”层 Turbulence 2D 的特效设置如下：首先对“磁盘缓存”设置下“Save As”（另存为），选择一个空间比较大的磁盘，因为模拟的时候要产生缓存文件，会比较大，有了该缓存文件就可以流畅地进行预览，接着在“源控制”的“燃料层”和“差异层”分别设置“墨滴一源”和“噪波”，如图 10-8 所示。

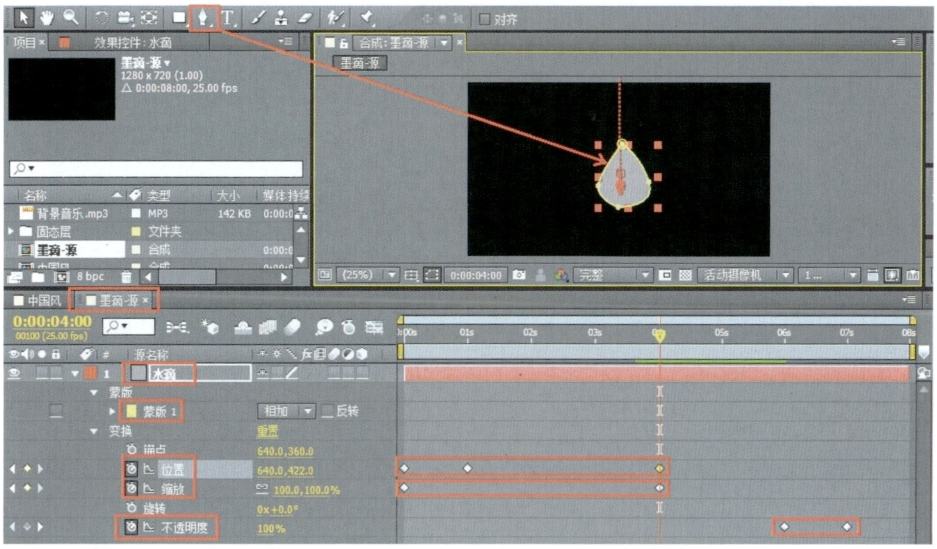

图 10-4 设置“水滴”层相关属性的关键帧动画

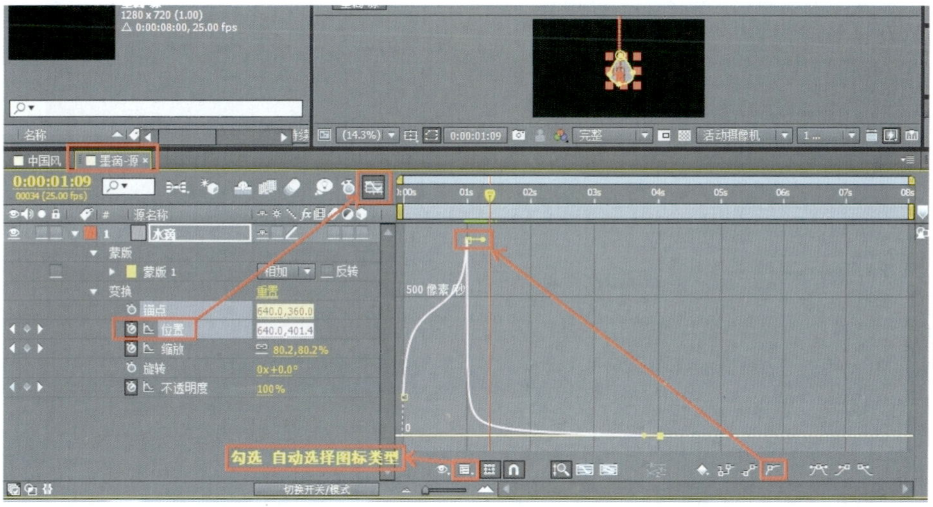

图 10-5 利用图表编辑器设置水滴蒙版下落的加速度后再减速

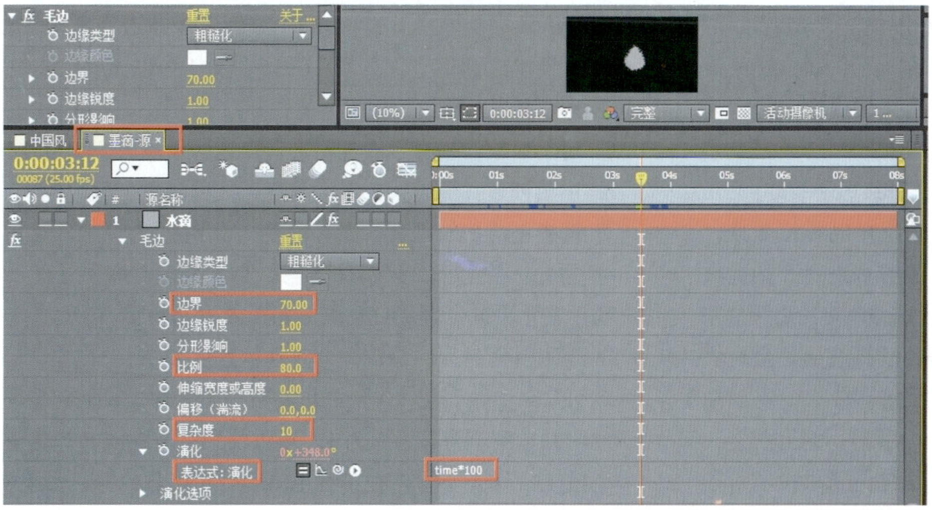

图 10-6 设置“毛边”特效的相关参数

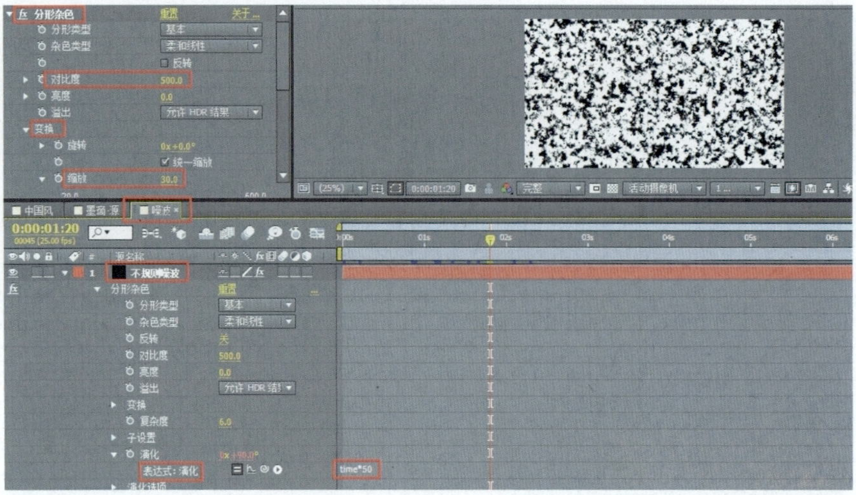

图 10-7 设置“分形杂色”特效的相关参数

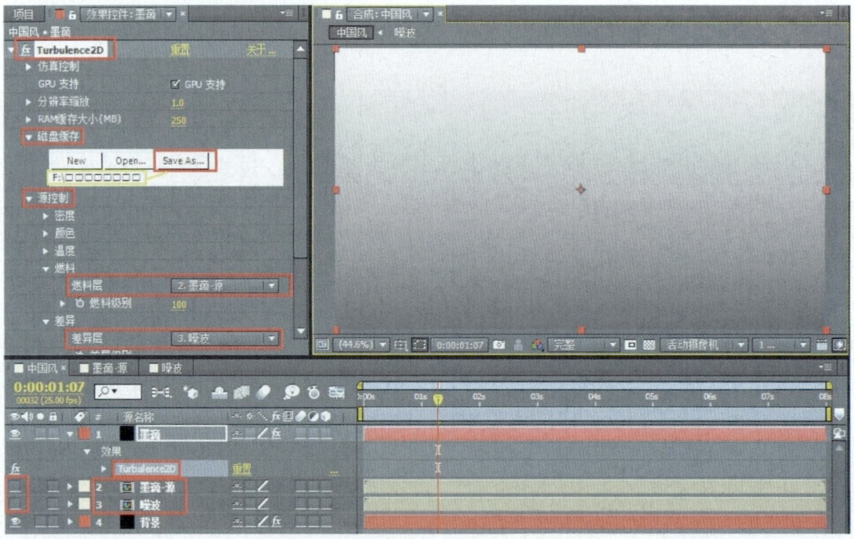

图 10-8 Turbulence 2D 的相关设置

（2）在“仿真控制”栏下单击 restart（重启）按钮进行模拟，可以弹出“模拟窗口”，动画在完成自动模拟前不能关闭模拟窗口，如图 10-9 所示。注意：如果“重启模拟”出错，请升级显卡驱动。

通过观察动画自动模拟效果，可以理解这里设置“燃料”指定火焰（流体）从什么位置产生；而“差异”为一个黑白的噪波层，会对火焰（流体）产生挤压效果，遇到白色，火焰（流体）膨胀，遇到黑色，火焰（流体）收缩。修改设置可以让火焰（流体）具有更多的细节。

（3）继续进入“仿真参数”和“渲染参数”栏，设置好相关参数，再次单击“仿真控制”栏下的 restart（重启）按钮进行模拟（注意模拟完成前不能关闭模拟窗口），如图 10-10、图 10-11 所示。

这里对“仿真参数”栏相关属性参数设置做如下说明：

① 时间缩放：相当于对素材进行变速，值越大，速度越快。

② 热量创建：值越大，温度越高，体积越大，颜色越强烈。

③ 烟尘创建：值越大，烟雾越多。

④ 重力：值为正，火焰往下落；值为负，火焰往上升。本例子为了制作出墨汁在水中向上浮动的动画，因此设置为负值。

⑤ 浮力：值越大，流体向上流动的速度越快。

⑥“渲染参数”栏“Alpha 衰减”：当设置 Alpha 衰减值为 0 时，背景自动透明。本例子将其设置为 1，可以使墨从浓到淡，产生更多的细节。

（4）在“渲染参数”栏中通过调节“密度颜色”，可以使墨从浓到淡，产生更多的细节，如图 10-12 所示。

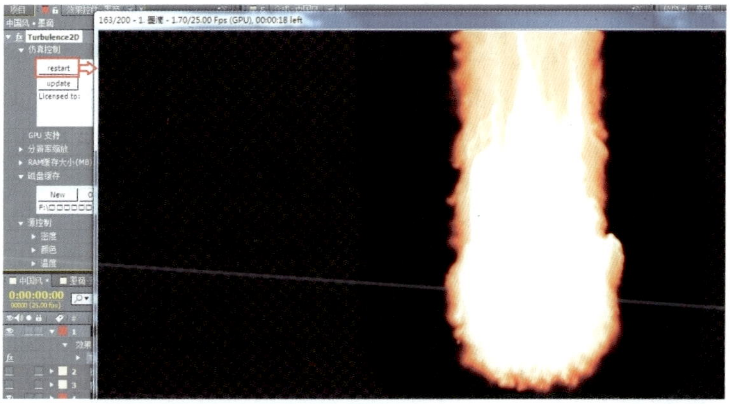

图 10-9　动画自动模拟中

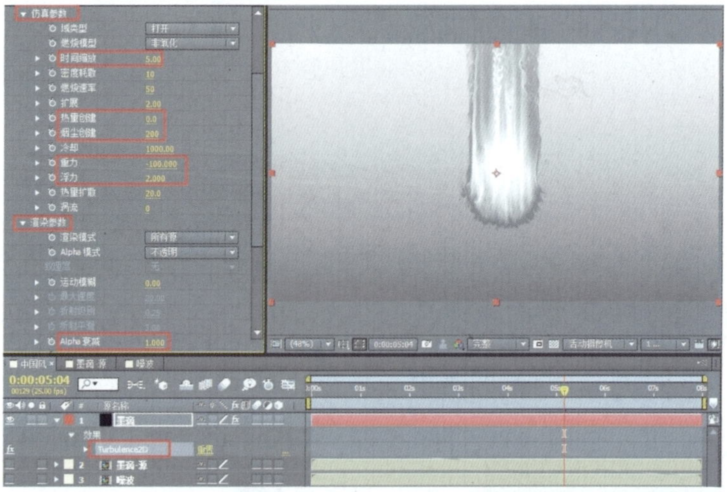

图 10-10　设置“仿真参数”和“渲染参数”后再次重启模拟完成后的效果

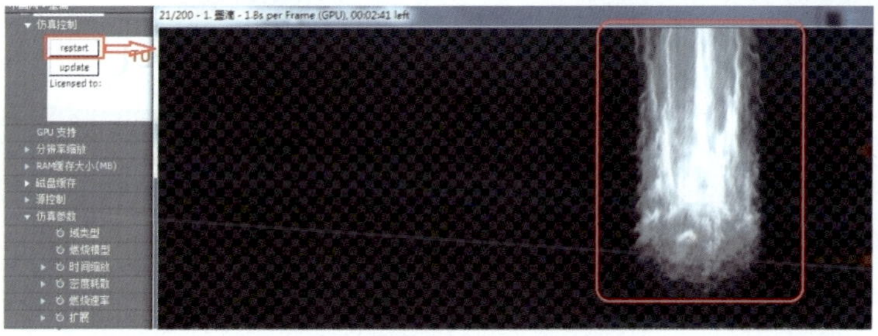

图 10-11　设置好相关参数后再次单击 restart（重启）按钮进行模拟

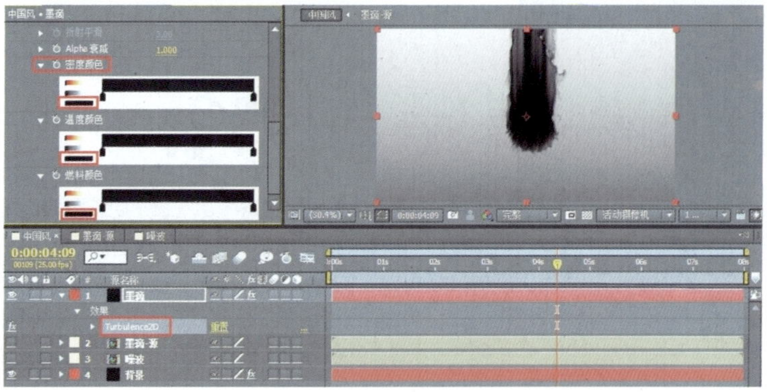

图 10-12　调节“密度颜色”

10.1.3 制作以“中国风”为主题的动画合成效果

（1）为当前“墨滴”图层添加“色调”（执行“效果＞颜色校正＞色调”命令）效果，将水墨颜色调整为蓝色，如图 10-13 所示。

（2）执行菜单栏中的“合成＞新建合成”命令，在弹出的“合成设置”对话框中选择预设模式为“HDV/HDTV 720 25”，持续时间为 8 秒，新建合成以“字—中国风”命名。导入“中国风 .bmp”，调整大小和位置，添加“提取”（执行“效果＞键控＞提取”命令）特效，调整参数，抠出黑色文字，如图 10-14 所示。

（3）为了给“中国风”文字制作出湿润的感觉，复制当前图层，为下方图层添加“快速模糊”（执行“效果＞模糊和锐化＞快速模糊”命令）特效并设置“模糊度”参数，如图 10-15 所示。

（4）回到“中国风”合成，将“字—中国风”加入（嵌套）到当前合成，加上“色调”（“效果＞颜色校正＞色调”）效果，将黑色文字调整为蓝色；然后设置图层的渐出效果。接着加入背景音乐，预览整体效果，如图 10-16 所示。

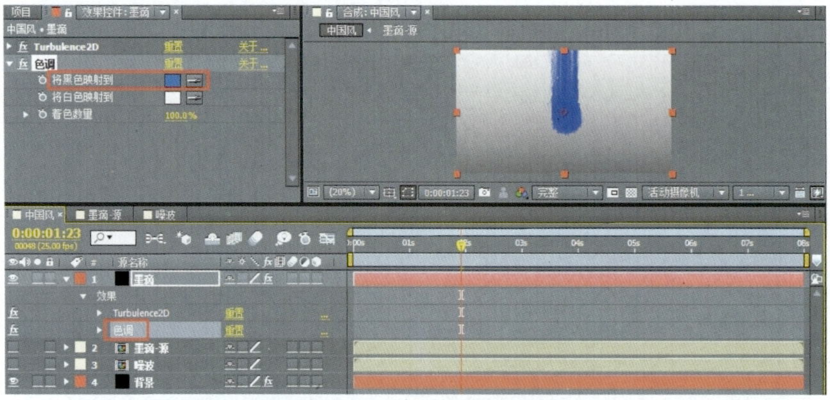

图 10-13　利用“色调”效果调色

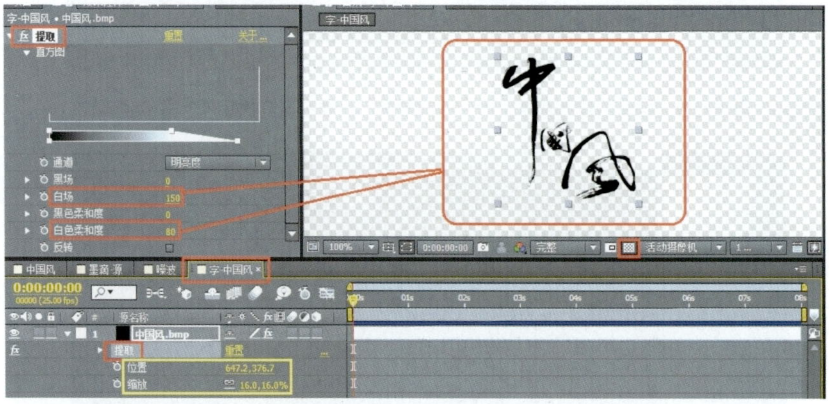

图 10-14　抠出黑色文字

图 10-15　制作出湿润文字的感觉

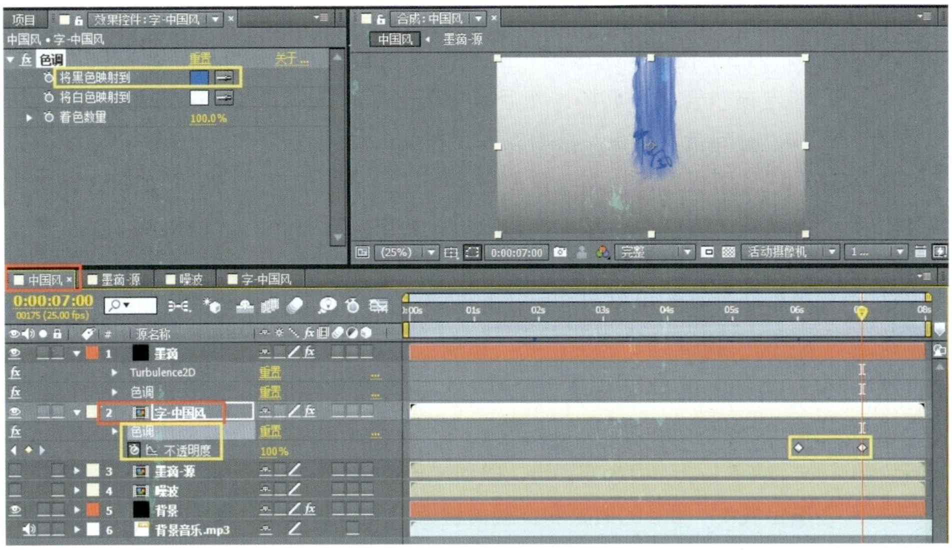

图 10-16　预览整体效果

CCTV“相信品牌的力量”水墨宣传片

10.2 “穿透汽车玻璃”实例

“穿透汽车玻璃”实拍花絮照片如图 10-17 所示。

“穿透汽车玻璃”实例完成效果如图 10-18 所示。

10.2.1　设置与应用跟踪运动

（1）执行菜单栏中的“合成 > 新建合成”命令，在弹出的“合成设置”对话框中选择预设模式为“HDV/HDTV 720 25”，持续时间为 7 秒，新建合成以“穿透玻璃”命名。导入素材后先将“汽车前窗镜头 .wmv”添加至时间轴上，调整其适当的大小后加入“跟踪运动”（执行“窗口 > 跟踪器”命令），设置跟踪类型为“透视边角定位”。此时确保时间指针在开始位置，接着设置四个跟踪控制点和跟踪的区域范围（改变层窗口大小的快捷键为“，”与“。”），如图 10-19 所示。

（2）单击“向前分析”按钮进行跟踪运动分析，如图 10-20 所示。

（3）新建名为“玻璃”的红色纯色层，将动态跟踪效果应用到此层上（设置跟踪的运动目标为“玻璃”层），如图 10-21 所示。

对“透视边角定位”跟踪类型方法和要领有以下几点：首先选择“运动跟踪”后，要把跟踪类型改为透视边角定位，然后会出现四个点，把这四个点分别放在要替代的图像周围（注意：如果某一个角不清晰，或是反差小，可以把这个角放在周围清晰的地方）。其次一定要先建立一个纯色层，便于应用运动跟踪效果。

图 10-17　“穿透汽车玻璃”实拍花絮照片

图 10-18　“穿透汽车玻璃”实例完成效果

10.2.2 设置汽车前窗玻璃的范围

（1）回到“穿透玻璃”的“合成”面板，然后调整“玻璃”纯色层的范围与车窗玻璃范围大小一致，如图 10-22 所示。

（2）调低“玻璃”纯色层的不透明度值后，单独对其进行预合成操作。注意在“预合成”对话框中选第 1 项，防止渲染出错（新建的合成将变成当前层，而效果将全部运用到另一个图像上，也就是说不会出现新的合成项目，而是把当前的实体层变成一个合成），如图 10-23 所示。

（3）在“穿透玻璃”的“合成”面板左上角单击“锁定”按钮，锁定该“合成”面板；然后在“项目”面板中双击“玻璃合成 1”打开其“时间轴”面板，接着双击“玻璃”纯色层打开其“图层”面板，同样在“图层”面板左上角单击“锁定”按钮锁定该图层面板，这样就会出现两个面板。以上操作完成后，将时间指针移到开始位置，接下来在“穿透玻璃”的“时间轴”面板选中“汽车前窗镜头 .wmv”图层，利用钢笔工具勾出车窗的形状和范围的蒙版，然后将蒙版剪切到“玻璃合成 1”“时间轴”面板中的“玻璃”纯色层上，如图 10-24 所示。

（4）调整蒙版范围，使蒙版刚好显示在车窗玻璃范围，如图 10-25 所示。

（5）取消面板的锁定，回到“穿透玻璃”的“合成”面板，调整“玻璃合成 1”图层的缩放和位置关键帧，使其保持跟车窗大小变化一致，如图 10-26 所示。

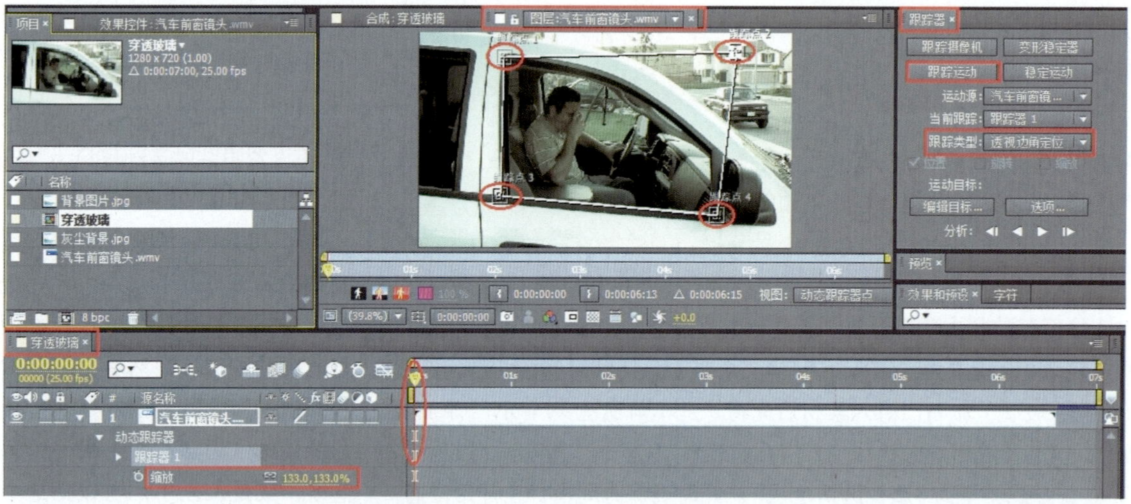

图 10-19　设置四个跟踪控制点和跟踪的区域范围

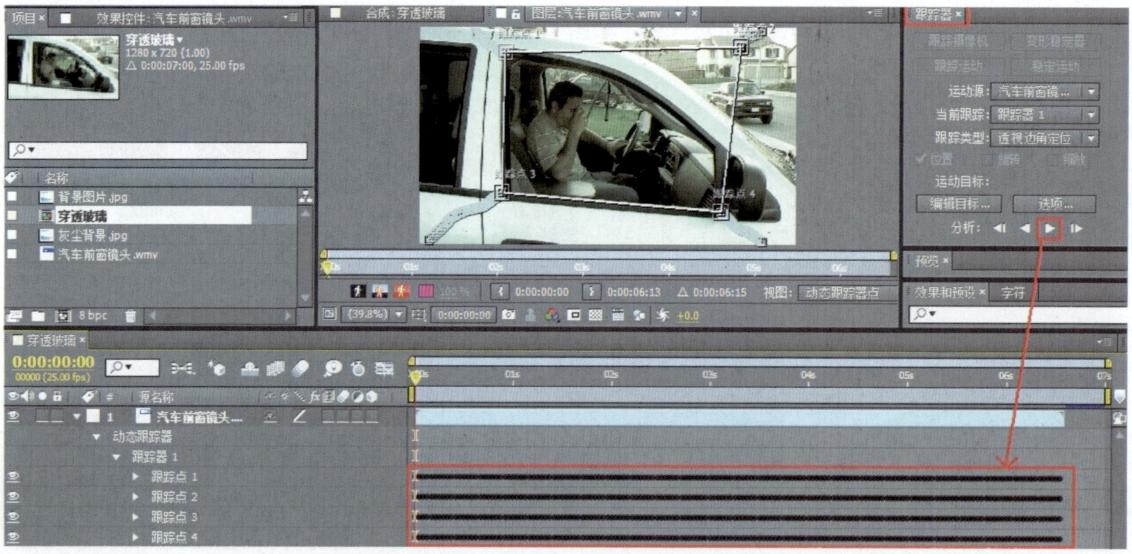

图 10-20　单击“向前分析”按钮进行跟踪运动分析

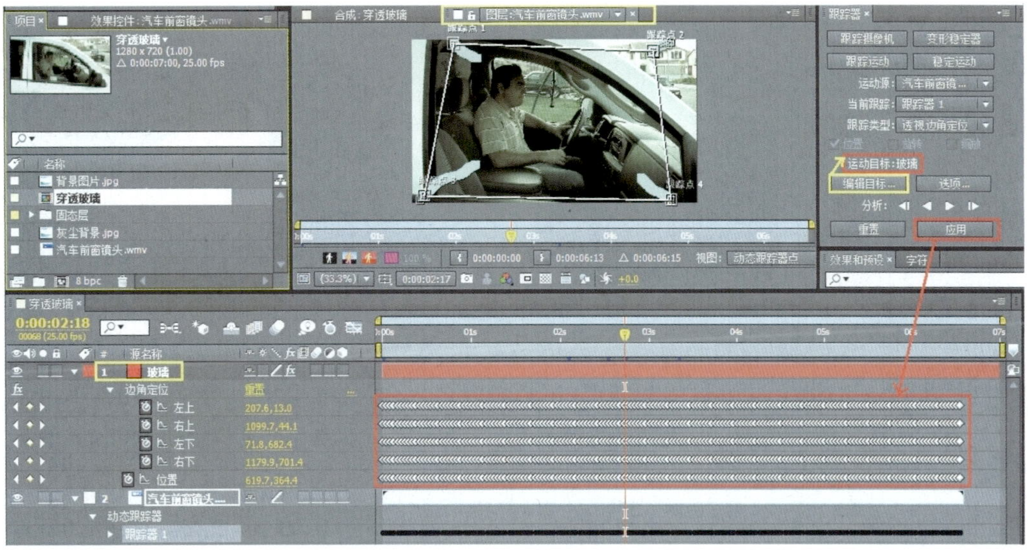

图 10-21　应用动态跟踪效果

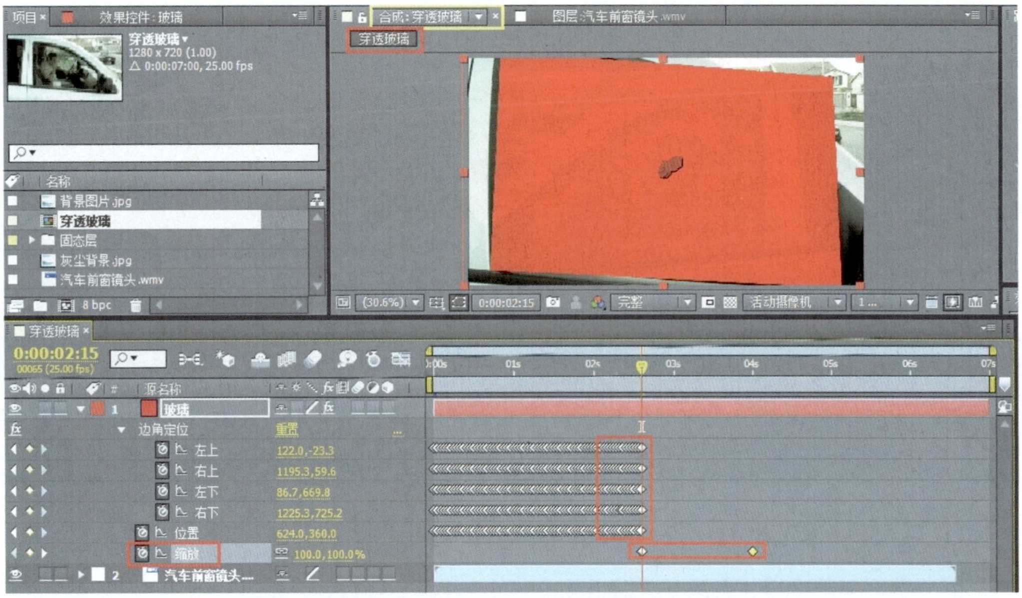

图 10-22　修饰“玻璃”纯色层的范围与车窗玻璃范围大小一致

图 10-23　进行预合成操作

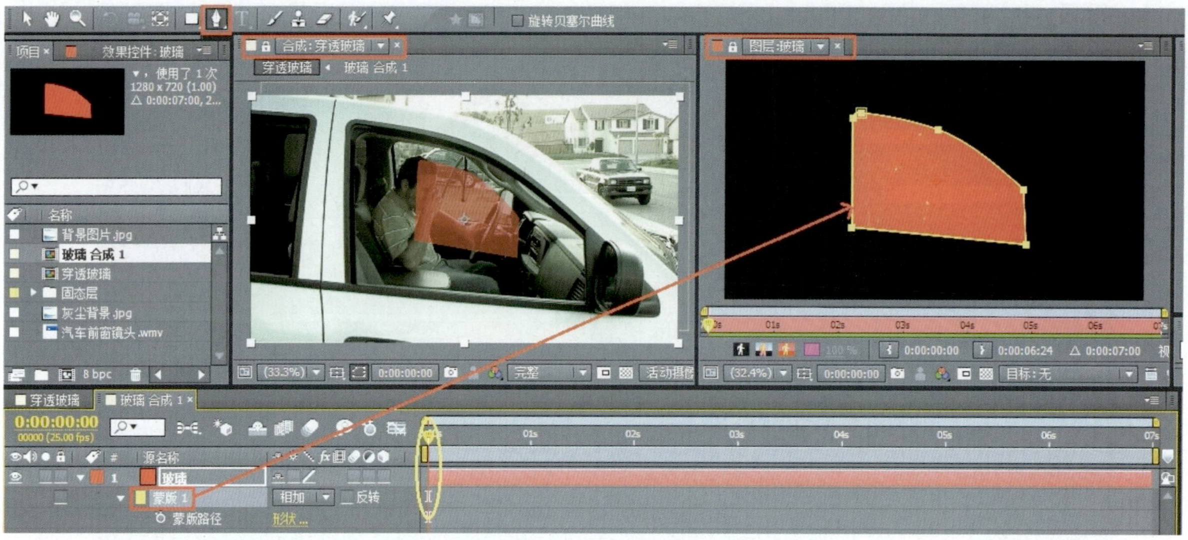

图 10-24　将蒙版剪切纯色层上

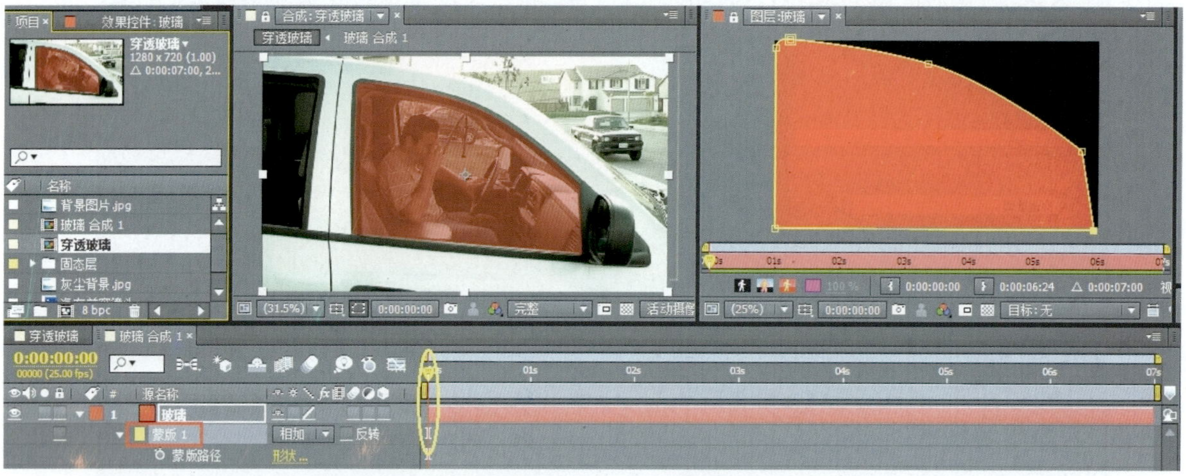

图 10-25　调整蒙版刚好显示在车窗玻璃范围大小

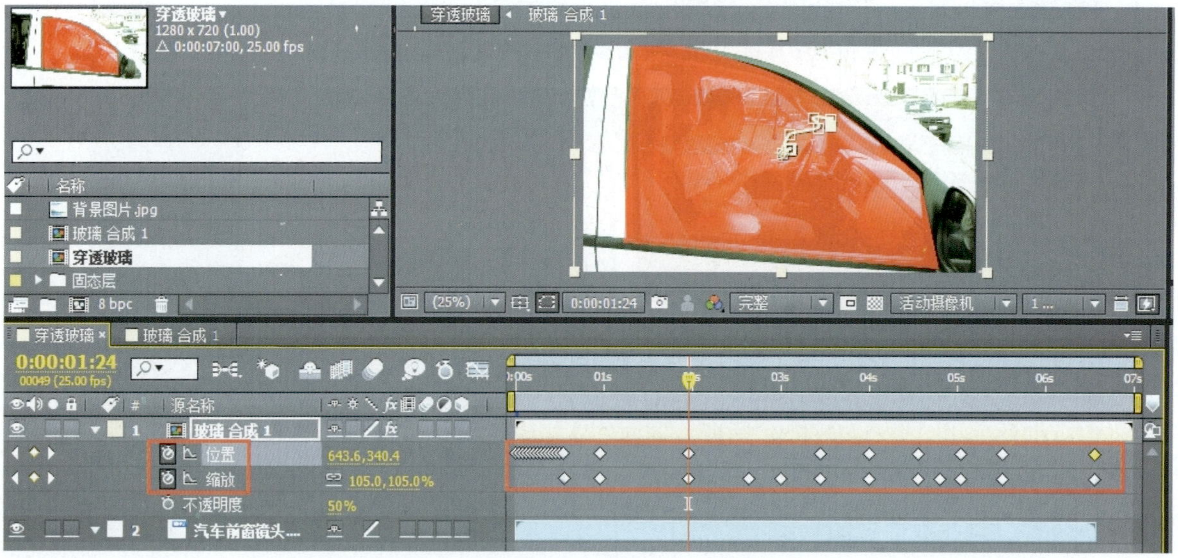

图 10-26　通过调整“玻璃合成 1”使其保持跟车窗大小变化一致

10.2.3　设置玻璃背景

（1）在“玻璃合成 1”的“时间轴”面板中，导入“背景图片 .jpg”，放在图层 2，调整缩放大小和不透明度值后，在“T 轨道”模式下设置层轨道遮罩模式为“Alpha 遮罩‘玻璃’”，如图 10–27 所示。

（2）继续在“玻璃合成 1”的“时间轴”面板中，复制一层“玻璃”纯色层后移到图层 3，导入“灰尘背景 .jpg”图片至图层 4 并调整缩放大小和不透明度值。然后同样设置层轨道遮罩模式为“Alpha 遮罩‘玻璃’”，利用矩形工具在“灰尘背景”图层上绘制蒙版并设置蒙版羽化，这样看起来更自然些。回到“穿透玻璃”的“合成”面板看灰度效果不明显，这时可以通过对“灰尘背景”图层添加“曲线”（执行“效果 > 颜色校正 > 曲线”命令）特效来调色，如图 10–28 所示。

（3）回到“穿透玻璃”的“合成”面板预览，基本实现灰度玻璃贴合在车窗范围内的镜头推近效果，此时设置“玻璃合成 1”图层的不透明度关键帧，实现在 3 ~ 4 秒时间段产生淡出的效果，如图10–29 所示。

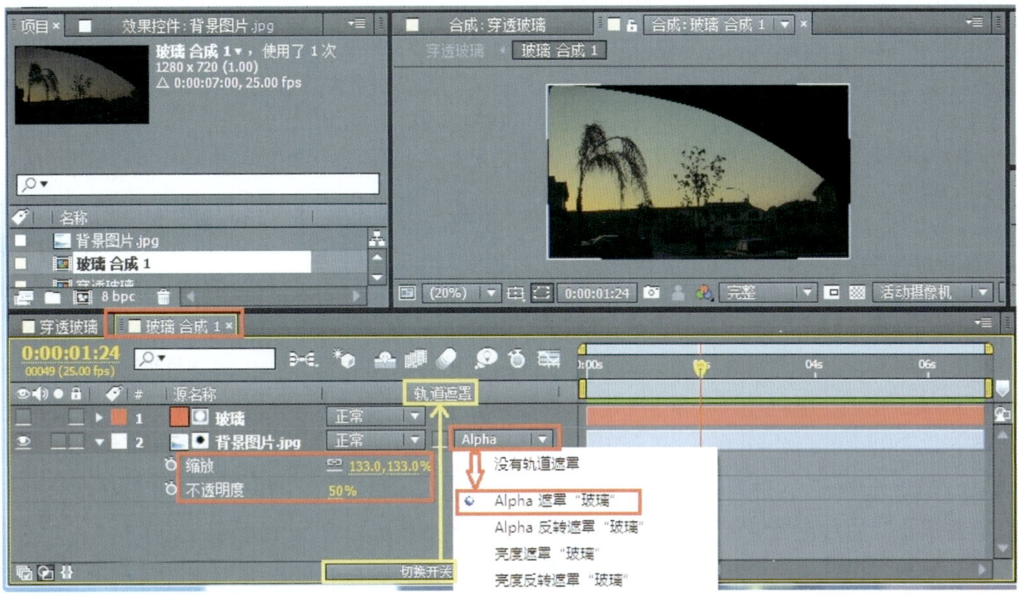

图 10–27　设置层轨道遮罩模式

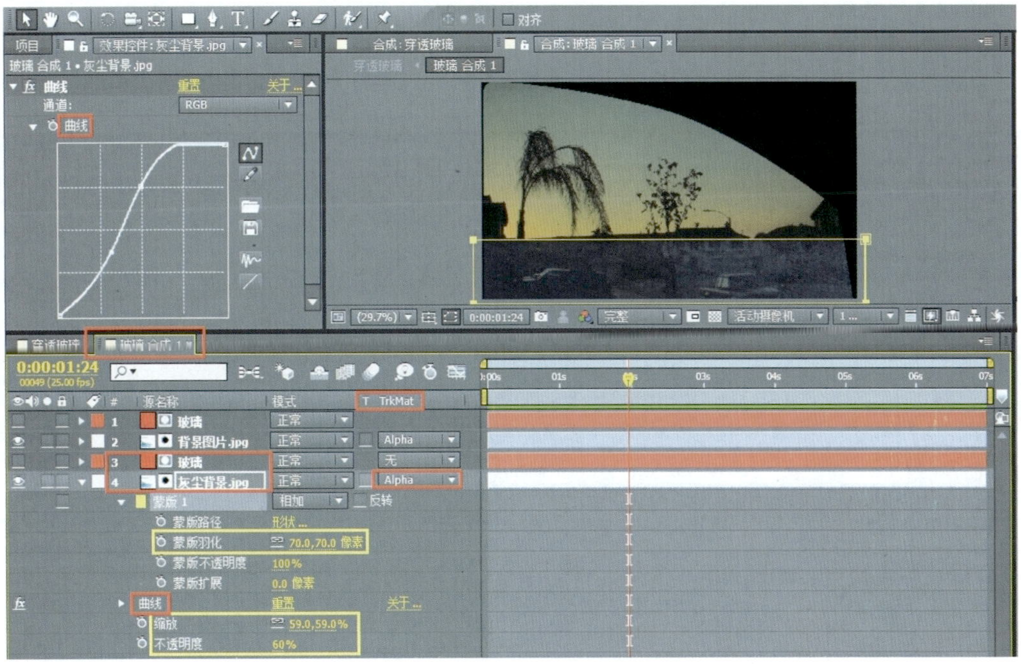

图 10–28　设置灰尘玻璃效果

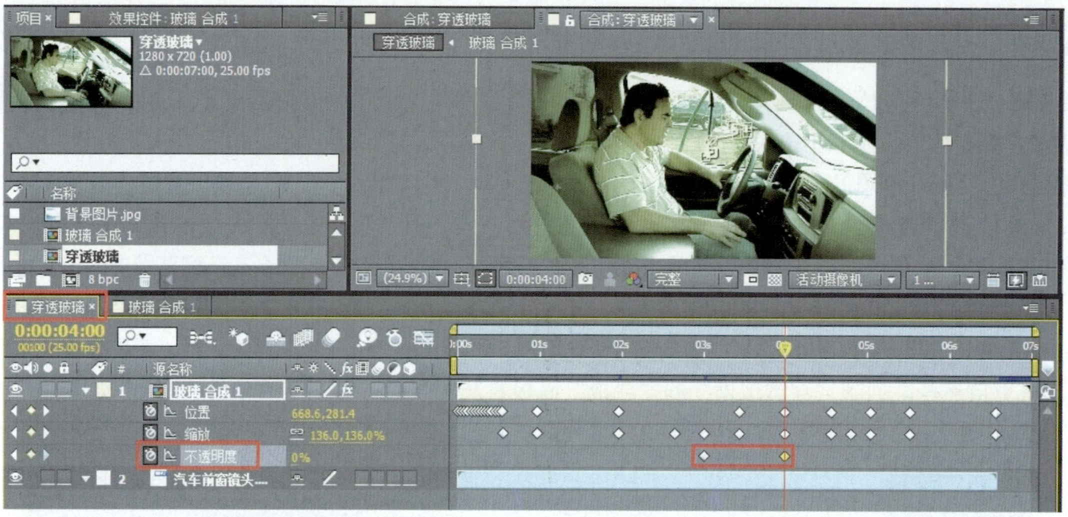

图 10-29 设置淡出效果

10.2.4 设置穿透效果

（1）新建名为“穿透”的灰色纯色层，然后执行“预合成”（执行“图层 > 预合成 > 将所有属性移动到新合成”命令）操作后关闭显示。新建“调整图层”（执行“图层 > 新建 > 调整图层”命令），给调整图层添加“置换图”（执行“效果 > 扭曲 > 置换图”命令）特效，注意设置“置换图层”，如图 10-30 所示。

（2）双击“穿透合成 1”，进入“穿透合成 1”时间轴编辑区。然后，新建名为“穿透动作”的白色纯色层，利用矩形工具绘制纯色层的大小及设置蒙版羽化。接着，设置纯色层在 3 ~ 4 秒的位置与不透明度关键帧，如图 10-31 所示。

（3）回到“穿透玻璃”合成，设置“调整图层”上“置换图”特效的相关参数，然后预览整体效果，如图 10-32 所示。

纯色层（固态层）、空对象图层（空白层）、调整图层（调节层）的区别有以下几点。

（1）纯色层就是一张纯色的图片，可以在上面加任意特效、蒙版（遮罩）。

（2）空对象图层一般是用来做控制用的，用得最多的是控制摄像机或者三维层的位置关系。建一个空对象图层（空白层）能对表达式参数做控制。

（3）调整图层是用于整体调节用的，它本身是透明不可见的，可以对它施加如色彩控制之类的特效，对调整图层（调节层）以下所有的层起到同样的色彩调节作用。

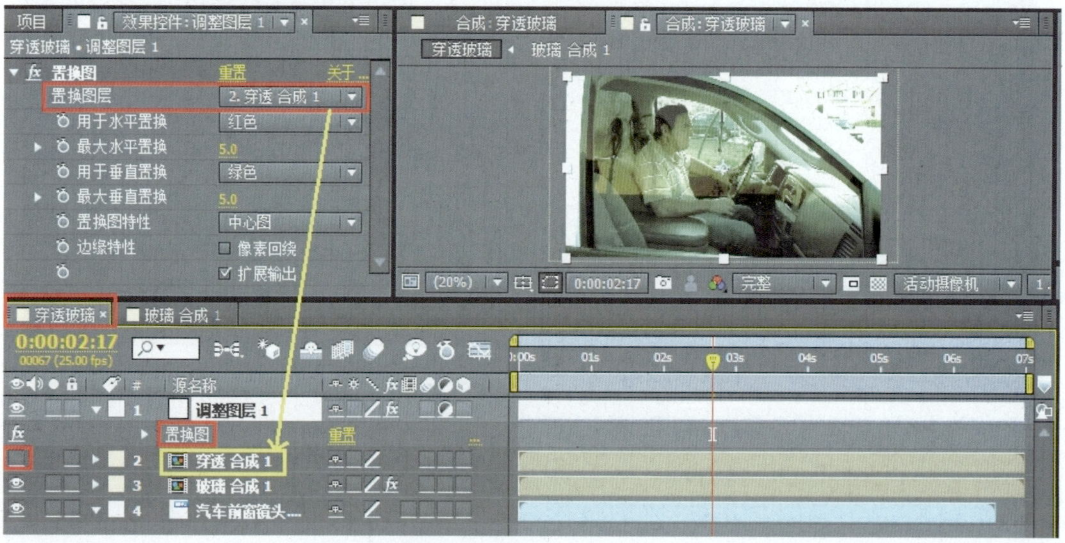

图 10-30 设置穿透合成 1

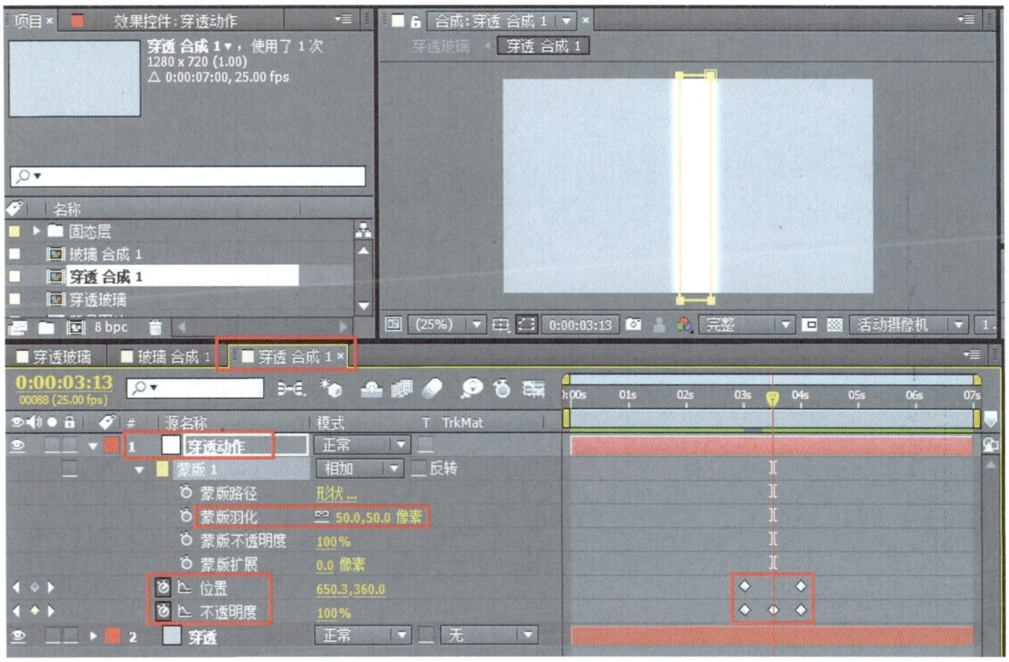

图 10-31　设置模拟“穿透动作”

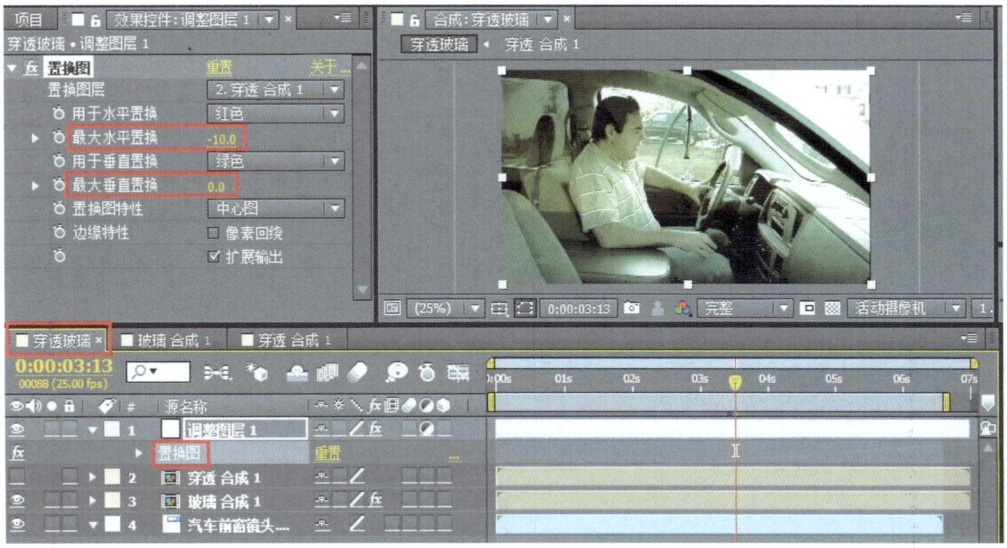

图 10-32　设置“置换图”特效后预览整体效果

复习与思考

1．流体 2D 插件特效的功能和设置技巧有哪些?

2．“穿透汽车玻璃”案例中包含哪些主要的合成技术?

参考文献

[1] 新视角文化行 . 典藏：After Effects CC 影视后期特效制作完美风暴 [M]. 北京：人民邮电出版社，2014.

[2] 程明才 .After Effects CC 中文版超级学习手册 [M]. 北京：人民邮电出版社，2014.